ÉTAT

DU

SYSTÈME LYMPHATIQUE

DANS LES MALADIES

DE LA VESSIE ET DE LA PROSTATE

PAR

Le Dr Octave PASTEAU

Ancien interne lauréat des hôpitaux
(Prix Civiale, 1896. — Médaille d'or chirurgie, 1897)
Aide d'anatomie à la Faculté
Membre de la Société anatomique
Lauréat de l'Académie de médecine
(Prix Oulmont. — Prix Tremblay, 1898)

———————•••———————

PARIS

G. STEINHEIL, ÉDITEUR

2, RUE CASIMIR-DELAVIGNE, 2

1898

ÉTAT

DU

SYSTÈME LYMPHATIQUE

DANS LES MALADIES

DE LA VESSIE ET DE LA PROSTATE

IMPRIMERIE LEMALE ET Cie, HAVRE

ÉTAT

DU

SYSTÈME LYMPHATIQUE

DANS LES MALADIES

DE LA VESSIE ET DE LA PROSTATE

PAR

Le Dʳ Octave PASTEAU

Ancien interne lauréat des hôpitaux
(Prix Civiale, 1896. — Médaille d'or chirurgie, 1897)
Aide d'anatomie à la Faculté
Membre de la Société anatomique
Lauréat de l'Académie de médecine
(Prix Oulmont. — Prix Tremblay, 1898)

———————————

PARIS

G. STEINHEIL, ÉDITEUR

2, RUE CASIMIR-DELAVIGNE, 2

1898

A M. LE PROFESSEUR GUYON

Hommage respectueux et reconnaissant.

DU MÊME AUTEUR

1894.

Sarcome kystique fuso-cellulaire de la diaphyse du tibia et d'origine centrale. *Bull. Soc. anat.*, mars, p. 276.

Sarcome du tibia. Avril, p. 286.

Exostose et développement de l'extrémité inférieure du fémur coïncidant avec une ostéo-arthrite tuberculeuse du genou. *Bull. Soc. anat.*, juin, p. 443.

Complication post-opératoire de l'hystérectomie vaginale totale. Polype muqueux de la trompe utérine. *Ann. gynécol. et obst.*, octobre, p. 261.

Cystostomie de Poncet et cysto-drainage hypogastrique. Étude comparée de deux canaux sus-pubiens au point de vue anatomique et physiologique. *Bull. Soc. anat.*, décembre, p. 937.

1895.

Sarcome musculaire primitif de la cuisse. *Bull. Soc. anat.*, novembre, p. 672.

Péritonite généralisée consécutive à un ulcère simple de l'estomac et prise pour une appendicite aiguë avec perforation et infection généralisée du péritoine. *Bull. Soc. anat.*, novembre, p. 740.

Note sur l'enlèvement de la canule chez les trachéotomisés. *Revue de chirurgie*, p. 480.

1896.

Un cas de corps étranger dans la trachée chez un enfant de dix-huit mois. Trachéotomie. Guérison. (En collaboration avec J. VANVERTS.) *Bull. Soc. anat.*, janvier, p. 38 et *Journal de clin. et thérapeut. infantile*, février, p. 95.

Fibrome pédiculé de la gencive infiltré de sérosité. *Bull. Soc. anat.*, février, p. 141.

Sarcome primitif du muscle vaste externe. *Bull. Soc. anat.*, février, p. 142.

Note sur une variété d'anastomose du nerf musculo-cutané avec le nerf médian. *Bull. Soc. anat.*, mars, p. 198.

Étude sur les calculs uréthraux chez la femme. (En collaboration avec le Dr QUÉNU.) *Ann. gén.-urin.*, avril, p. 289.

1897.

Anévrysmes multiples des artères iliaques. *Bull. Soc. anat.*, janvier,
p. 92.

Trois cas de prostatisme vésical. *Ann. gén.-urin.*, janvier, p. 31.

Diminution de volume de la prostate par l'emploi de la sonde à
demeure ou du cathétérisme régulier. *Ann. gén.-urin.*, février, p. 186.

Péricystite suppurée guérie par le drainage périnéal. (En collaboration
avec DEBAINS.) *Ann.-gén., urin.*, mars, p. 282.

Ectopie rénale double avec pyélo-néphrite droite. *Bull. Soc. anat.*,
mars, p. 213.

Anomalie rénale et rein flottant. *Bull. Soc. anat.*, mars, p. 268.

Volumineux calcul du canal cholédoque. *Bull. Soc. anat.*, mars, p. 271.

Tumeur du cordon. (En collaboration avec PILLIET.) *Bull. Soc. anat.*, avril,
p. 341.

Appendicite pelvienne. *Bull. Soc. anat.*, avril, p. 348.

De l'emploi du permanganate de potasse dans la thérapeutique des
affections vésicales. (En collaboration avec NOGUÈS.) *Ann. gén.-urin.*,
avril 1897, p. 367.

Les différentes formes du méat urinaire chez l'homme. *Ann. gén.,
urin.*, avril, p. 380.

Sarcome du cordon inguinal. (En collaboration avec PILLIET.) *Bull. Soc.
anat.*, mai, p. 387.

Étude sur le rétrécissement de l'urèthre chez la femme (Prix Civiale).
Ann. gén.-urin., août, septembre, octobre, p. 799-968 et 1062.

Adénome encapsulé du sein avec adénome secondaire dans la capsule. *Bull. Soc. anat.*, novembre, p. 768.

Épithélioma de la muqueuse anale. (En collaboration avec PILLIET.) *Bull.
Soc. anat.*, mai, p. 768.

1898.

Oblitération de l'appendice iléo-cœcal. (En collaboration avec PILLIET.
Bull. Soc. anat, janvier, p. 95.

Gouttière tibiale du muscle poplité. *Bull. Soc. anat.*, janvier, p. 137.

Traitement des affections rénales au cours de la grossesse. (En
collaboration avec J. D'HERBÉCOURT). *Bull. Soc obst. et gyn. de Paris*,
10 février, p. 7.

Cystoscopie et lithotritie chez la femme. *Ann. gén.-urin.*, août, p. 807.

Des rapports de la tension artérielle et de la contractilité vésicale
chez les prostatiques. (En collaboration avec GENOUVILLE.) *Mém. Soc.
biol.*, juillet 1897, p. 800 et *Ann. gén.-urin.*, septembre 1898, p. 945.

Hématocèle de la tunique vaginale ayant déterminé des troubles
mécaniques de la miction. Cure radicale. Guérison. (En collaboration
avec GENOUVILLE). *Assoc. franç. urologie*, octobre.

Étude sur 140 cas de cathétérisme cystoscopique des uretères.
Technique opératoire. Indications. *Assoc. franç. urologie*, octobre.

ÉTAT

DU

SYSTÈME LYMPHATIQUE

DANS LES MALADIES

DE LA VESSIE ET DE LA PROSTATE

INTRODUCTION

Les *propagations lymphatiques dans le cancer de la prostate*
sont déjà connues depuis nombre d'années; l'aspect particulier de ce
cancer, qui tend à envahir très rapidement tout le petit bassin par ses
prolongements nombreux, l'a fait classer par notre maître, M. le professeur G u y o n, dans ses leçons de 1886, comme un type spécial, et
le nom de « carcinose prostato-pelvienne diffuse » qu'il lui a imposé
a été rapidement accepté par tous.

Mais tandis que les lymphangites cancéreuses et les adénopathies
étaient considérées comme normales dans les cancers prostatiques,
on continuait encore sinon à les nier, du moins à les considérer
comme exceptionnelles dans les cas de tumeurs vésicales; les travaux de S a p p e y, qui refusait à la vessie des vaisseaux blancs lui
appartenant en propre, poussaient d'ailleurs les chirurgiens dans les
idées qu'ils avaient d'abord adoptées, car ce fait *d'absence de lymphatiques dans la vessie* semblait être en accord parfait avec la
*rareté extrême des hypertrophies ganglionnaires rencontrées en
clinique.*

Cependant les autopsies causaient parfois des surprises et chez certains sujets on trouvait des masses ganglionnaires volumineuses; une étude d'ensemble des tumeurs vésicales basée sur des examens anatomo-pathologiques et histologiques détaillés s'imposait, et en 1892 le *Traité des tumeurs de la vessie* de notre maître, M. A l b a r r a n, apportait avec un résumé de tous les cas observés à Necker depuis de longues années, des recherches toutes nouvelles touchant en particulier à la structure normale des parois vésicales, à l'histologie des tumeurs et à leur marche.

Le chapitre des lymphatiques vésicaux était remanié, les conclusions anatomiques de S a p p e y étaient fortement compromises et *la propagation lymphatique dans les tumeurs vésicales* était admise sinon comme la règle, du moins comme étant assez fréquente.

Puis les recherches se poursuivant, et les observations devenant plus nombreuses, M. G u y o n pouvait l'année dernière en arriver à se demander non plus si la propagation lymphatique existe, mais bien *dans quels cas* on peut s'attendre à la rencontrer. Dans une leçon que j'ai publiée en collaboration avec mon ami le D^r N o g u è s, il ouvrait un jour tout nouveau sur cette question.

C'est à la suite de ces recherches que j'ai été appelé moi-même à poursuivre le travail commencé, à reprendre l'*étude anatomique des lymphatiques* de la vessie, à rechercher en clinique les observations qui pourraient servir à cette étude ; à *comparer ce qui existe dans les affections vésicales avec ce qu'on trouve dans les affections de la prostate.* Ce sont les résultats obtenus que j'apporte aujourd'hui dans ce mémoire.

Certes la tâche n'était pas facile et si je n'avais été guidé par un tel maître, je n'aurais pas osé m'aventurer dans un chemin ou anatomistes et cliniciens n'avaient pu atteindre le but déterminé. Sans doute ce travail ne sera pas exempt de sujets de critiques, mais il pourra du moins servir de base à des études ultérieures qui, je l'espère, viendront confirmer les résultats acquis.

Le plan que j'ai adopté a été le suivant : Après avoir repris les recherches anatomiques les plus récentes faites sur les lymphatiques de la vessie et avoir vu à quoi elles aboutissent, j'ai demandé à l'anatomie pathologique des renseignements que seule elle peut fournir ;

j'ai regardé si la maladie ne pouvait déceler la présence de vaisseaux qui étaient si difficiles à injecter artificiellement ; très vite j'ai été convaincu que j'avais là sous la main un excellent moyen d'étude et j'ai cherché à lui demander le plus possible. J'ai regardé ce qu'on trouve dans les tumeurs et dans les cas d'inflammation simple, j'ai comparé les propagations lymphatiques qu'on rencontre aux autopsies dans les maladies de la vessie et dans celles de la prostate et j'ai constaté que les résultats fournis par l'anatomie pathologique coïncidaient avec ceux qu'aurait dû faire prévoir l'anatomie normale.

Un point restait à élucider. Pourquoi la clinique semblait-elle être restée si longtemps en défaut ; fallait-il s'en prendre à l'insuffisance des moyens d'exploration, fallait-il admettre qu'ils avaient été mal employés? Là encore j'ai pu arriver à une conclusion ; et je pense avoir trouvé pourquoi pendant si longtemps la clinique a cru devoir refuser aux tumeurs vésicales le droit de se propager aux lympha·tiques. Ainsi donc j'estime qu'*aujourd'hui on pourra dire non seulement que les maladies vésicales, tumeurs ou inflammations se compliquent de dégénérescences ganglionnaires, mais encore quand on doit les rencontrer et en présence de quels signes on peut les soupçonner si on n'arrive pas à les percevoir directement.*

A ce point de vue il existe des différences notables entre la vessie et la prostate et je ferai mon possible pour les mettre en relief.

Cette étude sera divisée en trois parties :

La première comprendra des *études d'anatomie normale* et comparée rapportant les travaux antérieurs et les résultats de recherches personnelles.

La deuxième, des *recherches anatomo-pathologiques* basées d'une part sur les observations que j'ai trouvées dans la littérature médicale et d'autre part sur 59 observations inédites ou personnelles que j'ai recueillies pour la plus grande part à la clinique de Necker.

La troisième comprendra l'*étude clinique* proprement dite, les moyens d'examiner les malades au point de vue qui m'occupe et les résultats pratiques qui résultent des observations tant au point de vue du diagnostic que du pronostic et des indications opératoires se rapportant à chacun des cas.

Chaque partie sera terminée par un résumé énonçant les faits acquis.

Je ferai suivre les conclusions générales de tableaux qui classeront et résumeront les 213 observations sur lesquelles est basé ce mémoire, observations que je rapporterai en terminant.

Enfin, un index bibliographique rassemblera les noms des auteurs et les titres des ouvrages où j'aurai pu trouver quelque chose se rapportant directement au sujet que j'ai traité.

PREMIÈRE PARTIE

CHAPITRE PREMIER

CIRCULATION LYMPHATIQUE DE LA VESSIE

A. — *Technique à employer pour la préparation anatomique et histologique des lymphatiques vésicaux.*

    1° INJECTIONS.
    2° IMPRÉGNATIONS.

B. — *Description des lymphatiques de la vessie.*

CHAPITRE II

CIRCULATION LYMPHATIQUE DE LA PROSTATE.

RÉSUMÉ DE LA PREMIÈRE PARTIE.

CHAPITRE PREMIER

CIRCULATION LYMPHATIQUE DE LA VESSIE

A. — Technique à employer pour la préparation anatomique et histologique des lymphatiques vésicaux.

Il était encore classique en France, il y a quelques années, de dire qu'il n'existe pas de lymphatiques propres à la vessie. Dans son traité d'anatomie descriptive, le professeur Sappey [1], un des plus autorisés pour parler sur la circulation lymphatique, les niait absolument. « Aucun fait, pour lui, n'existait jusque-là pour confirmer leur présence et tous les troncs qu'on rencontrait sur la face externe du viscère provenaient soit de la prostate, soit des vésicules séminales. »

Cependant des travaux faits à l'étranger n'étaient pas arrivés à la même conclusion. Dès 1861 Teichmann [2] avait réussi à injecter de nombreux lymphatiques sur certains points de la face interne de la vessie et après lui les auteurs allemands tels que Luschka [3], Hoffmann [4], Krause [5], et plus récemment Stöhr [6], avaient tous déclaré qu'il existe des lymphatiques vésicaux, plus ou moins difficiles à mettre en évidence, il est vrai, mais dont la présence ne peut cependant être contestée.

En Angleterre, après le travail de Watson [7] il faut citer surtout, bien que l'anatomie de Quain [8] mentionne des lymphatiques, les recherches de M. et Mme Hoggan [9] qui datent de 1881.

---

1 SAPPEY. *Traité d'anatomie descriptive*, 1874, IV, p. 538.
2 TEICHMANN. *Der Saugadersystem*. Leipzig, 1861, p. 99.
3 LUSCHKA. *Anatom. des organes abdominaux*, p. 238.
4 HOFFMANN. *Études sur l'anatomie de l'homme*. Erlangen, 1877, p. 624.
5 KRAUSE. *Anat. générale et microscopique*, 1876, p. 248.
6 STÖHR. *Manuel technique d'histologie*. Trad. franç., 1890, p. 265.
7 WATSON. *Philosophical Transactions*, 1769, p. 667.
8 QUAIN 's *elements of anatomy*, 1867, II, p. 951.
9 G. et EL. HOGGAN. *Journ. of anat. and physiol.*, 1881, II, p. 351.

En France, l'étude de ces lymphatiques, a surtout été faite dans ces dernières années à l'hôpital Necker par M. Albarran [1] qui les étudia avec la structure générale de la vessie à propos de son livre sur les tumeurs, qui date de 1892. Les auteurs français d'anatomie ont tous parlé depuis des lymphatiques vésicaux et Testut [2] en particulier relate les dernières recherches qui ont été faites soit en France, soit à l'étranger.

Comme on le voit, l'histoire de ces travaux n'est pas longue [3]. Il était permis de penser que si tant d'anatomistes sont restés si longtemps sans pouvoir constater la présence des lymphatiques de la vessie, si les rencontrant par hasard, quelques-uns d'entre eux, lassés de recherches inutiles en sont arrivés à conclure qu'ils n'existaient pas normalement, cela tenait à un défaut d'expérimentation. C'est pourquoi je me suis d'abord attaché à rechercher quelles avaient été les méthodes employées dans les études de mes devanciers.

J'ai vite remarqué que chacun avait sa méthode propre à laquelle il voulait tout demander. L'un ne se servait que des injections, l'autre ne demandait ses renseignements qu'à la méthode des imprégnations. Aussi profitant dé leurs travaux et mettant à profit les difficultés qui les avaient arrêtés, je me suis appliqué à reprendre ces différentes expériences, bien déterminé à ne répondre à une question par la négative qu'après avoir tout essayé pour la résoudre et convaincu que le grand nombre des expériences et leur variété même peuvent seuls permettre d'approcher la vérité. Je vais donc, tout d'abord, rapporter ici la technique à employer pour étudier les lymphatiques de la vessie.

Deux méthodes sont en présence, celle des injections, celle des imprégnations et je vais les passer en revue, en insistant sur les pré-

---

[1] ALBARRAN. *Les tumeurs de la vessie*, 1892, p. 33.

[2] TESTUT. *Traité d'anatomie humaine*, 3e édit., t. I.

[3] Je dois ici ajouter que pendant que j'écrivais ce travail, paraissaient en Allemagne les résultats des recherches faites sur le même sujet à l'Institut impérial de Berlin par Gerota. J'ai eu l'occasion depuis, de lire dans le texte les études de cet auteur ; elles sont de beaucoup les plus détaillées de toutes celles qui ont été faites jusqu'ici ; pour être complet dans ce travail qui paraît aujourd'hui, après les publications de Gerota, je signalerai au cours de cette thèse les résultats auxquels il est arrivé et les moyens d'étude qu'il a employés.

Ses recherches anatomiques ont d'ailleurs abouti aux mêmes résultats que celles que je faisais en me basant à la fois sur l'anatomie normale et sur l'anatomie pathologique dans les cas d'inflammation ou de tumeurs vésicales.

cautions à prendre pour arriver dans chacune d'elles à un résultat utile.

1° INJECTIONS

Les injections peuvent être faites soit avec du mercure, soit avec des liquides colorés.

Pour l'injection au mercure, j'ai employé soit l'appareil décrit par Sappey, soit plus simplement un tube de verre fermé à sa partie inférieure par un robinet auquel s'adapte un tube de caoutchouc terminé par une pointe fine en verre. L'injection est faite sur des animaux encore chauds Quand on se sert de cadavres d'hommes, il faut employer de préférence des sujets peu âgés, car chez les vieillards il existe des vaisseaux veineux beaucoup plus développés, ce qui rend d'une part l'injection lymphatique plus difficile et expose de l'autre à injecter des veines.

Il faut piquer à de nombreuses reprises et s'armer d'une grande patience, si je me reporte à ce que j'ai observé. Il est très rare en effet qu'on ait la chance de piquer un tronc lymphatique ; quant à vouloir injecter un réseau par cette manière, je crois, pour ma part, que c'est perdre du temps, n'ayant jamais pu réussir une seule fois et sachant combien rarement les classiques, et Sappey en particulier, ont pu réussir eux-mêmes [1].

L'injection, heureusement, peut être faite avec d'autres substances qui pénètrent plus facilement. J'ai essayé divers liquides colorés et en particulier l'éther, l'alcool et l'eau.

Le grand inconvénient de l'éther est de diffuser beaucoup trop et j'ai rapidement renoncé à son emploi. Les milieux alcooliques sont bien préférables mais ils raccornissent les tissus, et en somme c'est aux liquides aqueux qu'il faut donner la préférence. Le colorant doit être assez foncé pour pouvoir se reconnaître facilement et sur les tissus normaux, le bleu présente à ce point de vue de grands avantages.

Gerota [2] a employé comme matière à injection une matière spéciale dont il a donné récemment la composition [3], il est arrivé ainsi

---

[1] Gerota est arrivé à cette même conclusion que les injections au mercure ne peuvent donner dans le cas particulier, aucun résultat.

[2] GEROTA. *Arch. f. Phys.*, 1897.

[3] GEROTA. Zur Technik der Lymphgefäss injection. Eine neue Injectionsmasse für Lymphgefässe. *Anat. anzeiger.*, XII, n° 8, p. 216.

·aux meilleurs résultats puisqu'il a pu obtenir dans quelques cas une injection excellente et presque complète des vaisseaux lymphatiques, et dans 16 autres cas une injection partielle.

Son procédé a d'ailleurs l'avantage de rendre possible l'examen microscopique des parties injectées, la substance colorante restant bien fixée dans les vaisseaux qu'elle a remplis.

Pour moi, je me suis servi de solutions aqueuses saturées de bleu de Prusse soluble, suivant la formule de Ranvier [1], qui est aussi exposée tout au long dans le manuel de Bolles Lee et Henneguy [2]. C'est d'ailleurs avec ce liquide qu'Albarran et Suchard avaient pu colorer un ganglion lymphatique par une injection poussée dans la paroi vésicale [3]. Pour ces injections au bleu de Prusse, je me suis servi de seringues de Pravaz avec l'aiguille desquelles j'ai piqué en différents endroits en pleine couche musculaire.

Mais il est une précaution qu'il ne faut pas oublier, c'est de se mettre dans des conditions physiologiques qui se rapprochent autant que possible de l'état normal. Au lieu donc de chercher à injecter des lymphatiques sur des vessies d'animaux récemment tués, j'ai fait des injections sur des animaux vivants. Il est facile, sur des cobayes ou des lapins, d'injecter de cette manière la paroi vésicale. Il suffit de s'arranger de façon à ce que la vessie soit légèrement distendue, et le moyen le plus simple pour y arriver, est de lier la verge ou d'y placer une pince. L'animal n'est pas sacrifié immédiatement et au contraire en le laissant vivre on profite en quelque sorte de sa circulation pour l'injection des troncs qui partent du point piqué.

Si l'on fait l'injection sur des cadavres, il faut, comme je l'ai dit plus haut, employer de préférence des cadavres d'enfant et surtout des sujets aussi frais que possible. D'autre part, il ne faut pas oublier que la pression à exercer doit être très faible, car les vaisseaux à injecter ont une paroi très fine et partant très peu résistante.

2° Imprégnations

La méthode des imprégnations permet d'étudier des lymphatiques

[1] RANVIER. *Traité technique d'histologie*, 1875-1882, p. 109.
[2] BOLLES LEE et HENNEGUY. *Traité des méthodes techniques de l'anatomie microscopique*, 1896, p. 297 et p. 308.
[3] ALBARRAN. *Les tumeurs de la vessie*, 1892, p. 34.

beaucoup plus fins, des réseaux beaucoup plus ténus et en quelque sorte d'aller à la recherche des branches ultimes d'origine dans l'épaisseur des tissus. C'est à cette méthode seule que les Hoggan ont eu recours en l'employant sur des animaux de différentes tailles. Comme l'épaisseur de la vessie varie jusqu'à un certain point avec la taille de l'individu, et comme d'autre part il faut pouvoir regarder par transparence les vaisseaux imprégnés, il faut trouver un moyen pour réduire autant que possible l'épaisseur des tissus à examiner chez les animaux de taille moyenne. Je vais donc successivement exposer la technique à employer pour la préparation des vessies de petits animaux comme la souris, le rat, voire même le lapin et le cobaye et pour la préparation de la vessie d'animaux plus volumineux, chien, chat, porc, chèvre, mouton, cheval.

1° Pour les petits animaux comme pour les plus volumineux il faut avoir une vessie distendue et comme le volume de l'organe est très petit, il est plus simple de chercher à garder la vessie remplie d'urine en l'empêchant de se vider. Les Hoggan pour arriver à ce résultat maintenaient de l'eau dans la cage des animaux qu'ils voulaient sacrifier, les tuaient avec du chloroforme et liaient le col vésical.

Pour obtenir la distension vésicale chez leslapins et les cobayes, on peut soit distendre la vessie en y injectant de l'air par une petite sonde introduite par l'urèthre, soit la distendre par l'éther comme je l'expliquerai dans un instant.

2° Chez les animaux d'une taille plus élevée après avoir distendu la vessie en y introduisant de l'air par l'intermédiaire d'une sonde, on dissèque de dehors en dedans la couche musculaire que l'on sépare autant que possible de la muqueuse, dont l'épaisseur n'est plus alors un obstacle sérieux.

Quand la vessie de l'animal en expérience a été dilatée, on la découpe en carrés de dimensions variables qu'on étend sur des plaques de liège perforé[1] pour pouvoir l'imprégner.

On peut, avec un bistouri bien aiguisé, racler la surface de l'épithélium pour en détacher les cellules, mais cela n'est pas absolument nécessaire, puis on fait passer sur cette surface une solution aqueuse

---

[1] Les anneaux ou tambours histologiques, anneaux de constitution légèrement conique qui entrent à frottement l'un dans l'autre, remplissent les mêmes indications. *Journ. de l'anat. de Robin*, 1879, p. 54.

de nitrate d'argent à 1 ou 2 p. 100 pendant 3 à 10 minutes. Après avoir lavé à l'eau et exposé à une lumière douce (lumière solaire) pendant un temps variable suivant les cas (5 minutes environ) pour que la réduction du sel d'argent se produise, on lave à l'eau distillée et on fait passer une solution aqueuse de chlorure d'or à 1 p. 100 (Ranvier) pendant quelques minutes dans une chambre noire; la préparation est exposée à la lumière jusqu'à ce que la teinte brunâtre ait pénétré assez profondément dans les tissus, il ne reste plus qu'à laver, éclaircir et monter la préparation si elle doit être conservée : on a ainsi des vaisseaux en négatif sur un fond rouge-violet.

Si on ne traite pas la préparation par le chlorure d'or, on obtient une coloration noire des vaisseaux qui tranchent sur le fond resté plus clair. Quoi qu'il en soit, on peut obtenir ainsi une imprégnation des diffé-rents vaisseaux sanguins et lymphatiques que l'on reconnaît au micros-cope à la forme de leurs cellules épithéliales; il faut ajouter cependant que parfois l'endothélium vasculaire se colore mal et qu'il devient assez difficile de voir la nature du vaisseau qu'on a devant les yeux.

Voilà la méthode exposée dans tous ses détails. Comme on le voit, elle nécessite une série de préparations que j'ai cherché à simplifier. Pour y arriver je me suis servi d'une solution de nitrate d'argent dans un liquide très diffusible avec lequel j'ai dilaté la vessie après l'avoir vidée et lavée. D'autre part, pour me mettre dans les conditions qui se rapprochent le plus possible de la normale, j'ai opéré sur des animaux vivants.

En injectant dans la vessie d'un animal vivant de l'éther et même très peu d'éther par une sonde introduite dans l'urèthre, je distends la paroi vésicale à cause même de la température du sujet en expé-rience, et si cet éther peut dissoudre une certaine quantité de nitrate d'argent, mon imprégnation est faite tout à la fois et dans les meil-leures conditions.

Il suffisait donc de chercher un moyen d'obtenir un liquide miscible à l'éther et pouvant dissoudre le nitrate. J'y suis arrivé en dissolvant d'abord des cristaux de nitrate d'argent dans une certaine quantité d'alcool et en ajoutant de l'éther à la solution. J'ai pu m'assurer d'ail-leurs que l'éther employé tenait bien en dissolution du nitrate car en évaporant la solution et en reprenant par l'eau on obtient un liquide

qui traité par les chlorures alcalins donne un précipité blanc de chlorure
d'argent bleuissant à la lumière, soluble dans l'ammoniaque et
insoluble dans l'acide nitrique.

De cette façon, quand je sacrifiais l'animal, la paroi vésicale
était distendue, imprégnée de sel d'argent et quand je l'ouvrais pour
l'étendre sur le liège, comme je l'ai dit précédemment, et l'exposer à
la lumière, l'éther l'avait rendue assez rigide pour que cette opération
fût de beaucoup facilitée.

La seule précaution à prendre quand on se sert d'une solution de
nitrate d'argent dans l'éther, est de ne pas injecter trop de liquide
dans la vessie, car dans ce cas la paroi se fendille ou éclate en partie;
on arrive d'ailleurs fort bien à éviter cet accident avec un peu d'habitude.

B. — Description des lymphatiques de la vessie d'après les recherches anatomiques et histologiques.

Quand on prépare les lymphatiques vésicaux, on ne peut songer
à préparer séparément les lymphatiques de telle ou telle couche, à
étudier les uns après les autres les réseaux sous-muqueux, musculaires et sous-péritonéaux. En injectant une partie des uns, on
injecte toujours plus ou moins les voisins ; en recherchant par
imprégnation les lymphatiques de la muqueuse on prépare en
partie ceux de la couche musculaire. Il serait d'ailleurs contraire à
toute idée anatomique générale de vouloir étudier par tranches les
lymphatiques d'un organe sous prétexte que la dissection permet de
trouver dans sa paroi plusieurs couches bien différenciées. Comme je
le montrerai plus loin, les lymphatiques de la vessie existent surtout
dans la couche musculaire et ceux qu'on rencontre soit plus profondément, soit plus superficiellement, semblent n'être parfois que des
diverticules ou des prolongements des premiers.

Mais si on ne peut injecter ou imprégner certains groupes séparément, par contre, il est bien plus clair au point de vue descriptif de
faire un classement des lymphatiques en plusieurs réseaux étudiés
dans les différentes couches de la paroi vésicale.

J'étudierai donc successivement :

1° Les lymphatiques de la muqueuse et de la sous-muqueuse.

2°. Les lymphatiques de la couche musculaire.

3° Les lymphatiques de la couche sous-péritonéale.

Il ne me restera plus alors qu'à parler des troncs qui se rendent de la vessie aux ganglions qui leur sont propres et par l'étude desquels je terminerai ma description.

1° Lymphatiques de la muqueuse et de la sous-muqueuse. — Parmi les anciens anatomistes, Boyer[1] avait déjà déclaré que les lymphatiques de la vessie naissent de tous les points de sa surface interne. Pour Cruveilhier[2] également les lymphatiques de la muqueuse s'injectent avec la plus grande facilité. Krause[3] est à peu près du même avis, mais décrit de plus des follicules lymphatiques solitaires dans la muqueuse du trigone ; amplifiant sur eux tous, English[4] a déclaré que les lymphatiques de la muqueuse forment un réseau double, l'un superficiel, l'autre profond ; les vaisseaux de ce dernier étant d'un calibre plus fort, les mailles qui le constituent n'étant pas aussi serrées. En somme, en se reportant à certains anatomistes, on pourrait croire qu'il existe partout un réseau spécial soit dans la muqueuse, soit dans la sous-muqueuse.

Quand on reprend les expériences, on est loin de pouvoir admettre une opinion aussi ferme. Ce qu'on trouve dans la sous-muqueuse et à peu près partout, ce sont des branches vasculaires en forme d'anses plus ou moins régulières, ce sont des vaisseaux qui semblent sortir de la couche musculaire pour y rentrer presque aussitôt.

Ce réseau sous-muqueux qui existe ainsi véritablement est surtout développé en certains points où les branches qui le forment sont plus longues, plus volumineuses et s'anastomosent entre elles. Ces régions spéciales sont situées au niveau de la paroi postérieure du bas-fond de la vessie et plus en avant au niveau des uretères. Ceci a été bien démontré par les meilleurs anatomistes et en particulier par Teichmann[5], par Sappey et par Rauber[6]. Sur les parois latérales

---

[1] Boyer. *Traité complet d'anatomie*, IV, p. 492.

[2] Cruveilhier et Sée. *Traité d'anat. descriptive*, 1877, II, p. 349.

[3] Krause. *Anat. gén. et microscopique*, 1876, p. 248.

[4] English in Eulenburg. *Encyclopedic der gesammten Heilkunde*, 1880, p. 10.

[5] Teichmann. *Der Sauga der System*. Leipzig, 1861, p. 99.

[6] Rauber. *Lehrbuch der Anatomie des Menschen*. Leipzig, 1892, Bd I, 4 aufl., S. 671.

de la vessie le calibre des lymphatiques vient même jusqu'à diminuer de moitié.

Pour moi je n'ai jamais été assez heureux pour injecter un réseau lymphatique dans la muqueuse. Au niveau même du trigone chez le lapin, je n'ai réussi qu'à injecter un lacis vasculaire analogue à celui qu'Albarran et Lluria avaient trouvé sur une petite fille de seize mois.

Gerota, qui a obtenu le même résultat, déclare qu'il ne s'agit là que d'un réseau de capillaires sanguins dont les mailles irrégulièrement polygonales occupent le chorion muqueux immédiatement au-dessous de la couche la plus profonde des cellules épithéliales. Voulant expliquer la présenceréseau de ce riche vasculaire et n'admettant pas qu'il serve beaucoup à l'absorption vésicale, il lui donne pour

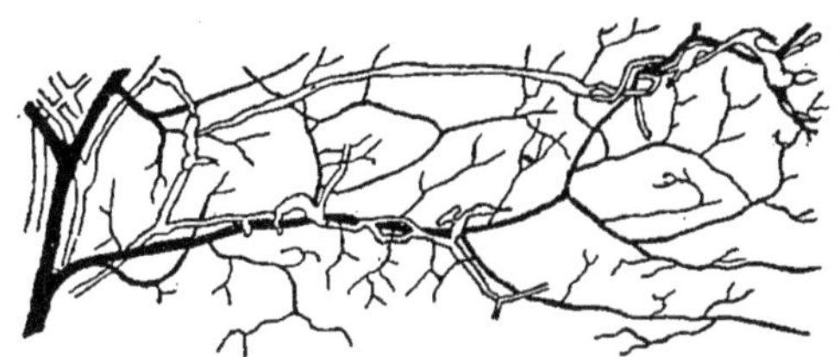

FIG. 1. — Lymphatiques de la sous-muqueuse (singe), d'après HOGGAN.

rôle de nourrir l'épithélium composé de plusieurs couches et dont l'intégrité est si importante pour le bon fonctionnement de l'organe. Je n'ai pas à le suivre dans ces considérations, mais je suis heureux de me rencontrer avec lui pour dire que je crois qu'il ne s'agit que d'un réseau sanguin. M. Albarran, à qui je parlais il y a peu de temps de ces recherches, m'a déclaré d'ailleurs que, lui aussi, pense maintenant de la même façon; il m'a autorisé à l'écrire en son nom, si bien qu'à l'heure actuelle tout le monde est d'accord pour dire *qu'on n'a pas encore pu, dans la muqueuse vésicale, trouver de lymphatiques propres.*

Peut-on dire qu'il y en a dans la sous-muqueuse ?

Au niveau du trigone les lymphatiques en anses qui sont dans la musculaire et qui ont des rapports immédiats avec le réseau sanguin comme on peut s'en rendre très bien compte sur les fig. 1, 2, 3, émettent à la face profonde de la muqueuse une série de bourgeonnements plus ou moins volumineux, de véritables culs-de-sac dilatés (fig. 4 et 5), qu'on peut décrire comme les ramifications les plus

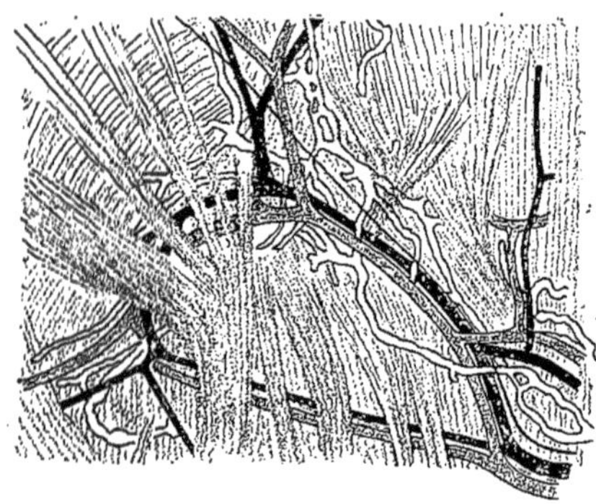

Fig. 2. — Lymphatiques de la sous-muqueuse (mouton), d'après Hoggan.

fines, comme les vaisseaux d'origine à proprement parler des lymphatiques dans la paroi de la vessie et de ce réseau partent des

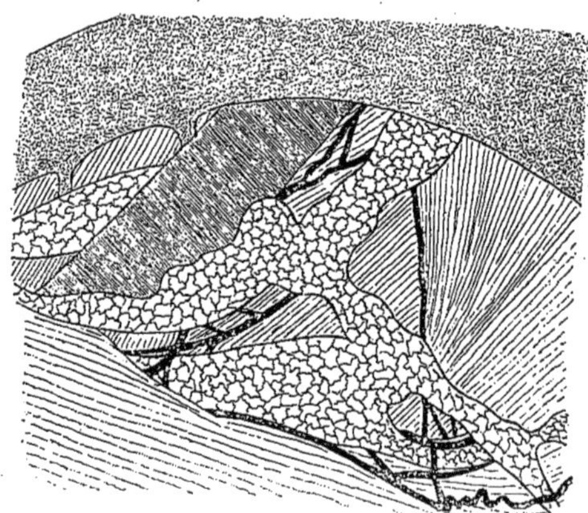

Fig. 3. — Même figure que la précédente. — Grossissement plus fort.

branches moins larges qui vont former le réseau intra-musculaire; il suit de là qu'on peut décrire des lymphatiques sous-muqueux. Gerota lui-même admet au niveau du trigone quelques vaisseaux blancs situés immédiatement sous la muqueuse, immédiatement au-dessous du réseau sanguin.

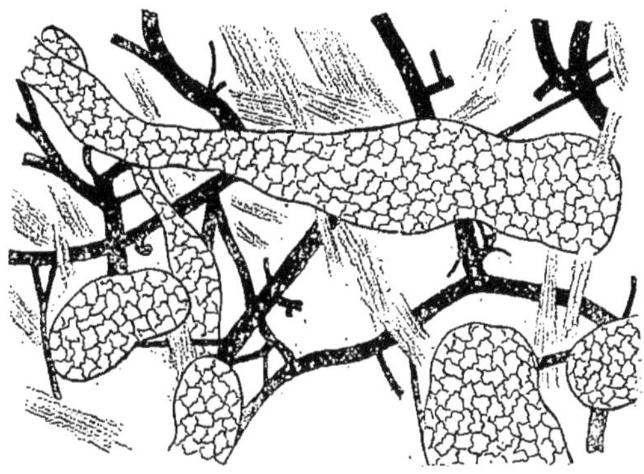

FIG. 4. — Lymphatiques de la sous-muqueuse du trigone (singe), d'après HOGGAN

Pour ce qui est des follicules lymphatiques qui existeraient dans le derme de la muqueuse, comme le veulent Weichselbaum[1] et

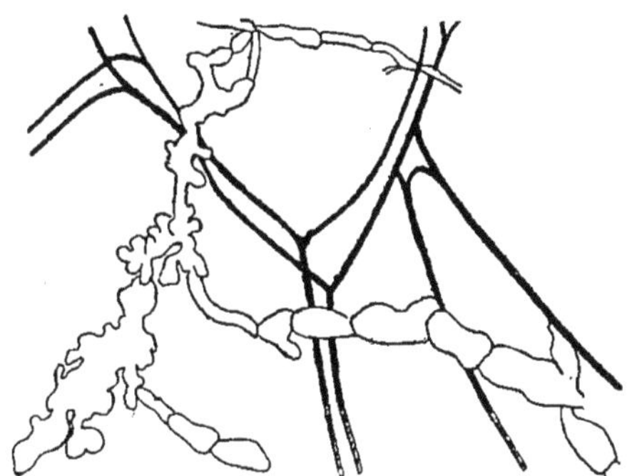

FIG. 5. — Lymphatiques de la sous-muqueuse (cheval), d'après HOGGAN.

Chiari[2], il ne faut admettre dans la muqueuse du trigone que des manchons de tissu lymphoïde enveloppant des vaisseaux; je crois qu'on ne peut encore à l'heure actuelle dire qu'il s'agit de dispositions

[1] WEICHSELBAUM. *Wien. med. Zeitung*, 1881, n° 38.
[2] CHIARI. *Wien. med. Jahrbücher*, 1883, p. 9.

normales (Tourneux et Hermann[1]) ou de formations pathologi-
ques (Przewoski[2], Albarran[3]).

En somme, je crois qu'il est permis d'affirmer qu'*il existe à peu
près partout, dans la sous-muqueuse, un réseau lymphatique qui
disparaît rapidement dans la couche musculaire.*

Au niveau du trigone et plus spécialement au niveau de l'embouchure des uretères, ce lacis de vaisseaux est très rapproché de la
muqueuse, mais cette dernière ne « paraît » pas à proprement parler
contenir de vaisseaux blancs [4].

2° Lymphatiques de la couche musculaire. — Les lymphatiques de la couche musculaire admis par Sappey[5] et Mercier[6] sont
de beaucoup les plus nombreux ; leur injection est difficile et donne
rarement de bons résultats, mais leur imprégnation, surtout chez les
animaux de petite taille, permet de les suivre sur la grande partie de
leur parcours.

D'une façon générale, les lymphatiques peuvent être divisés au point
de vue de leur direction en deux ordres : les premiers, sinueux, qui
forment un lacis entre les fibres musculaires, les seconds qui traversent toute l'épaisseur de la couche musculaire en direction à peu
près rectiligne (fig. 6).

a) Les *radicules qui se contournent dans tous les sens autour
des faisceaux musculaires* sont peu volumineux, ils s'anastomosent
largement entre eux et suivent le plus souvent le trajet des vaisseaux
sanguins toujours moins volumineux d'ailleurs, si bien que, artères,
veines, lymphatiques et muscles forment dans leur ensemble un feu-
trage épais qui constitue toute la face interne de la couche muscu-

---

[1] Tourneux et Hermann. In Vessie. *Dict. encyclop. des sc. méd.*, 1889, p. 21.

[2] Cf. *Arch. f. path. Anat. and Physiol.*, 1889, CXVI, p. 3.

[3] Albarran. *Loc. cit.*, p. 36.

[4] Gerota qui, après ses premières recherches (*Anat. anz.*, 1896, *loc. cit.*), était convaincu de l'existence de vaisseaux lymphatiques propres à la muqueuse, vient de
déclarer dans son dernier travail (*Arch. f. Anat. und Physiol.*, 1897) qu'il s'était
trompé et que des recherches plus complètes lui ont montré que ce réseau était
formé par des lymphatiques de la musculeuse, vus par transparence à travers la
muqueuse très mince.

[5] Sappey. *Anat., physiol., pathologie des vaisseaux lymphatiques considérés
chez l'homme et les vertébrés*, 1874, p. 124.

[6] Mercier. *Anat. et physiol. de la vessie au point de vue chirurgical*, 1872, p. 64.

leuse ; de ce niveau partent des lymphatiques indépendants ordinairement des vaisseaux sanguins et qui se répandent dans le reste de la musculaire (1, fig. 6).

J'ai déjà fait remarquer dans la sous-muqueuse de nombreuses anses lymphatiques formées par des prolongements de ce réseau, je dirai que la même disposition existe sur l'autre face du côté de la couche sous-péritonéale.

b) Les *troncules lymphatiques qui traversent la couche musculaire en conservant une direction à peu près rectiligne* comprennent d'une part des radicules qui rentrent dans le groupe précédent et ne diffèrent de ceux que nous venons de décrire que par leur absence de sinuosités (2, fig. 6), d'autre part des troncs de déversement qui

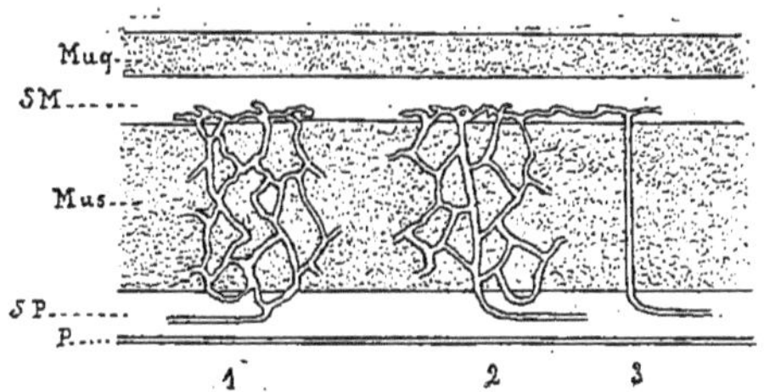

FIG. 6. — Lymphatiques de la vessie (schéma).

Muq. Muqueuse. — SM. Sous-muqueuse. — Mus. Musculeuse. — SP. Couche sous-péritonéale. — P. Péritoine. — 1. Réseau sinueux intra-musculaire. — 2. Troncule lymphatique traversant directement la musculeuse. — 3. Troncule de déversement de la sous-muqueuse.

amènent directement dans la couche sous-péritonéale la lymphe puisée dans la couche sous-muqueuse (3, fig. 6).

Comme j'ai fait remarquer que les lymphatiques de la sous-muqueuse à proprement parler n'existent qu'au niveau du trigone, il est facile de comprendre que ces troncs de déversement ne se retrouveront qu'à la partie inférieure de la vessie et surtout autour de l'embouchure des uretères ; c'est ainsi que Sappey les a vus passer sur le côté externe de ces orifices pour aller se continuer dans la couche sous-péritonéale où je vais les suivre maintenant.

3° **Lymphatiques sous-péritonéaux.** — Ce sont les lymphatiques de la couche sous-péritonéale qui ont été décrits les premiers comme formant exclusivement tous les lymphatiques de l'organe ; ils sont en effet assez volumineux, ayant chez l'homme un diamètre 0,3 à 1 millim. et sont assez faciles à injecter.

Dès 1687 Zeller[1] a signalé leur existence; Haller[2] ensuite dit qu'il les a démontrés en faisant des ligatures. Mais, comme le remarque Cruikshank[3], ce dernier anatomiste n'a pas aperçu les absorbants eux-mêmes, mais bien plutôt les ganglions auxquels ils se rendent.

Cruikshank en 1787 déclare que dans les deux sexes il existe des troncs lymphatiques accompagnant les principales veines de la vessie sur les côtés à droite et à gauche, et Mascagni[4] figure les radicules sur les parois postérieures et latérales de l'organe. Ces études passent inaperçues jusqu'à Portal[5] qui admet l'existence de lymphatiques tant dans le tissu sous-péritonéal de la face antérieure que dans le tissu sous-péritonéal de la vesssie. Les anatomistes plus récents tels que Cruveilhier[6], Henle[7] admettent ces lymphatiques sous-péritonéaux ; ce dernier auteur leur décrit même une direction transversale, point sur lequel j'aurai à revenir plus tard.

Par la méthode des injections, Sappey[8] parvint à mettre en relief l'existence à peu près constante de ces lymphatiques sous-péritonéaux. « Chez le chien et le lapin, dit-il, animaux chez lesquels le péritoine fournit à la vessie une enveloppe complète, les troncs cheminent de son sommet vers le col. Arrivés au niveau de l'orifice interne de l'urèthre, ils se recourbent à droite et à gauche pour se diriger en dehors et gagner les parois de l'excavation (fig. 7) ». Il parvint même. chez une petite fille de un mois à observer ces vaisseaux : « Me proposant, dit-il, de les injecter sur l'utérus, je venais d'enlever les deux

---

[1] ZELLER. *Dissertatio anatomica de vasorum lymphaticorum adminitratione*. Tubingœ, 1687.

[2] HALLER. *Dissertationes anatomicarum selectarum*. Gottingæ, 1750, I, p. 813 et 814.

[3] CRUIKSHANK. *Anat. des vaisseaux absorbants du corps humain*. Trad. PETIT RADOL, 1787, 304.

[4] MASCAGNI. *Vasorum lymphaticorum corporis humani historia et ichonographia*, 1787, p. 44 et planches.

[5] PORTAL. *Cours d'anatomie médicale*, 1803, III, p. 492.

[6] CRUVEILHIER. *Traité d'anatomie descriptive*, 1834, II, p. 715 ; CRUVEILHIER et SÉE, *loc. cit.*, 1877, II, p. 349.

[7] HENLE. *Hand. des Sytem. anat. des Mench.*, III, p. 437.

[8] SAPPEY. *Anat. physiol. des vaisseaux lymphatiques considérés chez l'homme et les vertébrés*, 1874, p. 124.

pubis et les deux branches ischio-pubiennes afin d'attirer la vessie en avant et de découvrir plus complètement la matrice. J'avais alors sous la pointe de mon tube la face postérieure du réservoir urinaire bien étalée. Je la piquais sans espoir de succès, ayant toujours échoué dans mes tentatives, et à mon grand étonnement je vis apparaître un beau réseau assez large et très manifeste. De ce réseau naissaient deux troncules qui croisaient les artères ombilicales » (fig. 8).

Ainsi donc on peut déclarer qu'*il existe à la face postérieure de la*

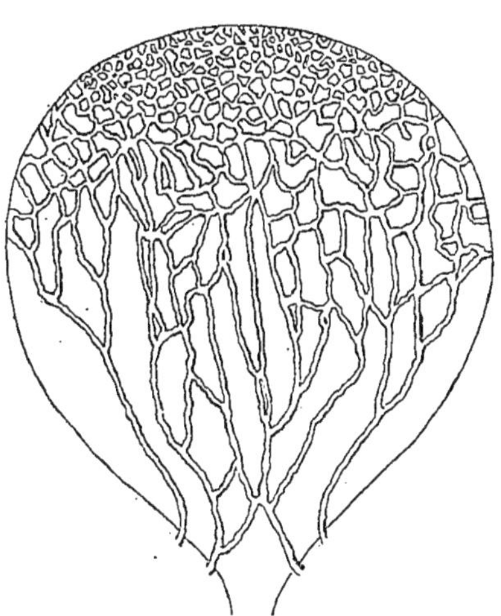

FIG. 7. — Réseau sous-péritonéal, face antérieure (chien), d'après SAPPEY.

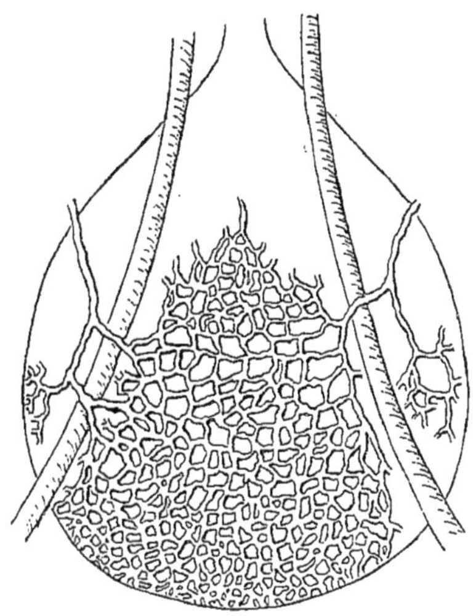

FIG. 8. — Réseau sous-péritonéal, face postérieure (petite fille), d'après SAPPEY.

vessie un ou deux troncs plus ou moins parallèles qui descendent du sommet vers la base de l'organe. Dans ces troncs se jettent des branches qui drainent les faces latérales de la vessie et ont une direction plus ou moins transversale, suivant la remarque de Henle. Les lymphatiques du fond de la vessie communiquent chez l'homme avec ceux de la prostate et des vésicules séminales, chez la femme avec ceux de la paroi vaginale antérieure ; chez l'homme et chez la femme, avec les lymphatiques qui correspondent à la partie inférieure des uretères.

Il existe également un ou deux collecteurs à la face antérieure de l'organe munis de valvules, qui montent vers le sommet. Les Hoggan les ont préparés par imprégnation (fig. 9 et 10) ; ils sont situés sur les bords de la bande des fibres longitudinales qui naît de la région du col en bas pour se porter vers l'ouraque à la partie supérieure. Ce trajet des lymphatiques, parallèles à la direction de ces

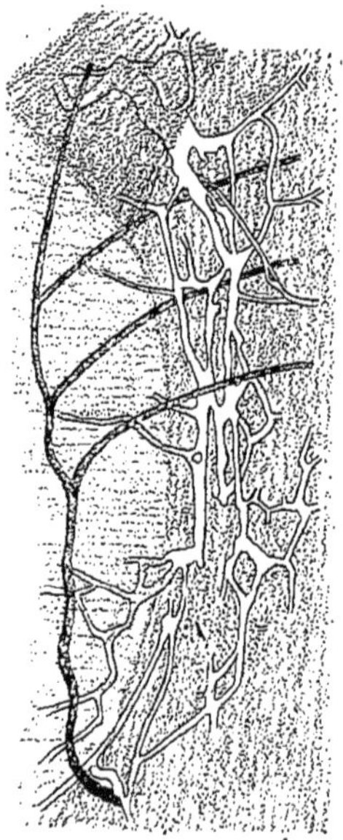

FIG. 9. — Lymphatiques efférents, face postérieure (souris), d'après HOGGAN.

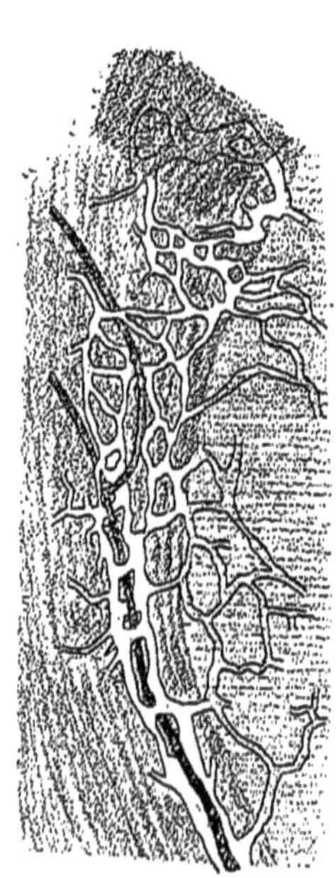

FIG. 10. — Lymphatiques efférents, face antérieure (souris), d'après HOGGAN.

fibres musculaires, est digne d'être noté car il paraît être un fait constant.

Il faut remarquer d'ailleurs que quand la vessie est contractée, les troncs lymphatiques sous-péritonéaux sont flexueux et ne correspondent plus exactement à la direction que je viens de leur assigner.

4° Lymphatiques qui partent de la vessie et ganglions auxquels ils se rendent. — Quand on se reporte aux auteurs d'anatomie qui ont admis l'existence des lymphatiques vésicaux, on voit que tous sont d'accord sur leurs terminaisons, c'est-à-dire sur la place des ganglions auxquels ils aboutissent. Mais on est frappé du vague qui existe dans leurs conclusions, et en somme la question est peu avancée malgré les recherches qu'elle a suscitées.

Cruikshank [1], Mascagni [2], Portal [3], Lauth [4], Vidal de Cassis [5], Schustler [6], déclarent que les lymphatiques vésicaux se rendent dans des ganglions pelviens.

Bichat[7], Boyer[8], Gavard[9], Cloquet[10], P. Broc[11], Huschke[12], Henle [13], Cruveilhier, les Hoggan, Beaunis et Bouchard[14] disent qu'ils se rendent dans les ganglions hypogastriques. Sans doute, cette dernière opinion paraît être appuyée sur des recherches nombreuses, mais il ne faut pas oublier que peu d'auteurs disent avoir par *eux-mêmes* constaté des résultats. Quelques-uns cependant donnent un peu plus de détails, c'est ainsi que Lauth, parlant des vaisseaux qui sortent des glandes pelviennes en général, dit qu'ils accompagnent les ramifications de l'artère hypogastrique et qu'ils vont se jeter jusque dans les glandes iliaques. Pour Cloquet, ces ganglions hypogastriques se continuent en dedans avec un plexus situé sur le milieu du sacrum et en haut avec le plexus lymphatique de la région lombaire. De même, Portal parle de vaisseaux placés le long des muscles psoas et iliaques.

Bref, il est difficile de savoir au juste dans quel groupe ganglionnaire vont se jeter les troncs afférents de la vessie, car il ne faut pas oublier que ces ganglions dont on parle se trouvent être en rapport

[1] CRUIKSHANK. *Loc. cit.*, 1787, p. 304.

[2] MASCAGNI. *Loc. cit.*, p. 44.

[3] PORTAL. *Loc. cit.*, 1803, V, p. 402.

[4] LAUTH. *Nouveau manuel de l'anatomiste*, 1835, p. 529.

[5] VIDAL DE CASSIS. *Traité de pathologie externe et de méd. opérat.*, 1855. IV, p. 692.

[6] SCHUSTLER. *Die Krankheiten der Harnblase*, in BILLROTH et LUECKE. *Deutsche Chirurgie*, 1890, p. 7.

[7] BICHAT. *Anatomie générale*, 1803, IV, p. 453.

[8] BOYER. *Anatomie humaine*, 1809, IV, p. 492.

[9] GAVARD. *Traité de splanchnologie*, 1809, p. 468.

[10] CLOQUET. *Traité d'anatomie descriptive*, 1816, t. II, p. 1050 ou *Manuel d'anat. descrip. du corps humain*, 1825, p. 500.

[11] BROC. *Traité complet d'anat. descriptive et raisonnée*, 1824, III, p. 618.

[12] HUSCHKE. *Traité de splanchnologie et des organes des sens*. Trad. JOURDAN, 1845, p. 318.

[13] HENLE. *Loc. cit.*

[14] BEAUNIS et BOUCHARD. *Nouv. éléments d'anat. descript.*, 1885, p. 822.

'avec les plexus qui collectent la lymphe de tous les organes du petit bassin.

Il existe cependant des résultats plus précis sur lesquels il est permis de s'arrêter. Plusieurs anatomistes, parmi lesquels Mascagni, se rencontrent pour dire qu'il existe sur les côtés de la vessie, sous le péritoine, une série de petits ganglions assez constants, (on pourrait les appeler *ganglions latéraux de la vessie*), qui correspondent au trajet des artères ombilicales. Ces ganglions, qui se trouvent en géné-

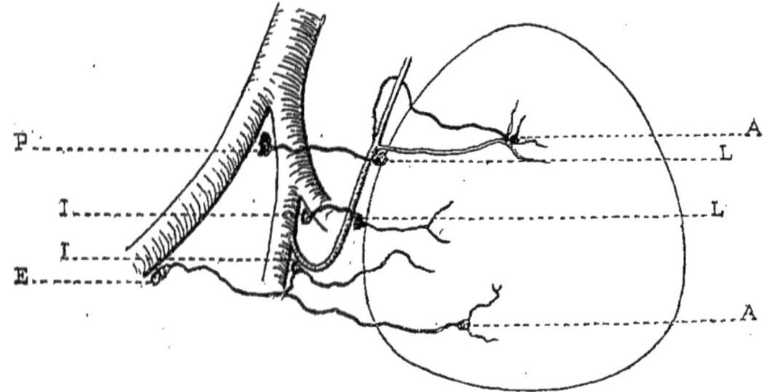

FIG. 11. — Ganglions lymphatiques de la vessie (schéma).

A G. Vésicaux antérieurs. — L G. Latéraux de la vessie. — E G. Iliaques externes. — I G. Iliaques internes. — P G. Iliaques primitifs.

ral sur une bifurcation des vaisseaux, sont plus particulièrement accolés aux parois vésicales. Ils semblent appartenir en propre à la vessie et les lymphatiques qui en viennent traverseraient d'abord ces ganglions avant d'aller gagner le plexus hypogastrique. Zeller les avait déjà vus en 1687, Haller en 1750, Cruikshank en 1787 les avait admis, ainsi que Bichat, Boyer Gavard et plus récemment Mercier.

Gerota, d'autre part, a appelé l'attention sur un ou deux petits ganglions qu'on trouve à la face antérieure de la vessie, accolés à l'organe, au niveau de l'artère vésicale supérieure, branche de l'ombilicale, ou parfois un peu plus bas dans le tissu graisseux rétropubien. Avec Waldeyer il les nomme *ganglions vésicaux antérieurs*.

Les recherches plus récentes de Sappey l'ont amené à dire que certains lymphatiques de la vessie ne vont pas aux ganglions hypogastriques, car chez le chien et le lapin il a injecté des lymphatiques qui partant du col vont se terminer dans les ganglions situés au-dessous des vaisseaux iliaques externes, à l'union de la paroi antérieure avec les parois latérales de l'excavation du bassin, ou bien dans des ganglions qui longent le côté inférieur de la veine iliaque externe.

Pour moi, j'ai réussi une seule fois à injecter, avec une solution de bleu de Prusse, comme je l'ai dit précédemment, un ganglion situé un peu en avant de la bifurcation de l'artère iliaque primitive droite chez un cobaye ; avec le même procédé, Albarran et Suchard avaient déjà réussi à colorer sur un chien et sur un cobaye un ganglion situé un peu au-dessous de la bifurcation de l'iliaque primitive. De son côté, Gerota admet la terminaison des lymphatiques vésicaux dans un ganglion situé immédiatement au-dessous de l'artère iliaque externe ou dans un ganglion situé au niveau de la bifurcation de l'artère hypogastrique. De ces recherches il semble donc bien résulter que s'il existe des lymphatiques vésicaux qui se rendent à des ganglions situés le long de l'artère ombilicale ou sous la veine iliaque externe, il est certain que c'est surtout le long de l'iliaque interne et jusqu'à l'origine de l'iliaque primitive que doit se trouver la terminaison normale des lymphatiques de la vessie.

CHAPITRE II

CIRCULATION LYMPHATIQUE DE LA PROSTATE

L'étude anatomique des lymphatiques de la prostate semble avoir donné pendant longtemps des résultats à peu près négatifs ; presque tous les anciens auteurs, tels que Boyer, Bichat, Broc, Cloquet, n'en parlent absolument pas. D'autres en disent un mot en passant, comme Portal[1], Gavard[2], Lauth[3]. Mascagni les avaient figurés en partie.

Il faut arriver jusqu'aux recherches récentes de Sappey[4] pour en avoir, sinon une étude détaillée, du moins une description un peu plus complète.

Description des lymphatiques et groupes ganglionnaires auxquels ils se rendent.

La prostate étant une glande en grappe composée, on doit s'attendre à y voir le système lymphatique former deux groupes bien différenciés correspondant à la constitution même de l'organe. A la glande proprement dite, acini et canaux excréteurs, sera annexé un système de vaisseaux blancs qui représenteront les lymphatiques d'origine, tandis que ce réseau se jettera dans un second groupe, collecteur en quelque sorte, entourant la masse glandulaire tout entière.

Le premier groupe ou *réseau d'origine, groupe intra-glandulaire*, se compose d'une série de fins canaux qui entourent les acini et

[1] PORTAL. *Cours d'anatomie méd.*, 1803, III, p. 490.
[2] GAVARD. *Traité de splanchnologie*, 1809, p. 468.
[3] E.-A. LAUTH. *Nouveau manuel de l'anatomiste*, 1835, p. 529.
[4] SAPPEY. *Anatomie, physiologie, pathologie des vaisseaux lymphatiques considérés chez l'homme et les vertébrés*, 1874, p. 134.

qui ne présentent dans la « glande prostatique » rien de bien particulier.

Le deuxième, *groupe péri-glandulaire*, est formé par un réseau à
mailles assez serrées qui entoure complètement l'organe et présente
en certains points des troncs efférents qui se séparent de la prostate
pour se rendre aux ganglions de terminaison.

D'après Sappey, ces troncs sont le plus habituellement au nombre
de quatre. Il en existe deux pour chaque côté, l'un antérieur, l'autre
postérieur :

1° Les troncs antérieurs se portent en haut et en avant sur les
parties latérales de la vessie, puis de là se rendent à un ganglion
situé entre le trou sous-pubien et la partie correspondante du détroit

FIG. 12 et 13. — Ganglions situés le long de l'aorte et à la bifurcation des iliaques
(schéma).

supérieur. Parfois de ce tronc assez grêle part un rameau qui se
dirige vers un ganglion situé sous la veine iliaque externe immédiatement avant sa terminaison ;

2° Les troncs postérieurs sont plus volumineux. Ils se détachent de
la base de la prostate en arrière et se portent presque transversalement en dehors pour aller se terminer dans un ganglion situé sur la
partie latérale et inférieure de l'excavation du bassin, ou bien dans
un ganglion situé au-dessous de la veine iliaque externe en avant de
la bifurcation de l'iliaque primitive.

De là les lymphatiques se portent sur les ganglions situés plus
haut, c'est-à-dire vers les groupes ganglionnaires qui accompagnent
les vaisseaux iliaques primitifs, l'aorte et la veine cave. Parmi ces
groupes, il faut citer particulièrement quelques-uns d'entre eux qui

semblent constants et toujours assez développés. Ce sont les suivants (fig. 12 et 13).

1º Un groupe de 4 ou 5 ganglions échelonnés dans l'angle supérieur et gauche formé par l'aorte et le bord supérieur de l'iliaque primitive gauche ;

2º Un groupe à peu près symétrique au précédent placé dans l'angle formé par la veine cave et le bord supérieur de l'artère iliaque primitive droite ;

3º Un groupe de deux ou trois ganglions placé dans l'angle de bifurcation de l'aorte et de la veine cave inférieure ;

4º Un groupe de ganglions échelonnés dans l'angle antérieur formé par la veine cave et l'aorte, ganglions d'où partent les troncules lymphatiques qui s'insinuent entre le tronc artériel et le tronc veineux pour aller se jeter dans les ganglions lymphatiques situés immédiatement le long de la colonne vertébrale.

Ces derniers sont accolés aux os et quelques-uns sont logés dans les gouttières qui se trouvent sur les parties latérales du corps des vertèbres ; quand ils ne sont que peu hypertrophiés, ils peuvent passer facilement inaperçus si on ne va pas les rechercher à cette place avec grand soin.

Enfin il est un dernier point sur lequel je désire attirer encore l'attention avant de terminer ce chapitre : je veux parler de la communication des voies lymphatiques de la base de la vessie, de la prostate et des vésicules séminales.

Les *vésicules séminales sont très riches en lymphatiques;* ces vaisseaux s'anastomosent autour d'elles et donnent naissance à des troncules qui vont de leur base vers leur sommet en formant deux troncs qui cheminant en dedans « entre la vésicule et la partie adjacente du canal déférent », et en dehors le long de leur bord externe aboutissent à deux ganglions dont l'un est au-dessus et en arrière d'elles et l'autre plus bas vers les parties latérales du bassin (Sappey) ; on comprend par cette description combien sera facile la propagation lymphatique de la prostate aux vésicules ; aussi la rencontrera-t-on souvent notée dans le chapitre d'anatomie pathologique.

RÉSUMÉ DE LA PREMIÈRE PARTIE

I. — **Vessie.** — L'existence des lymphatiques vésicaux peut être considérée comme démontrée par l'anatomie normale et comparée.

1° Les lymphatiques propres à la muqueuse ne sont pas encore démontrés. Des culs-de-sac plus ou moins dilatés qui se branchent sur les lymphatiques plus profonds, se rencontrent cependant à la face profonde de la muqueuse au niveau du trigone.

2° Les lymphatiques de la sous-muqueuse siègent dans les parties les plus profondes de cette couche jusqu'au contact de la couche musculaire.

3° Les lymphatiques de [la couche musculaire, moins volumineux que les précédents, serpentent entre les faisceaux musculaires ou traversent presque rectilignes toute la paroi. Ces derniers sont les véritables troncs de déversement des lymphatiques de la sous-muqueuse.

4° Les lymphatiques de la couche sous-péritonéale, troncs collecteurs pour la plupart, descendent vers la région du col sur la face antérieure ou postérieure de l'organe ; quelques-uns semblent cependant se diriger vers le sommet de la vessie, du côté de l'ouraque.

Les ganglions auxquels se rendent ces lymphatiques doivent être divisés en :

Ganglions vésicaux antérieurs.
Ganglions   —   latéraux (le long de l'artère ombilicale).
Ganglions iliaques externes (peu importants).
Ganglions   —   internes.

Ces derniers s'étendent le long des vaisseaux iliaques internes et de leurs branches, et jusqu'à l'angle de bifurcation des vaisseaux iliaques primitifs.

II. — **Prostate**. — Les lymphatiques de la prostate sont démontrés assez facilement par les recherches anatomiques.

Ils forment un *réseau intra-glandulaire* et un réseau *péri-glandulaire* dont les troncs efférents semblent surtout se rendre au nombre de quatre, deux postérieurs et deux antérieurs, aux ganglions situés sous la veine iliaque externe.

DEUXIÈME PARTIE

CHAPITRE PREMIER

MALADIES DE LA VESSIE

A. — *De la propagation lymphatique dans les tumeurs de la
vessie.*

B. — *De la propagation lymphatique dans les infections vésicales.*

CHAPITRE II

MALADIES DE LA PROSTATE

A. — *De la propagation lymphatique dans les tumeurs de la
prostate.*

B. — *De la propagation lymphatique dans les infections de la
prostate.*

RÉSUMÉ DE LA DEUXIÈME PARTIE.

Après avoir vu quels renseignements fournissent les études anatomiques, je vais maintenant examiner les résultats obtenus par l'étude des cas que l'on trouve en clinique et voir si chez les sujets atteints de maladie de la vessie ou de la prostate, il existe des propagations lymphatiques. Cette étude anatomo-clinique peut donner des résultats fort précis quand les recherches sont faites avec toute la rigueur scientifique possible, c'est-à-dire quand on ne demande aux observations que ce qu'elles contiennent. Pour cela, je crois que le meilleur moyen est de rechercher toutes les observations qui ont été publiées, d'examiner toutes les pièces qu'on a à sa disposition et de voir si de l'ensemble on peut tirer une conclusion quelconque.

Je vais successivement passer en revue les observations de tumeurs ou d'inflammation simple et examiner :

1° S'il y a eu des propagations ganglionnaires,

2° Dans quels cas elles se sont produites,

3° Quels sont les groupes de ganglions qui ont été atteints.

Pour suivre le plan que je me suis proposé, je commencerai par la vessie et dans un deuxième chapitre je traiterai de la prostate.

CHAPITRE PREMIER

MALADIES DE LA VESSIE

A. — De la propagation lymphatique dans des tumeurs de la vessie.

HISTORIQUE

Jusqu'à ces dernières années il était absolument classique de déclarer que les tumeurs de la vessie ne s'accompagnent jamais de propagations ganglionnaires. En 1886, M. Guyon[1] n'avait trouvé que quatre observations dans lesquelles les ganglions étaient envahis, et dans ces quatre cas, la lésion avait franchi les limites de l'organe. C'est qu'en effet, les anatomistes avaient déclaré, comme je l'ai dit

[1] GUYON. Sur le diagnostic et le traitement des tumeurs de la vessie. Congrès français de chirurgie, 1886, in *Ann. gén.-urin.*, 1886, p. 662.

précédemment, que la vessie ne contenait pas de vaisseaux blancs. On admettait donc à cette époque, que « isolées du réseau lymphatique, les tumeurs ne disséminent pas leur germe malfaisant en leur faisant suivre la voie habituelle de leur propagation ». Et cette opinion était aussi bien adoptée à l'étranger qu'en France[1].

Sans doute on avait bien trouvé de temps en temps des propagations ganglionnaires dans les cas de tumeurs limitées à la vessie, mais ces propagations avaient été toujours considérées comme très rares. Lacaze-Dori[2] les avait admises pour la forme encéphaloïde du cancer, Billroth[3] s'était rangé à cet avis. Lebert[4], pour qui l'irradiation dans le bassin et les ganglions lymphatiques de la région avait été constatée dans un tiers des cas, n'oubliait pas de faire remarquer que « lorsqu'on réfléchit à la rareté de l'infection générale dans le cancer vésical, lorsqu'on tient compte de cette circonstance que le cancer des organes du bassin est en général dans les conditions les plus favorables à la propagation par irradiation, on arrive tout naturellement à cette conclusion qu'il existe des dispositions anatomiques spéciales à la région que ce cancer occupe ».

Féré[5] dans un mémoire fait à la clinique de Necker en 1881, donne le résumé des idées de l'époque en disant que la propagation lymphatique qui n'existe jamais dans le papillome peut se rencontrer, quoique exceptionnellement, dans le cancer, fait à mettre en opposition avec ce qu'on trouve dans le cancer de la prostate. Pour Féré « la généralisation des tumeurs de la vessie est très rare et les quelques faits qu'on en peut signaler seraient peut-être susceptibles d'être discutés » ; « l'absence de ganglions lombaires et pelviens paraît être la règle dans les tumeurs de la vessie », même dans les tumeurs malignes. Dans les cas qu'il en rapporte il ajoute que les tumeurs n'étaient pas localisées à la vessie.

En 1885, Pousson[6], dans un mémoire fort étudié, veut chercher

---

[1] E. Kuster. Ueber Harnblasengeschwülste und deren Behandlungen in *Volkmann Sammlung klinischer Vorträge*, 1886, p. 2359.

[2] Lacaze-Dori. Thèse Paris, 1852.

[3] Billroth. *Éléments de Pathol. chirurg. générale*, 1868, p. 789. (Traduct. franç. Culmann et Sengel.)

[4] L. Lebert. *Traité anat. path.*, 1855-1861, t. II, p. 366.

[5] Féré. Mémoire : *Cancer de la vessie*. Travail couronné. (Prix Civiale, 1881.)

[6] Pousson. Nouvelles considérations sur l'extirpation des tumeurs de la vessie. *Ann. gén.-urin.*, 1885, p. 528 et suiv.

une raison à l'absence de propagation lymphatique, et, pour lui, si les tumeurs restent longtemps sans donner de propagation, c'est qu'elles restent longtemps essentiellement bénignes.

Les mêmes idées se rencontrent dans les livres ou articles publiés ultérieurement.

En 1890, R. Ultzmann[1] fait remarquer que les ganglions fortement tuméfiés qu'on peut sentir au loin dans la cavité du bassin à droite et à gauche à côté de la vessie, font soupçonner la tuberculose ou le cancer, et Guiard[2], bien que déclarant que « c'est un signe qu'on ne doit pas s'attendre à rencontrer », croit néanmoins comme Féré que la présence de ganglions envahis aiderait au diagnostic de la nature maligne du néoplasme.

Il faut arriver au livre publié en 1892 par M. Albarran pour trouver de nouvelles idées sur la question. Croyant qu'il existe des lymphatiques dans la vessie, ayant réussi à en faire des préparations, se basant d'autre part sur des faits cliniques observés de plus près, il cherche les ganglions dans les autopsies de 17 cancers de la vessie ; dans 11 observations il en trouve et sur cés 11 observations 6 fois la tumeur n'avait pas dépassé les limites de l'organe ; il rapporte des cas où il trouve des ganglions le long des vaisseaux hypogastriques jusqu'au niveau de la bifurcation de l'iliaque primitive ; 2 fois même, la masse ganglionnaire s'étendait jusqu'au diaphragme.

A partir de cette époque, les idées semblent changer.

En 1895, Clado admet cette infection ganglionnaire « dans le carcinome bien cantonné à la vessie », mais il continue à croire que cette propagation est assez rare, car au lieu de tabler sur des résultats constatés à l'autopsie, il s'attarde à ne voir que ce qu'on rencontre en clinique ; j'aurai l'occasion d'ailleurs de revenir plus loin sur ce sujet.

Enfin en 1896, dans une étude sur les cancroïdes de l'appareil urinaire, N. Hallé[3] appelait l'attention sur la propagation fréquente aux ganglions pelviens des cancroïdes vésicaux.

Dans le courant de l'année dernière également, M. Guyon[4] faisant

---

[1] R. ULTZMANN. Die Krankheiten der Harnblase, in BILLROTH et LUECKE. *Deutsche Chirurgie*, 1890, p. 36.

[2] GUIARD. Du diagnostic des néoplasmes vésicaux. *Arch. gén. de méd.*, 1891, p. 441.

[3] N. HALLÉ. *Ann. génito-urin.*, juin-juillet 1896.

[4] GUYON. Quelques remarques cliniques et anatomo-pathologiques sur les néoplasmes infiltrés de la vessie. (Leçon recueillie par NOGUÈS et PASTEAU. *Ann. gén.-urin.*, mars 1897, p. 225.)

à Necker une clinique sur les néoplasmes infiltrés de la vessie, avait demandé à notre ami Noguès de rechercher dans la collection anatomo-pathologique du service les cas où on avait pu noter l'état des ganglions. Sur 56 tumeurs voici le résultat où il était arrivé.

Pièces avec lesquelles les ganglions ont été conservés, 13.

Pièces avec lesquelles les ganglions n'ont pas été conservés (mais ils sont notés sur le cahier d'autopsie), 2.

Observations où il n'y avait pas de ganglions, 41.

C'est à la suite de cette constatation que je fus appelé à poursuivre cette étude pour rechercher la présence des propagations ganglionnaires dans les tumeurs vésicales et les conditions dans lesquelles cette propagation ganglionnaire est rencontrée.

FRÉQUENCE DE LA PROPAGATION GANGLIONNAIRE

Pour édifier des conclusions sur une base aussi sérieuse que possible j'ai cherché dans la littérature classique tous les cas qui avaient été publiés comme tumeurs vésicales et j'ai noté ceux dans lesquels la propagation ganglionnaire était marquée. J'ai d'autre part mis à profit la collection anatomo-pathologique réunie à Necker dans le service de mon maître, M. Guyon, et c'est d'après l'ensemble de tous ces faits que je vais établir les tableaux suivants :

Tout d'abord parmi les observations publiées de « tumeurs de vessie » il en est un certain nombre que j'ai éliminées parce qu'on y trouve noté que *la tumeur n'était pas absolument localisée au reservoir urinaire*. Je tiens cependant à rapporter ces observations qui pourront sans doute faciliter des recherches ultérieures.

Le tableau I qui les rassemble peut se résumer ainsi :

40 tumeurs non localisées à la vessie et s'accompagnant de propagations glanglionnaires.

PROPAGATIONS A	URÈTHRE	PROSTATE	UTÉRUS	VAGIN	RECTUM
Ganglions inguinaux. 9	5	2	3	3	2
— iliaques.. 20	5	7	8	6	5
— rétropér. 10	»	4	6	1	2
— lombaires. 6	1	3	1	1	2

Il est difficile de tirer des conclusions de ce résumé; je ferai cependant remarquer que sur les 9 cas où les ganglions inguinaux étaient pris, 5 fois la lésion s'étendait à l'urèthre et 2 fois à la prostate et que sur les 20 cas où les ganglions iliaques étaient atteints, 7 fois il existait avec la tumeur vésicale des noyaux néoplasiques de la prostate.

Dans les observations de *tumeurs localisées à la vessie* on peut faire une division plaçant d'un côté (tableau 2) les cas où l'absence de ganglions a été constatée et de l'autre (tableau 3) ceux où la présence des ganglions est indiquée.

J'ai pu ainsi réunir, tant d'observations publiées antérieurement que d'observations inédites ou personnelles recueillies à la clinique de Necker, d'un côté 27 observations, de l'autre 62.

Mais où la difficulté est grande, c'est quand il s'agit de classer ces observations, d'en tirer des conclusions. J'ai successivement pensé à chercher *la fréquence de l'existence ou de la non-existence des ganglions d'après la nature de la tumeur* constatée à l'examen histologique et d'après son siège, sa topographie dans l'intérieur de la vessie. Je ne suis arrivé à aucun résultat.

Toutes les variétés de tumeurs ont des propagations lymphatiques et d'autre part les examens histologiques ne sont pas encore assez nombreux pour permettre des conclusions fermes. C'est un point de recherches ultérieures que je tiens à signaler en passant.

Quant à savoir *la fréquence relative de la présence des ganglions d'après la situation de la tumeur dans la vessie*, j'y ai renoncé. Presque toutes les tumeurs siègent au niveau du bas-fond, d'autres fois les tumeurs sont multiples, et enfin quand la tumeur est un peu volumineuse, il se fait de nouvelles implantations, de véritables greffes comme M. Albarran l'a bien montré. C'est donc sur un autre caractère que je me suis basé ; c'est *non plus sur le « siège » mais sur le « mode d'implantation »* de la tumeur. En effet dans chacun des 15 cas où M. Guyon avait trouvé une propagation, sans aucune exception, la tumeur infiltrait la paroi vésicale. Si dans 41 pièces où les ganglions n'avaient été ni conservés ni notés, 20 fois la tumeur était infiltrée ou prenait au moins une large implantation, 20 autres fois par contre elle était franchement cavitaire. Comme le dit M. Guyon, la valeur de cette constatation sur les 15 pièces ne saurait être amoindrie par les résultats négatifs fournis par l'examen des 20 autres pièces du même genre. En admettant que les ganglions aient été cherchés avec tout le soin désirable, que de petites propagations n'aient pas été vues, que l'on soit tout à fait certain qu'il n'y en ait pas eu traces, la démonstration de la transmission des éléments cancéreux par les lymphatiques, alors que le néoplasme est pariétal, est néanmoins établie. Et, bien que l'on puisse également se demander si quelques négligences ne se seraient pas produites dans les autopsies de tumeurs cavitaires, il n'en est pas moins remarquable que dans les 20 spécimens de cette collection aucun indice ne permet de penser qu'on ait trouvé des ganglions suspects.

M. Albarran avait, lui aussi, sur les 11 observations de tumeurs avec propagation ganglionnaire, rencontré 6 fois une tumeur infiltrée n'ayant pas dépassé les limites de l'organe et une seule fois une tumeur paraissait limitée dans la muqueuse.

J'ai donc cherché moi-même la fréquence des propagations ganglionnaires dans les tumeurs implantées (pédiculées ou sessiles) et dans les tumeurs infiltrées. Voici les résultats auxquels je suis arrivé.

Le tableau II (néoplasme sans propagation ganglionnaire) contient 27 observations sur lesquelles 5 fois le caractère d'implantation n'est n'est pas marqué, les observations de ce tableau se résument donc à 22 sur lesquelles on trouve :

	ABSENCE DE GANGLIONS CONSTATÉE	
	EN CLINIQUE SEULEMENT	A L'AUTOPSIE
Tumeurs pédiculées : 6 obs	2	4
— sessiles : 9 obs	3	6
— infiltrées : 7 obs...........	3	4

En somme, *quand il n'y a pas de ganglions on doit plutôt s'attendre à trouver une tumeur qui n'est pas encore infiltrée.*

Le tableau III (néoplasmes avec propagation ganglionnaire) contient 62 observations sur lesquelles 13 fois le caractère d'implantation n'est pas marqué. Les observations de ce tableau se résument donc à 49 sur lesquelles on trouve :

	PRÉSENCE DE GANGLIONS CONSTATÉE	
	EN CLINIQUE SEULEMENT	A L'AUTOPSIE
Tumeurs pédiculées: 2 obs...........	2	»
— sessiles : 7 obs...........	3	4
— infiltrées : 40 obs...........	5	35

En somme, *quand il y a des ganglions on doit plutôt s'attendre à trouver une tumeur infiltrée.*

Ces deux points établis, il serait intéressant de savoir quelle est la « fréquence de l'infection ganglionnaire dans les tumeurs de la vessie prises dans leur ensemble ». Je ne donnerai pas de réponse à cette question, n'ayant pas les documents nécessaires pour asseoir solidement des conclusions. A cela on ne pourra répondre que plus tard, quand on aura cherché par principe dans toutes les autopsies de tumeurs vésicales et suivant les règles que j'indiquerai plus loin s'il existe des ganglions.

Mais je peux, sur l'ensemble des observations que j'ai réunies, chercher la « fréquence relative de l'infection ganglionnaire suivant que la tumeur est pédiculée, sessile ou infiltrée ». En réunissant les résultats fournis par les tableaux 2 et 3, je trouve sur un total de 71 tumeurs :

	TABLEAU II SANS GANGLIONS	TABLEAU III AVEC GANGLIONS	TOTAL DES OBSERVATIONS	MOYENNE
Tumeurs pédiculées.	6	2	8	25 p. 100
— sessiles ...	9	7	16	43.75 p. 100
— infiltrées ..	7	40	47	85.10 p. 100

Il suit de là que dans presque tous les cas (plus de 85 p. 100) les tumeurs infiltrées s'accompagnent de propagation ganglionnaire et que dans 43 p. 100 des cas les tumeurs sessiles s'accompagnent également de propagation ganglionnaire. Quelle conclusion peut-on tirer si ce n'est la suivante? *Autant la propagation ganglionnaire est l'exception dans les tumeurs pédiculées, autant elle est la règle dans les tumeurs infiltrées.*

Pour ce qui est des tumeurs sessiles, on devra toujours la craindre et cela s'explique: n'est-ce pas dans ce genre de tumeurs qu'on trouve le plus souvent ce que M. Guyon a appelé l' « infiltration larvée » qui n'est que l'infiltration cancéreuse des lymphatiques dans les couches plus profondes. (Albarran.)

SIÈGE DE LA PROPAGATION GANGLIONNAIRE

Maintenant que j'ai montré les cas dans lesquels il existe des ganglions, je veux montrer quels sont les ganglions qui sont pris. Reprenant les observations du tableau 3 (tumeurs de la vessie avec propagations ganglionnaires), j'arrive au résultat suivant :

62 tumeurs localisées à la vessie et s'accompagnant de propagations ganglionnaires.

Ganglions iliaques....... 40
- internes 23
- externes 13
- primitifs 11
- non précisés 14   } 79.03 p. 100
- près des uretères........................... 9
- sacrés... 5   8.06   —
- inguinaux..................................... 9   14.51   —
- lombaires..................................... 15   24.19   —
- sus-claviculaires............................. 1   1.61   —

Si on examine un peu les chiffres précédents, on remarque que sur
62 observations, 40 fois les ganglions iliaques sont atteints (soit

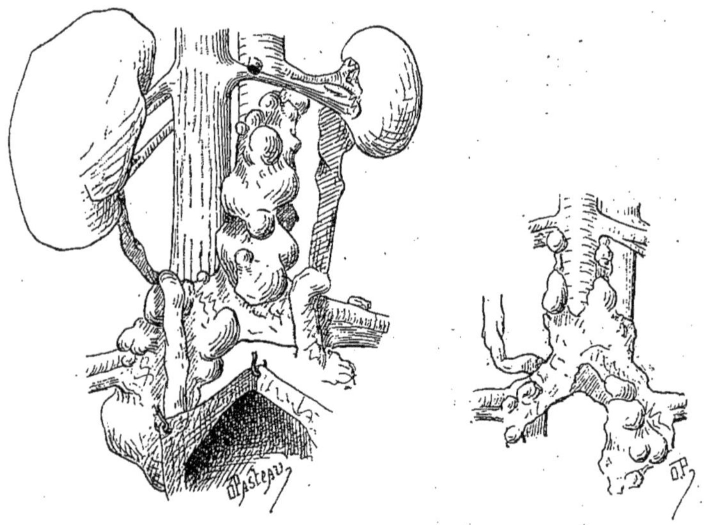

Fig. 14 et 15. — Propagation lymphatique dans une tumeur de la vessie
(vue antérieure et postérieure).

iliaques internes, soit iliaques externes, soit iliaques primitifs). Si à
ce chiffre j'ajoute les 9 cas où il existait des ganglions autour de
l'embouchure des uretères, par conséquent au niveau des branches
terminales de l'hypogastrique sur la vessie, j'arrive au total de 49 cas,
soit 79.03 p. 100.

Les ganglions lombaires sont pris... 15 fois, soit 24,19 p. 100.
Enfin les ganglions inguinaux..... 9 — 14.51 —
Les ganglions sacrés............. 7 — 8.06 —
Et les ganglions sus-claviculaires.. 1 — 1.61 —

Je ferai remarquer maintenant le peu de fréquence des ganglions inguinaux et j'insisterai sur cette observation d'adénopathie sus-claviculaire dans le cancer de la vessie qui rentre ainsi dans la règle établie par M. Troisier[1] dès 1888 à savoir que « tout cancer abdominal peut déterminer cette adénopathie sus-claviculaire ».

<h3 align="center">B. — De la propagation lymphatique dans les infections vésicales.</h3>

L'histoire de ce chapitre est courte. J'ai dit que Ultzmann[2], en 1890, avait cru que la présence de ganglions devait faire penser à la tuberculose ou au cancer. En 1892, M. Albarran oppose aux arguments cliniques présentés contre l'engorgement ganglionnaire dans les inflammations de la vessie « que les faits de péricystite ne peuvent s'expliquer sans une migration par la voie lymphatique de micro-organismes », et il ajoute : « je me permettrai de faire remarquer que si l'on n'a pas trouvé les ganglions engorgés dans les cystites c'est peut-être qu'on ne s'est pas donné assez de peine pour les chercher. »

L'année dernière, M. Guyon nous faisait remarquer dans deux autopsies de péricystite et de tuberculose génito-urinaire diffuse, la présence de ganglions à l'extrémité inférieure de l'uretère et le long de la colonne lombaire.

Je me suis donc attaché à chercher les ganglions dans les autopsies des vieux urinaires qui sont morts depuis quelque temps à la clinique de Necker, et je suis arrivé à ce résultat que toutes les fois qu'on dissèque complètement les branches de l'hypogastrique et la région vertébrale antérieure depuis le sacrum jusqu'au diaphragme on trouve des ganglions nettement hypertrophiés ; ces ganglions

[1] Troisier. *Bull. soc. méd. des hôpitaux*, 13 janvier 1888, p. 21.
[2] Ultzmann. Die Krankheiten der Harnblase in Billroth et Luecke. *Deutsche Chirurgie*, 1890, p. 36.

existent d'ailleurs aux mêmes places que ceux qui sont pris dans le cas de tumeurs.

Mais pour trouver des ganglions, il faut faire l'autopsie d'une façon un peu spéciale, il faut ne rien laisser dans le petit bassin ou le long de la colonne vertébrale et c'est sans doute pour n'avoir pas agi de la sorte qu'on était arrivé jusqu'ici à des conclusions contraires à celles que j'avance aujourd'hui.

Voici comment j'ai examiné les sujets mis à ma disposition.

Après avoir fait l'incision classique de l'os hyoïde au pubis, j'ai

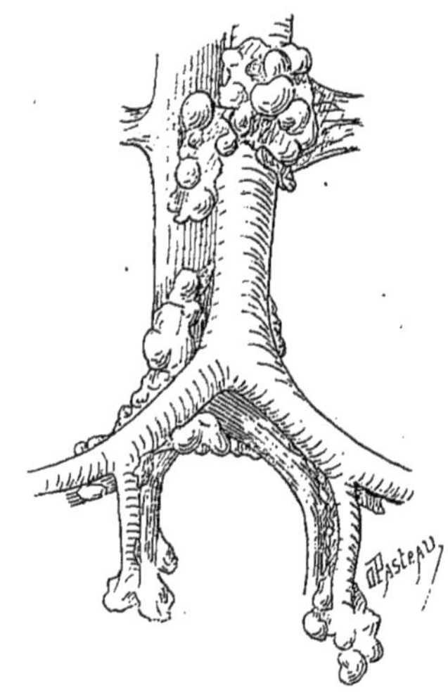

Fig. 16. — Propagation lymphatique dans une cystite tuberculeuse.

enlevé comme à l'ordinaire le plastron costal ; puis après section à la base du cou, j'ai enlevé tous les organes thoraciques en bloc en ayant soin de disséquer complètement la colonne vertébrale. Je détachais les organes thoraciques et le foie, pour faciliter le reste de l'autopsie.

Dès ce moment, tout ce qui restait dans l'abdomen et le petit bassin devait être enlevé en une seule masse. Je reprenais l'incision primitive de la peau au pubis et chez l'homme comme chez la femme, je la continuais de chaque côté dans le pli génito-crural ; les deux incisions se réunissaient ensuite en arrière de l'anus. Après dissection du ligament suspenseur de la verge ou du clitoris, je détachais la vessie du pubis et je faisais la symphyséotomie en ayant soin de ne pas blesser l'urèthre.

J'incisais alors de haut en bas à la face profonde de la paroi abdominale depuis le diaphragme jusqu'à l'épine du pubis et j'allais profondément, en dédoublant la paroi, rejoindre les apophyses transverses des vertèbres lombaires ; la fosse iliaque était vidée complètement, le muscle iliaque détaché de l'os. Quand cela était fait des deux côtés, les organes du cordon étaient libérés et il ne restait plus qu'à désinsérer de la colonne vertébrale toute la masse abdominale. C'est là qu'on doit prendre toutes les précautions possibles pour suivre l'os et

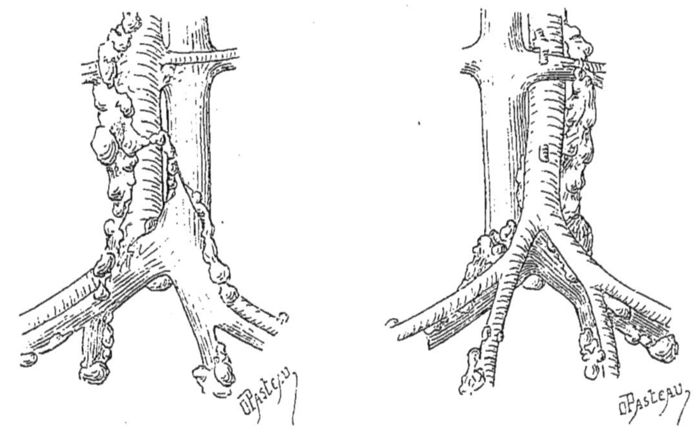

FIG. 17 et 18. — Propagation lymphatique dans une cystite ancienne (vue antérieure et postérieure).

disséquer sur le ligament vertébral commun antérieur lui-même, car il existe profondément des ganglions collés aux vertèbres en arrière et en dehors de la veine cave et de l'aorte.

Quand tout était détaché jusqu'au promontoire, je désinsérais les organes du bassin, en grattant sur les parois osseuses ; et faisant passer au fur et à mesure entre les pubis écartés toute la masse, je pouvais vider complètement le petit bassin de haut en bas.

Les organes détachés étalés sur un liège, il ne restait plus qu'à enlever la masse intestinale et à disséquer le reste.

Dans 11 autopsies, dont 3 pour cystites tuberculeuses, pratiquées de cette façon (tableau IV), j'ai rencontré 11 fois des ganglions hypertrophiés :

11 observations de cystite s'accompagnant d'infection ganglionnaire.

Ganglions iliaques........ 9
- le long des vais. iliaques internes. 8
- externes. 5
- primitifs. 2
- à la bifurçation des vais. iliaques primitifs.................... 5
- à la bif. de l'aorte........... 1
- à la bif. de la veine cave...... 4
90.90 p. 100

— près des uretères. 1 ....

— lombaires...... 6 .... 54.54 —

— au hile du rein.. 3 .... 27.27 —

En somme, je crois que si je pose ici les mêmes questions que précédemment pour les tumeurs, je peux y répondre de la façon suivante :

Quelle est la fréquence de l'infection ganglionnaire dans les cystites ?

Je ne puis répondre pour ce qui est de cystites récentes n'ayant pas pu en examiner, mais *dans les cystites anciennes tuberculeuses ou non, je puis dire qu'on trouve toujours les ganglions lymphatiques de la zone vésicale hypertrophiés.* Cela n'a rien d'ailleurs qui puisse surprendre, car dans les cystites récentes, les lésions restent limitées aux couches superficielles ; dans les cystites anciennes au contraire, les lésions sont beaucoup plus profondément établies. On en trouve de très nettes jusque dans la musculeuse et la couche sous-péritonéale. Mes observations répondent toutes à des malades infectés depuis longtemps et par conséquent il n'est pas étonnant que dans tous les cas j'aie trouvé de l'infection ganglionnaire.

Quels sont les ganglions qui sont pris ?

Si on se rapporte au tableau précédent, ce sont :

Les iliaques............... 10 fois, soit 90.90 p. 100
Les lombaires............. 6 — 54.54 p. 100
Les ganglions du hile du rein. 3 — 27.27 p. 100

Je ne saurais d'ailleurs terminer ces réflexions sans rapprocher ces résultats de ceux que j'ai trouvés dans les cas de tumeurs infiltrées pour lesquelles je suis arrivé à des résultats sensiblement analogues pour les ganglions iliaques.

Pour ce qui est des autres groupes ganglionnaires, il semblerait qu'ils sont plus souvent pris dans les cystites que dans les tumeurs.

CHAPITRE II

MALADIES DE LA PROSTATE

A. — De la propagation lymphatique dans les tumeurs de la prostate.

HISTORIQUE

Il est admis depuis plusieurs années déjà que les tumeurs prostatiques tendent à diffuser, à franchir les aponévroses et même cette extension a été établie en quelque sorte comme une règle par M. Guyon dans ses leçons de novembre 1886 [1]. En raison de ce caractère spécial, il a même créé un nom nouveau; comme il le dit lui-même « si j'ai préféré la dénomination de cancer prostato-pelvien diffus, c'est qu'il m'a semblé nécessaire d'avertir dès l'abord le clinicien qu'il n'a ordinairement pas affaire dans ces cas à une lésion localisée évoluant avec plus ou moins d'intensité au niveau de son point de départ. Le caractère dominant dans cette espèce de cancer est sa rapide et multiple extension ».

Ce caractère était d'ailleurs d'accord avec les résultats des recherches anatomiques à la suite desquelles on avait pu dire que la prostate forme sous la vessie comme une véritable éponge lymphatique d'où partent des ramifications nombreuses se rendant aux ganglions voisins.

FRÉQUENCE DE LA PROPAGATION GANGLIONNAIRE

La propagation ganglionnaire peut donc être considérée comme un fait à peu près constant [2] et si j'avais voulu réunir toutes les observa-

---

[1] GUYON. *Bull. méd.*, 1887.
[2] ENGELBACH. *Les tumeurs malignes de la prostate.* Thèse Paris, 1888.

tions dans lesquelles il en est fait mention, il m'aurait fallu rapporter presque toutes celles qui ont été publiées. Le résultat auquel je serais arrivé, les conclusions que j'en aurais tirées n'auraient d'ailleurs apporté aucun jour nouveau sur la fréquence des propagations ganglionnaires dans le cancer de la prostate, c'est-à-dire sur un point bien élucidé maintenant.

J'ai préféré baser mes recherches sur les seules observations dans lesquelles on a marqué, avec assez de détails et de précision, le siège exact des masses ganglionnaires rencontrées. Sans doute je n'ai pas pris exclusivement les cas où l'examen histologique de la tumeur et des ganglions a été fait, mais le nombre de ce genre d'observations est assez grand pour qu'on puisse en induire qu'on serait certainement arrivé aux mêmes résultats, si cet examen avait toujours été pratiqué.

C'est donc d'après 71 observations seulement que je parlerai ici.

A quel moment sont pris les ganglions? L'extension par les voies lymphatiques se fait-elle dès le début de la maladie ou bien seulement quand elle est arrivée déjà à une période plus avancée? Il serait facile de répondre s'il existait de nombreuses autopsies de néoplasmes bien localisés à la prostate. Presque toujours on trouve les organes voisins atteints ; dans mes 71 observations les organes atteints étaient les suivants :

Urèthre	5	Rectum	19
Vessie	18	Os du bassin	7
Vésicules	24	Intestin	3

Mais même, lorsque la tumeur est bien limitée et n'a pas atteint la zone d'enveloppe de la glande il existe déjà des dégénérescences ganglionnaires fort étendues (cf. obs. 208).

Même lorsque la lésion est localisée dans un des lobes, la diffusion existe, « les ganglions du petit bassin se trouvent dégénérés et de bonne heure » (Guyon).

SIÈGE DE LA PROPAGATION GANGLIONNAIRE

Quels sont les ganglions qui sont pris le plus souvent ?

Le résumé de mes observations (Tableau V) donne :

$$
60 \begin{cases}
\text{Ganglions iliaques} \begin{cases}
\text{internes} \dots\dots\dots\dots\dots & 9 \\
\text{externes} \dots\dots\dots\dots\dots & 20 \\
\text{primitifs} \dots\dots\dots\dots & 2 \\
\text{non précisés} \dots\dots\dots\dots & 16
\end{cases} \Big\} 86.95\,\text{p.100} \\
\quad\text{—} \quad \text{pelviens} \dots\dots\dots\dots\dots \quad 27 \\
\quad\text{—} \quad \text{sacrés} \dots\dots\dots\dots\dots \quad 3
\end{cases}
$$

— lombaires	19	27.53 —
— inguinaux	25	36.23 —
— sus-claviculaires.	4	5.79 —

Je fais remarquer la fréquence des ganglions qui se trouvent placés le long de l'iliaque ou de ses branches. En effet si des 71 observa-

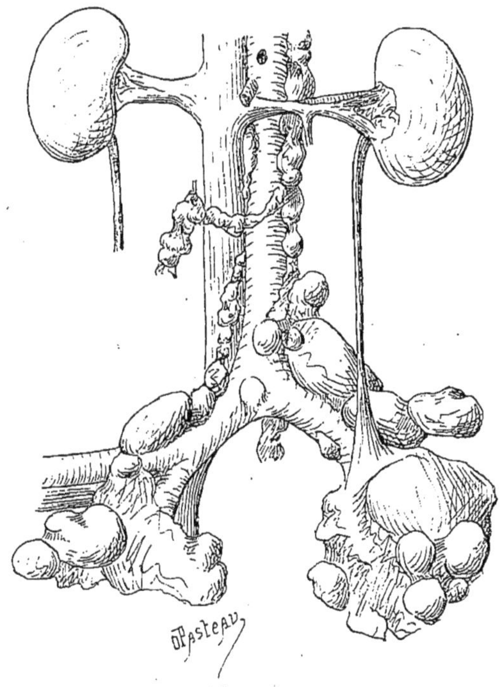

Fig. 19. — Propagation lymphatique dans un néoplasme de la prostate (vue antériéure).

tions j'en retire 2 dans lesquelles le renseignement n'est pas assez précis pour qu'elles puissent servir, j'arrive au total de 69 cas sur lesquels je l'ai rencontrée 60 fois, soit 86,95 p. 100. Enfin la dégénérescence des ganglions lombaires arrive au chiffre de 27,53 p. 100 et des ganglions sus-claviculaires à celui de 5,79 p. 100.

Quant à ce qui est des ganglions inguinaux qui se trouvent 36,23 fois p. 100 leur fréquence peut s'expliquer souvent (Guyon) [1] par l'envahissement de l'anus, de l'étage inférieur du périnée ou de l'urè-

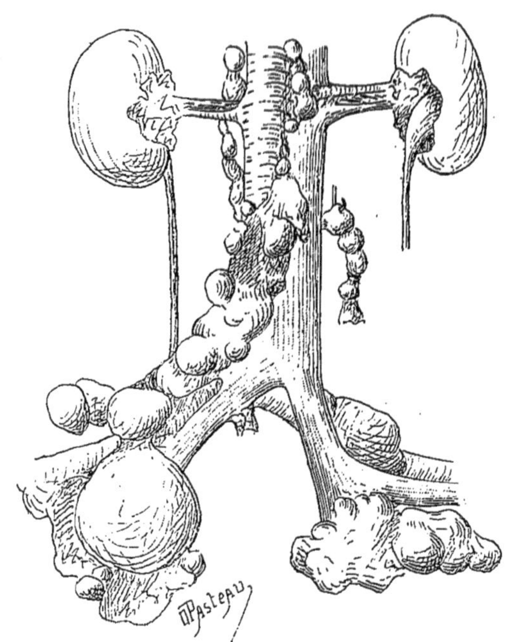

FIG. 20. — Propagation lymphatique dans un néoplasme de la prostate (vue postérieure).

thre sans qu'il soit besoin d'adopter la théorie admise par Jolly [2] après Broca [3], théorie d'après laquelle le reflux de la lymphe arrêtée aux ganglions iliaques engorgés, causerait seul la dégénérescence des ganglions sous-jacents.

1 GUYON. *Bull. médical*, 1887, p. 1375.
2 JOLLY. *Arch. gén. de méd.*, 1869.
3 BROCA. *Traité des tumeurs*, I, p. 268.

B. — De la propagation lymphatique dans les infections de la prostate.

Si les voies lymphatiques sont nombreuses dans la prostate, si les vaisseaux qui en partent sont facilement envahis dans les cas de tumeurs de l'organe, on devrait s'attendre à les rencontrer atteintes égalemement au cours des infections. Ici j'entre dans un domaine absolument inexploré.

En 1893, M. Bazy [1] relatait une observation fort intéressante d'infection de la prostate par cathétérisme chez un homme de 67 ans ; en même temps que la prostatite, il se développa dans l'aine et la fosse iliaque une tumeur arrondie, bosselée, fluctuante qui suppura, revêtant tous les caractères d'un abcès chaud ganglionnaire ; cet abcès fut ouvert par une incision de 7 à 8 centimètres parallèle à l'arcade crurale et le malade guérit.

J'ai recherché dans les observations d'infection de la prostate celles qui pourraient venir se placer à côté de celle de M. Bazy et je n'en ai pas trouvé ; cependant dans les Bulletins de la Société anatomique de 1847 [2] j'ai lu l'observation d'une prostatite probablement tuberculeuse développée chez un homme de 35 ans à l'autopsie duquel les ganglions voisins de la prostate étaient pris ainsi que les ganglions mésentériques. Rien d'ailleurs ne permet de douter que, prises en vue de ces recherches, les observations de prostatiques n'arriveraient pas à des résultats analogues, et j'ai tenu à signaler en passant ce sujet de travail que je n'ai pas eu le temps d'explorer moi-même.

[1] BAZY. *Mercredi méd.*, 1893, n° 12, 22 mars, p. 133.
[2] VIARD. *Bull. Soc. anat.*, 1847, p. 326.

RÉSUMÉ DE LA DEUXIÈME PARTIE

I. — **Vessie.** — A. — Les propagations lymphatiques dans les tumeurs localisées à la vessie sont assez fréquentes dans l'ensemble.

Rares dans les tumeurs pédiculées, exceptionnelles même, quand la tumeur n'a pas envahi la zone profonde de la sous-muqueuse, elles sont au contraire la règle dans les tumeurs infiltrées (85 p. 100). Dans les tumeurs sessiles on les rencontre assez souvent (43 p. 100), car souvent il existe une « *infiltration larvée* », véritable propagation lymphatique aux couches sous-jacentes.

Les ganglions pris ordinairement sont les ganglions situés le long des vaisseaux iliaques ou de leurs branches (79 p. 100) les ganglions lombaires (24 p. 100) et les ganglions inguinaux (14 p. 100).

B. — Les propagations lymphatiques sont la règle dans les cystites « *anciennes* » tuberculeuses ou non, c'est-à-dire quand les lésions ont gagné déjà en profondeur la paroi vésicale.

Les ganglions pris ordinairement sont les ganglions situés le long des vaisseaux iliaques ou de leurs branches (90 p. 100) et les ganglions lombaires (54 p. 100).

II. — **Prostate.** — A. — Les propagations lymphatiques des tumeurs de la prostate sont la règle et surviennent très rapidement, alors qu'on constate à peine quelques noyaux néoplasiques épars à l'intérieur même de la masse glandulaire.

Les ganglions pris ordinairement sont les ganglions situés le long des vaisseaux iliaques ou de leurs branches (87 p. 100), les ganglions inguinaux (36 p. 100) ou lombaires (27 p. 100).

B. — Les propagations lymphatiques dans les inflammations de la prostate existent également, bien qu'on les ait peu signalées jusqu'ici.

TROISIÈME PARTIE

CHAPITRE PREMIER

DIAGNOSTIC DES PROPAGATIONS LYMPHATIQUES DANS LES MALADIES DE
LA VESSIE

CHAPITRE II

DIAGNOSTIC DES PROPAGATIONS LYMPHATIQUES DANS LES MALADIES DE
LA PROSTATE

RÉSUMÉ DE LA TROISIÈME PARTIE

Ce n'est pas tout de savoir qu'il y a des lymphatiques dans la vessie et la prostate et qu'on trouve ces lymphatiques dégénérés dans les cas de tumeurs ou d'inflammation de ces organes, il faut encore savoir si en clinique ces propagations lymphatiques ou ganglionnaires existent, c'est-à-dire peuvent être diagnostiquées. Ceci a une importance considérable, car il est bien évident que l'état du système ganglionnaire dans ces différentes maladies peut servir soit à baser un diagnostic complet, soit à poser des indications opératoires précises.

Je vais, comme je l'ai fait jusqu'ici, étudier successivement ces questions.

1º Pour la vessie.

2º Pour la prostate.

CHAPITRE PREMIER

DIAGNOSTIC DES PROPAGATIONS LYMPHATIQUES DANS LES MALADIES DE LA VESSIE

Peut-on reconnaître l'hypertrophie des ganglions lymphatiques qui accompagne les maladies de la vessie ?

Parmi les groupes ganglionnaires atteints, nous avons noté par ordre de fréquence les ganglions iliaques (79 p. 100), les ganglions lombaires (24 p. 100), les ganglions inguinaux (14 p. 100). Il est bien évident que pour peu qu'ils soient un peu volumineux les deux derniers groupes pourront se sentir facilement à la simple palpation faite avec les précautions nécessaires : demi-flexion de la cuisse et du tronc, évacuation intestinale. En est-il de même pour les ganglions qui sont situés sur le trajet des vaisseaux iliaques ou de leurs branches ?

Les moyens d'exploration clinique pour la recherche des ganglions se résument à deux qu'on peut ou non associer : la palpation hypogastrique, le toucher vaginal ou rectal. Je dirai de suite qu'il est très rare qu'on trouve en clinique ces ganglions iliaques. Si je me reporte à mes observations (tableau 3), je trouve que sur 49 cas de ganglions siégeant le long des vaisseaux iliaques ou de leurs branches les ganglions se rencontraient

le long de l'iliaque interne................. 23 fois

vers la terminaison des uretères.......... .. 9 —

soit 32 cas dans lesquels il était absolument impossible de sentir les ganglions, soit donc un total de 65 p. 100 de ganglions iliaques constatés à l'autopsie et qu'on ne pouvait percevoir cliniquement. Les ganglions qui sont le long de l'iliaque interne ne peuvent en effet être perçus par la palpation abdominale ; ils sont tous situés trop profondément dans le bassin. Par le toucher rectal ou vaginal d'autre part, à moins qu'ils n'aient un volume extrêmement développé, on ne peut les sentir même en associant au toucher la palpation hypogastrique, car ces ganglions sont haut situés dans le petit bassin et accolés à la paroi pelvienne. Ils siègent plus particulièrement en dehors et en arrière, au-dessus de l'épine sciatique, et le doigt ne peut les atteindre dans la profondeur de la concavité de la région sacro-iliaque, gênée qu'est la main par la saillie des ischions et du coccyx.

Il n'est donc pas étonnant qu'on n'ait pas senti jusqu'ici de ganglions dans la région du petit bassin, même en cas de récidive des tumeurs opérées[1] et ce n'est pas aux cliniciens qu'il faut s'en prendre, mais à l'insuffisance de leurs moyens d'exploration.

Si les ganglions du bassin ne peuvent ordinairement être sentis quand ils sont tuméfiés, il reste à chercher s'il existe des signes qui permettent de dire qu'ils sont augmentés de volume, bien qu'on ne puisse les sentir. Il en existe plusieurs, en effet, et je vais les passer en revue :

1° Les ganglions peuvent comprimer contre le plan osseux les vaisseaux le long desquels ils sont situés. La compression des veines plus particulièrement donne un symptôme de grande valeur : l'œdème. Voillemier et Le Dentu[2], Féré[3] en ont cité de beaux exemples.

2° Si les ganglions sacrés sont atteints ou bien s'il existe une masse volumineuse le long de l'iliaque interne, on pourra de même assister

[1] CLADO. *Traité des tumeurs de la vessie*, 1895, p. 153.
[2] VOILLEMIER et LE DENTU, 1881, II, p. 410.
[3] FÉRÉ. *Loc. cit.*, p. 90.

à l'apparition de douleurs dans la zone du sciatique, douleurs correspondant à la compression des racines de ce nerf. Bien que la tumeur
se développe tout d'abord loin de tout tronc nerveux, les vaisseaux
lymphatiques et les ganglions suivent la voie des gros vaisseaux et
vont se mettre en rapport avec les nerfs. Comme le dit Faure[1] dans
une revue très intéressante, ces douleurs irradiées le long des membres
sont la marque certaine d'une infiltration ganglionnaire de trop faible
importance encore pour qu'il soit possible de la constater par l'exploration la plus attentive. Donc tout cancer dans lequel les irradiations
douloureuses commencent à se faire sentir est un cancer dans lequel
les cellules malignes ont rompu leurs barrières et qui, si on l'opère,
est marquée pour la récidive. Il y a des exemples très nets de ces douleurs sciatiques dans le cancer de la vessie. Je citerai particulièrement
les cas de Bergeon[2], de Lebert[3], de Crous y Casellas[4].

· Mais il convient de dire que l'œdème sur le territoire des veines
iliaques, que les névralgies sciatiques dans les cas de cancers bien limités à la vessie sont très rares. Par conséquent il ne faut pas compter
sur ces signes incertains.

En étudiant l'anatomie pathologique des tumeurs j'ai pu arriver à
cette conclusion: qu'il y a presque toujours des ganglions dans les
tumeurs infiltrées et qu'il y en a souvent dans les tumeurs sessiles.
Maintenant je vais renverser la proposition et dire : quand on aura
affaire à une tumeur infiltrée il y aura certainement des ganglions,
quand la tumeur sera sessile il y en aura probablement, quand la
tumeur sera pédiculée il n'y en aura pas, au moins le plus souvent.

Énoncée ainsi cette conclusion a une grande importance pratique
car *la question se résume alors à diagnostiquer le mode d'implantation des tumeurs.*

Ce diagnostic a donné lieu déjà à de nombreuses recherches et
M. Guyon, en particulier, a pu arriver à poser des éléments de diagnostic certains. Nous n'en sommes plus au temps où Verneuil[5]

---

[1] FAURE. « De l'importance des douleurs irradiées et des douleurs à distance dans
le diagnostic et le pronostic du cancer ». *Gaz. hebd. méd. et chir.*, 16 fév. 1895, p. 77.

[2] BERGEON. *Bull. Soc. anat.*, 1830, p. 127.

[3] *Loc. cit.*, II, p. 366.

[4] CROUS Y CASELLAS. *Revista de Ciencias medicas.* Barcelona, 1878, p. 445.

[5] VERNEUIL, cité par HEYDENREICH. De l'extirpation des tumeurs de la vessie.
Sem. méd., 1885, p. 19.

conseillait d'ouvrir la vessie des malades atteints de tumeurs pour savoir si la tumeur était extirpable. On opère couramment les tumeurs vésicales sachant d'avance à quel genre de tumeur on a affaire. Sans parler des renseignements fournis par les symptômes fonctionnels[1], les moyens d'exploration pour arriver à ce résultat sont les suivants :

1° Le cathétérisme et l'exploration métallique de la vessie [2] qui permet de reconnaître, jointe à la palpation hypogastrique ou au toucher rectal, de quel côté siège la tumeur, de savoir quelle est son étendue et son volume à l'intérieur même de la cavité vésicale.

2° L'exploration digitale de la vessie vantée par Simon chez la femme et chez l'homme par Thompson [3] qui reconnaît d'ailleurs lui-même qu'elle est « inutile lorsque le toucher rectal permet de découvrir dans les parois de cet organe des nodules ou de l'induration »,

3° Le toucher rectal ou vaginal combiné à la palpation hypogastrique ; une fois la vessie vidée, on peut ainsi explorer les parois de l'organe, vérifier leur souplesse ou rechercher les noyaux indurés et leur étendue. Toute tumeur vésicale ne peut être sentie par la palpation hypogastrique simple. *Toute tumeur qui se sent au toucher combiné avec la palpation hypogastrique est une tumeur infiltrée.*

4° Pour ce qui est des tumeurs implantées, qu'elles soient sessiles ou pédiculées, le meilleur moyen d'exploration actuel est l'endoscopie vésicale à lumière interne qui permet de se rendre compte du siège, de la forme, de l'étendue, du volume et du mode d'implantation exacte de la tumeur.

Par conséquent au point de vue clinique on peut dire le plus ordinairement pour toutes les tumeurs localisées à la vessie s'il existe ou non des propagations ganglionnaires.

Pour les cystites de même, on peut, d'après ce que j'ai dit précédemment, *soupçonner l'infection ganglionnaire si la cystite est ancienne.*

[1] GUYON. Des conditions suivant lesquelles se produisent les hématuries vésicales et les hématuries rénales ; leçon recueillie par O. PASTEAU et J. ESCAT. *Ann. gén.-urin.*, 1897, p. 113.

[2] BAZY. De l'intervention chirurgicale dans les tumeurs de la vessie chez l'homme. *Ann. gén.-urin.*, 1883, p. 671.

[3] Notes sur le diagnostic et le traitement des tumeurs de la vessie avec quelques observations sur la communication faite par M. le professeur Guyon au Congrès de chirurgie. *Ann. gén.-urin.*, 1887, p. 67.

Je n'insisterai pas sur l'importance de ces recherches au point de vue du *pronostic*, particulièrement pour les cas de tumeurs.

Au point de vue opératoire, au contraire, je veux attirer l'attention. Les tumeurs pédiculées, bien limitées, qui ne s'accompagnent pas d'une infiltration des couches sous-jacentes peuvent être enlevées avec l'espoir d'une guérison parfaite. Les cas de ce genre existent maintenant en nombre assez considérable. Chaque chirurgien peut citer dans sa pratique personnelle plusieurs exemples de guérison complète constatée longtemps après l'opération. M. Albarran[1] dans une leçon récente parlait d'un malade qu'il avait opéré en 1891 et qu'il avait revu en parfaite santé avec une vessie absolument saine 6 ans et 4 mois après l'opération.

Pour ce qui est des tumeurs sessiles, comme l'infiltration est à craindre, il ne faut pas compter sur l'action curative de l'opération, qu'on doit toujours tenter aussi large que possible naturellement. C'est dans ces cas que la résection partielle de la vessie est particulièrement indiquée; mais sans parler même des récidives locales, la possibilité de la propagation ganglionnaire assombrit singulièrement le pronostic.

Dans les tumeurs infiltrées le traitement curatif sera absolument illusoire. Puisqu'on peut dire cliniquement qu'il existe toujours des ganglions, quand bien même on réussirait à enlever complètement la tumeur, quand on ferait une résection partielle très étendue de la vessie, on n'en laisserait pas moins dans la profondeur une quantité de noyaux néoplasiques qui continueraient à proliférer. Dans ce genre de tumeurs, par conséquent, il ne faut pas plus compter sur l'absence de récidives à distance que sur l'absence de récidives sur place. *Le traitement des tumeurs infiltrées doit être essentiellement palliatif.*

Donc si la paroi de la vessie est envahie, il faut éviter toute intervention large à moins qu'elle ne réponde à une indication pressante et qu'il ne s'agisse de pallier à un des symptômes qui met la vie du malade immédiatement en jeu. « L'indication d'opérer est en raison inverse de la netteté des constatations fournies par le toucher rectal[2]. Plus les résultats du toucher rectal seront positifs, plus aussi la situation sera périlleuse et peu favorable à l'opération. » Je sais qu'avec

---

[1] ALBARRAN. Résultat de l'intervention chirurgicale dans les tumeurs de la vessie. *Ann. gén.-urin.*, août 1897, p. 785.

[2] GUYON. *Maladies de la vessie*, p. 459.

de telles conclusions je m'éloigne de beaucoup des idées qui président actuellement aux décisions opératoires, particulièrement en Allemagne (Bardenheuer, Gussenbauer, Küster, Pawlick, etc.)[1]. Les cas de résection totale de la vessie pour tumeurs bien que se comptant encore, ne sont pas très rares. J'arrive naturellement à considérer cette opération, si dangereuse d'ailleurs par ses suites immédiates, comme absolument irrationnelle dans les cas de tumeurs infiltrées, quand on considère le peu de ce qu'on enlève par rapport à l'étendue des lésions dont il est impossible de s'occuper, et je ne saurais mieux terminer qu'en disant avec M. Albarran[2] : « Lorsque les ganglions sont envahis, lorsque la tumeur infiltre toutes les parois de la vessie, l'opération radicale ne peut réussir ; il devient alors inutile de pratiquer ces grandes opérations, brillantes sans doute, mais tout au moins aléatoires, et dont le bénéfice illusoire et éphémère ne saurait compenser les risques de mort, ni excuser l'entreprise. Il ne faut pas confondre la médecine opératoire avec la chirurgie. »

[1] GUYON. De l'intervention chirurgicale dans les tumeurs de la vessie. *Ann. gén. urin.*, 1884, p. 153.

[2] ALBARRAN. *Loc. cit.*, p. 406.

CHAPITRE II

DIAGNOSTIC DES PROPAGATIONS DANS LES MALADIES DE LA PROSTATE

Peut-on reconnaître cliniquement l'hypertrophie des ganglions lymphatiques qui accompagne les maladies de la prostate?

En supposant que le néoplasme n'ait pas encore envahi les organes voisins de façon à rendre perceptible son extension, les groupes ganglionnaires atteints le plus communément dans les maladies de la prostate sont les ganglions iliaques (87 p. 100), les ganglions inguinaux (36 p. 100), les ganglions lombaires (27 p. 100). La fréquence des ganglions inguinaux est digne d'être remarquée car toujours ils sont perceptibles à la simple palpation. Et même on peut être conduit à pratiquer le toucher rectal et à vérifier d'une façon directe la dégénérescence de la prostate par la constatation de cet engorgement ganglionnaire dur, multiple, augmentant à la fois la consistance et le volume des ganglions, leur donnant un aspect caractéristique (Guyon)[1].

Les ganglions lombaires sont ordinairement très volumineux. Par conséquent, une exploration attentive faite par la paroi abdominale antérieure peut les déceler le plus souvent.

Il reste à parler des ganglions iliaques. Parmi ceux-ci, il y en a qui se sentent toujours facilement. Ce sont ceux qui se trouvent sur le bord du détroit supérieur le long des vaisseaux iliaques externes ou primitifs. Formant des masses ordinairement très volumineuses, ils débordent dans la fosse iliaque et sont facilement perceptibles au-dessus de l'arcade crurale. Si je me reporte au résultat fourni par l'anatomie pathologique dans mes 71 cas, je trouve que les ganglions iliaques externes et primitifs sont marqués 22 fois sur 60 fois où il

---

[1] *Leçons cliniques sur les mal. des voies urin.*, 1885, p. 668.

existe des ganglions iliaques, soit 36 p. 100. Donc dans 36 p. 100 des cas de propagation iliaque, on peut certainement les sentir à cause même de leur situation.

Mais les ganglions qui siègent le long de l'iliaque interne, peuvent-ils se sentir ? J'ai répondu précédemment : non dans les cas de tumeur vésicale. Ici je répondrai le contraire car les masses ganglionnaires développées dans le petit bassin sont beaucoup plus considérables dans les tumeurs de la prostate que dans les tumeurs de la vessie et s'il est difficile d'aller par le toucher combiné à la palpation hypogastrique rechercher quelques ganglions peu volumineux au-dessus de l'échancrure sciatique, il est très facile, au contraire, de reconnaître l'existence d'une masse étendue, qui fait une forte saillie entre le doigt rectal et la main hypogastrique, et qui semble continuer la prostate jusqu'à la paroi pelvienne[1].

Par conséquent, on peut poser comme règle que dans les tumeurs de la prostate on sent soit des ganglions iliaques au-dessus du détroit supérieur ou dans le petit bassin, soit des ganglions inguinaux, parfois même des ganglions sus-claviculaires. On s'explique d'ailleurs que les douleurs et en particulier les douleurs sciatiques assez prononcées parfois pour déterminer la claudication (Guyon)[2], que l'œdème sur le territoire dépendant des veines iliaques deviennent des symptômes plus fréquents dans les tumeurs de la prostate, soit que la néoplasie ait bourgeonné à l'intérieur même des vaisseaux (Guyon), soit qu'il existe une phlegmatia alba dolens (Wyss, Charrin).

Les déductions que l'on peut tirer de ces constatations au point de vue opératoire sont des plus importantes.

Depuis quelques années on s'est ingénié à trouver des moyens d'aborder et d'extirper la prostate en vue d'obtenir des guérisons radicales dans le cancer de cet organe, Küchler, Glück, Spantin, Leisrinck, Küster et d'autres ont pratiqué des prostatectomies avec un résultat immédiat si constant qu'il suffirait presque à lui seul à faire rejeter l'intervention. Mais d'après ce que j'ai dit, les guérisons, même si le malade survit à l'opération, ne peuvent être qu'illusoires. Qu'on tente de soulager un malheureux qui souffre, qui urine du

---

[1] Guyon. *Leçons clin. sur les maladies des voies urin.*, 1885, p. 57.
[2] Guyon. *Leçons clin. sur les maladies des voies urin.*, 1886, p. 57.

sang ou qui ne pisse plus, c'est bien ; mais qu'on lui fasse courir
en vue d'une guérison impossible à obtenir, les risques d'une opération très grave par ses délabrements et ses suites immédiates, je ne
puis y souscrire et je suis obligé de condamner les tentatives qui ont
pour but l'extirpation totale de la prostate pour cancer. Qu'on sente
ou non une grosse masse ganglionnaire par la palpation de la fosse
iliaque ou par l'exploration du petit bassin, les opérations dans le
cancer de la prostate ne pouvant être que palliatives seront forcément
très limitées et réduites en quelque sorte à leur minimum.

Quant à ce que j'ai dit des adénopathies dans les inflammations de
la prostate, leur diagnostic, qui se fera par leur siège et leur évolution,
permettra d'intervenir d'une façon plus rationnelle.

Si la collection suppure, l'incision devra se faire au-dessus du pli de
l'aine, de façon à suivre les vaisseaux iliaques jusqu'au foyer. « Peut-
être même, en raison de cette disposition qu'a le pus à se collecter et
à fuser du côté du petit bassin avant de se diriger du côté du pli de
l'aine, conviendrait-il pour éviter cette diffusion, de faire cette incision
un peu précoce » (Bazy).

RÉSUMÉ DE LA TROISIÈME PARTIE

I. — **Maladies de la vessie.** — Bien qu'il existe normalement des dégénérescences ganglionnaires dans toute tumeur infiltrée de la vessie ou dans toute cystite ancienne, il est ordinairement impossible au clinicien de percevoir ces ganglions par les moyens d'exploration qu'il a à sa disposition.

Mais il peut par l'étude des symptômes fonctionnels et l'examen physique des malades arriver à diagnostiquer le mode d'implantation des tumeurs et savoir s'il a affaire à un néoplasme pédiculé, sessile ou infiltré. Par conséquent, il peut arriver indirectement au diagnostic de la propagation ganglionnaire.

Puisqu'il y a des tumeurs propagées aux ganglions, on ne peut compter toujours sur l'effet curatif d'une opération. La guérison complète ne peut arriver que pour les tumeurs pédiculées bien localisées. Pour les tumeurs sessiles elle est incertaine, pour les tumeurs infiltrées elle ne peut exister, même si on a recours aux interventions les plus larges.

II. — **Maladies de la prostate.** — A. — Dans les tumeurs de la prostate la propagation ganglionnaire peut se percevoir d'ordinaire très facilement, mais si par exception on ne trouve pas à l'exploration de ganglions hypertrophiés, on doit se rappeler qu'il en existe quand même, ce qui contre-indique toute opération pratiquée dans un but curatif.

B. — Les adéno-phlegmons iliaques à point de départ prostatique méritent une mention spéciale et leur diagnostic conduira souvent à une intervention du côté de la région inguinale.

CONCLUSIONS GÉNÉRALES

L'existence des *lymphatiques de la vessie* est démontrée par l'anatomie normale, par l'anatomie pathologique et par la clinique qui permettent d'étudier leurs origines, leurs trajets, leurs terminaisons.

Ces lymphatiques sont atteints normalement dans les cystites *anciennes* et dans les tumeurs *infiltrées*, mais les ganglions hypertrophiés ne peuvent ordinairement être sentis à l'examen du malade. On peut néanmoins arriver à être certain de leur existence puisqu'on peut connaître *la date du début* de la maladie et le *mode d'implantation* des tumeurs.

Les *lymphatiques de la prostate*, toujours très développés, sont envahis rapidement dans les tumeurs et se sentent fort bien chez la plupart des malades, contrairement à ce qui arrive pour les propagations lymphatiques des néoplasmes vésicaux.

Les tentatives de « cure radicale » des tumeurs infiltrées de la vessie et des tumeurs de la prostate ne sauraient donc donner de bons résultats.

L'adéno-phlegmon iliaque d'origine vésico-prostatique existe et peut donner lieu à des indications opératoires spéciales.

TABLEAUX DES OBSERVATIONS

Propagations ganglionnaires dans les

N^{os}	AUTEURS INDICATIONS BIBLIOGRAPHIQUES	SEXE	AGE	LÉSIONS VÉSICALES	EXAMEN HISTOL. DU NÉOPLASME.
1	X... Londres, 1823, in LACAZE-DORI, th. p., 15.	F.	57	Face antérieure de la vessie.	
2	BARBIÉ DU BOCAGE. *Bull. Soc. anat.*, 1828, p. 172.	F.	62	Tout le bas-fond.	
3	LENEPVEU. *Bull. Soc. anat.*, 1839, p. 164.	H.	49	Partie postéro-supérieure.	
4	RAYER. *Traité mal. des reins*, 1841, III, p. 699.	F.	58	Bas-fond et vessie.	
5	SEPTIMUS GIBBON. *Trans. of the path. Soc.* Londres, 1854, V, p. 196.	H.	53	T. vol. de deux poings, à base large sur la face antérieure.	
6	GIBB. *Trans. of path. Soc.*, 1860, XI, p. 88.	F.	55	Paroi post. détruite.	
7	ARMITTAGE, in THOMPSON. 1861, p. 273.	H.	65	Petites t. de la musculeuse.	Cancer.
8	HOLMES COOTES. *Trans. of path. Soc.*, 1864, p. 1.	H.	65	Ulcérat. à droite avec masses cancéreuses.	
9	CHAMBARD. *Bull. Soc. anat.*, 1876, p. 640	F.	66	Bas et moitié inférieure des 4 faces.	Infiltration carcinome dans couche musculeuse.
10	BUTLIN. *Trans. of path. Soc.*, 1877, XXVIII, p. 165.	»	»	Vessie adhérente aux parties voisines.	
11	AHLFELD. *Arch. f. Gyn.*, 1880, XVI, p. 135.	F.	3 1/2	Paroi postérieure.	Sarcome embryonnaire.
12	SANGER. *Arch. f. Gyn.*, 1880, XVI, p. 58.	F.	3	Paroi postérieure et bas-fond.	Sarcome à cell. rondes.
13	FÉRÉ. *Mémoire*, 1881, obs. XX, p. 107.	H.	57	Destruction complète du col.	
14	W. THOMSON. *Bristish med. J.*, 1881, I, p. 392.	H.	41	Paroi supérieure et d.	
15	MARCHAND, in POSSNER. *Virchow's Arch.*, 1889, III, p. 391, ou LIEBENOW, th. Marburg, 1881.	H.	14	Epidermisation totale des voies urinaires.	Épithélioma.

néoplasmes non localisés à la vessie.

LÉSIONS DES ORGANES VOISINS	CONSTATATIONS CLINIQUES	CONSTATATIONS D'AUTOPSIE
T. adhérente au pubis et à l'intestin grêle, fait saillie au dehors au-dessus du pubis.		Chaîne de G. bilatérale jusqu'à la racine du mésentère.
Col. utérin, urèthre, vagin, tissu cell. du petit bassin, os du bassin.	G. inguinaux d.	G. inguinaux d.
S. iliaque, fistule vésico-intestinale.		G. mésentériques.
Nombr. nodules dans le foie.		G. mésentériques.
Prostate, urèthre (?)		G. mésentériques ayant à la coupe l'aspect encéphaloïde.
Foie, rein, rate, utérus, rectum, vagin.		G. bronchiques, lombaires.
Prostate volumineuse, vésicules surtout la g. Noyau entre la vessie et la prostate.	G. inguinaux d. et g. et G. iliaques.	
Pénis, prostate.		G. périvésicaux et périrectaux, G. lombaires et iliaques, G. bronchiques.
Ulcération sur cul-de-sac vaginal d,; muscle iliaque d.		Masse G. d. englobant ext. inf. d'uretère, vaiss. iliaques externes et qq. branches des paires sacrées. Masse G. autour de l'ext. inf. de l'uretère.
Foie, péritoine.		G. abdominaux.
Tout le petit bassin en masse.	G. inguinux.	G. dans tout le petit bassin. *Ex. histol.* : sarcome.
Vagin. Ligaments larges.	G. inguinaux.'	G. pelviens. *Ex. histol.* : sarcome.
Urèthre. Rectum. Pubis.	G. inguinaux d. G. iliaques d. et g.	G. inguinaux. G. iliaques.
Prostate.		G. rétro-péritonéaux.
Toutes les voies urinaires.		G. hile du rein. Un nodule à face inf. du diaphragme.

Propagations ganglionnaires dans les

Nos	AUTEURS INDICATIONS BIBLIOGRAPHIQUES	SEXE	AGE	LÉSIONS VÉSICALES	EXAMEN HISTOL. DU NÉOPLASME
16	CHIARI. *Prag. med. Woch.* 1886.	H.	5	1/3 inférieur, t. sessiles, infiltrées jusque dans la musculeuse.	Sarcome fuso-cellulaire.
17	ZAUSCH. Th. Munich, 1887, p.18.	H.	69	Paroi postérieure.	
18	ZAUSCH. *Ibid.*, p. 14.	H.	72		
19	ZAUSCH. *Ibid.*, p. 9.	F.	56		
20	ZAUSCH. *Ibid.*, p. 10.	F.	55	Fungus médullaire.	
21	ZAUSCH. *Ibid.*, p. 10.	H.	32	Noyaux multiples comme des têtes d'épingles dans la muqueuse.	
22	ZAUSCH. *Ibid.*, p. 10.	F.	44		
23	ZAUSCH. *Ibid.*, p. 10.	F.	34	Moitié inférieure détruite.	
24	ZAUSCH. *Ibid.*, p. 11.	F.	19	Destruction presque complète.	
25	ZAUSCH. *Ibid.*, p. 11.	F.	49	Papillome paroi post.	
26	ZAUSCH. *Ibid.*, p. 12.	F.	52	Paroi postérieure.	
27	ZAUSCH. *Ibid.*, p. 13.	F.	54		
28	ZAUSCH. *Ibid.*, p. 14.	F.	42	Paroi postérieure.	
29	ZAUSCH. *Ibid.*, p. 15.	F.	40		
30	ZAUSCH. *Ibid.*, p. 17.	H.	32	Papillome, ulcéré, au-dessus des uretères.	
31	KUSTER. *Centralbl. f. Chir.*, 1891, p. 133.	H.	53	Tumeurs papillomateuses.	Carcinome.
32	MARMASSE. *Bull. Soc. anat.*, 1894, p. 45.	F.	29	Ligne inter-urétérine.	Épithélioma cylindrique.
33	WEIR. *Med. Record*, 1894.	H.	55	2 tumeurs en 1892 ; en 1893 t. à partie sup. et post.	

néoplasmes non localisés à la vessie.

LÉSIONS DES ORGANES VOISINS	CONSTATATIONS CLINIQUES	CONSTATATIONS D'AUTOPSIE
Urèthre. Prostate. Vésicules, surtout la d.		G. ext. inf. uretère g. *Ex. histol.* : sarcome fuso-cellulaire.
Prostate.		G. rétro-péritonéaux.
Prostate.		G. rétro-péritonéaux.
Utérus. Rectum.		G. mésentériques et rétro-péritonéaux.
Utérus.		G. rétro-péritonéaux.
Intestin supérieur, reins, prostate, rate, foie, capsules surrénales.		Masse iléo-cæcale.
Col utérin, vagin, ovaires, reins.		G. mésentériques, rétro-péritonéaux, inguinaux et G. du bassin.
Vagin, urèthre.		G. du bassin comprimant uretère d.
Urèthre, paroi vaginale ant. pubis.		G. du bassin, thrombose v. iliaque d.
Col utérin, rectum, épiploon, ovaires.		G. (siège non marqué).
Ovaires et utérus.		Noyaux dans ligaments larges, G. lombaires, G. mésentériques et rétro-péritonéaux.
Col et vagin. Rectum. Foie.		G. inguinaux et pelviens.
Utérus.		G. pelviens et rétro-péritonéaux.
Utérus, rectum. Foie.		G. pelviens et rétro-péritonéaux.
Rectum.		G. entre la vessie et le rectum.
Prostate.		G. rétro-péritonéaux. *Ex. histol.* : Carcinome.
Utérus.		Masse G. fusionnant rectum et vessie ; G. le long d'uretère g. *Ex. histol.* : Épith. cylindrique.
Noyau dans cicatrice abdominale.	G. inguinaux.	

Propagations ganglionnaires dans les

Nᵒˢ	AUTEURS INDICATIONS BIBLIOGRAPHIQUES	SEXE	AGE	LÉSIONS VÉSICALES	EXAMEN HISTOL. DU NÉOPLASME
34	DUNN. *Ann. of surg.*, 1894.	F.	50	T. opérée, récidivée.	
35	ADENOT. *Ann. gén.-urin.*, 1895, p. 621 et *Lyon méd.*, 1895, p. 310.	H.	66	Bas-fond.	
36	N. HALLÉ. *Ann. gén.-urin.*, 1896.	H.	39	Leucoplasie.	Carcinome.
37	DUPLANT. *Lyon méd.*, 1897, p. 308.	H.	64	T. infiltrée partout sauf au bas-fond.	
38	INÉDITE.	H.	62	T. énorme implantée partout sauf partie lat. g. du trigone et paroi lat. g. de la vessie. Muqueuse verruqueuse.	Épithélioma encéphaloïde réticulé. Les parties verruqueuses sont des papillomes.
39	INÉDITE.	H.	66	Paroi postérieure et ant. près du col. Trigone.	Épithélioma carcinoïde.
40	INÉDITE.	F.	39	Perforation au trigone.	

néoplasmes non localisés à la vessie.

LÉSIONS DES ORGANES	CONSTATATIONS CLINIQUES	CONSTATATIONS D'AUTOPSIE
Urèthre.	G. inguinaux.	
Urèthre et corps caverneux.	G. inguinaux d. et g. G. iliaques.	
Toute la muqueuse urinaire.		G. au hile du rein. *Ex. histol.:* Carcinome.
Corps caverneux, prostate.	G. inguinaux.	
Prostate, pubis.		G. hypogastriques et iliaques d.
Prostate (épithélioma).		G. hypogastriques jusqu'à la bifurcation de l'iliaque primitive.
Épithélioma ulcéreux du col utérin. Vagin.		Masse G. à la base du ligament large d.

Néoplasmes vésicaux san

Nᵒˢ	AUTEURS INDICATIONS BIBLIOGRAPHIQUES	SEXE	AGE	CARACTÈRE DE LA TUMEUR
41	NASH. *Brit. med. J.*, 1864, p. 332.	H.	40	Sessile.
42	THOMPSON. *Path. trans. London*, déc. 1866, XVIII, p. 162.	H.	62	Non infiltrée.
43	CAZALIS. *Bull. Soc. anat.*, 1872, p. 33.	H.	73	Tumeurs multiples, épithélioma.
44	GOSSELIN. *Clin. chir. Charité*, 1879, II, p. 504.	H.	68	Pédiculée.
45	DUCHAMP. *Lyon méd.*, 1876, XXI, p. 655.	H.	74	Infiltrée.
46	MARCACCI. *Lo Sperimentale*, 1880, II, p. 350.	H.	32	Non infiltrée.
47	FÉRÉ. *Cancer de la vessie*. Paris, 1881, obs. III, p. 36.	H.	60	Sessile, non infiltrée (carcinome).
48	FÉRÉ. *Ibid.*, obs. IV, p. 45.	H.	79	Papillome, t. non infiltrée.
49	FÉRÉ. *Ibid.*, obs. XXI, p. 121.	H.	56	Production villeuse.
50	FÉRÉ. *Ibid.*, obs. XXII, p. 124.	H.	68	Sessile, 6 à 7 cent. dans tous les sens.
51	DE ST-GERMAIN. *Rev. mens. mal. enfance*, 1883, p. 43.	F.	7 1/2	Pédiculée.
52	SOUTHAM. *Lancet*, 1884, p. 854.	H.	40	Infiltrée (épithélioma).
53	ANTAL. *Centr. f. Chir.*, 1885, p. 618.	F.	61	Sessile.
54	THIÉRY. *Bull. Soc. anat.*, 1888, p. 368.	H.	54	Pédiculée.
55	GILBERT BARLING. *Brit. med. J.*, 1888, II, p. 14.	H.	61	Squirrhe carcinomateux.

propagation ganglionnaire.

DESCRIPTION DES LÉSIONS VÉSICALES	CONSTATATIONS CLINIQUES	CONSTATATIONS D'AUTOPSIE
1° Tumeur vol. orange près d'uretère d. 2° Vol. œuf pigeon près d'uretère g.		Pas de G. abdominaux.
Plancher et côté droit.		Pas de G. lombaires, iliaques ni inguinaux.
1/4 de la superficie de la vessie.	G. inguinaux peu volumineux.	G. pelviens, prévertébraux, inguinaux pas dégénérés.
Au-dessus et en arrière de l'uretère g.		Pas de G.
Base et partie lat. g. (Prostate et corps caverneux envahis.)		Pas de G. iliaques.
Paroi latérale d. jusqu'au trigone.		Pas de G. inguinaux, iliaques, pelviens, lombaires, aortiques et sus-aortiques, ni dans aucune autre partie du corps.
En dehors et en arrière de l'uretère d. Plaque blanche sur le trigone.	Pas de G.	
T. volume d'une noisette à 2 cm. en dehors de l'uretère g. Une autre t. au col et une à la partie post. du trigone.	Pas de G. inguinaux. Pas de G. iliaques.	Pas de G.
	Pas de G. inguinaux. Pas de G. dans le petit bassin.	
A. d. sur paroi inférieure.		Pas de G. mésentériques.
Papillomes multiples.		Pas de G.
Côté g. et base. Fistule recto-vésicale.		Pas de G. lombaires ou pelviens.
Sommet de la vessie, volume du poing.	Pas de G.	
Au-dessus de l'uretère d. Une autre à la partie lat. d. près du sommet.		Pas de G. pelviens ni lombaires notablement hypertrophiés.
		Pas de G. hypertrophiés dans l'abdomen ni le petit bassin.

P.

6

Néoplasmes vésicaux sa

Nos	AUTEURS INDICATIONS BIBLIOGRAPHIQUES	SEXE	AGE	CARACTÈRE DE LA TUMEUR
56	BATTLE. *Lancet*, 1895, p. 1612.	F.	60	
57	N. HALLÉ. *Ann. gén.-urin.*, 1896, obs. III, p. 593.	H.	71	Infiltrée profondément.
58	N. HALLÉ. *Ibid.*, obs. II, p. 594.	H.	63	Infiltrante et interstitielle.
59	NOGUÈS. *Ann. gén.-urin.*, 1897, p. 398.	F.	63	Infiltrée.
60	TUFFIER et DUJARIER. *Rev. chir.*, 1898, p. 280.	H.	40	Infiltrée.
61	INÉDITE.	H.	52	Pédiculées.
62	INÉDITE.	H.	48	Infiltrée.
63	INÉDITE.	H.	56	Sessile.
64	PERSONNELLE.	H.	62	Nombreuses, pédiculées, pas d'infiltration.
65	PERSONNELLE.	F.	48	Pédiculées (constatation cytoscopique).
66	PERSONNELLE.	H.	55	Profondément implantée.
67	INÉDITE.	H.	56	Sessile.

propagation ganglionnaire.

DESCRIPTION DES LÉSIONS VÉSICALES	CONSTATATIONS CLINIQUES	CONSTATATIONS D'AUTOPSIE
Paroi ant. surtout, urèthre pris.	Pas de G.	
Sur toute la partie lat. d., le sommet et paroi ant. — Épithélioma lobulé corné ; et cystite chronique sur le reste de la vessie.		Pas trace de dégénérescence ganglionnaire.
Épithélioma lobulé, corné. Ulcère de 8 à 10 cm. de diamètre, face post. à d. et sommet.		Pas d'envahissement ganglionnaire.
Bas-fond à d.	Pas de G. iliaques.	
Toute la surface vésicale.	Pas de G.	
Multiples, surtout côté d.		Pas de G.
Paroi post. à g.	Pas de G. iliaques.	
A gauche et au-dessus de l'uretère, volume œuf de pigeon ; 5 ou 6 végétations sur paroi inf. en avant.	Pas de G. iliaques.	
Paroi lat. d.	Pas de G. iliaques.	Pas de G.
Sur paroi ant., 5 tumeurs, volume noisette au plus. Sur paroi inf. (région urétérale d.) 1 du volume d'une amande. Sur trigone, 1 volume un pois. Au-dessus et à g. uretère g., 1 volume noisette. Épithélioma.	Pas de G. dans les fosses iliaques ni au niveau du détroit supérieur.	
Milieu paroi lat. g. (Cancer).	Pas de G. dans fosses iliaques ni sur le rebord de l'excavation pelvienne.	
Face post. et côté g. large t. Dans autres points plusieurs végétations. Épithélioma lobulé.		Pas de G.

Propagations ganglionnaires dans le

N^{os}	AUTEURS INDICATIONS BIBLIOGRAPHIQUES	SEXE	AGE	CARACTÈRE DE LA TUMEUR	EXAMEN HISTOL. DU NÉOPLASME
68	BERGEON. *Bull. Soc. anat.*, 1830, p. 127.	H.	56	Fongosités multiples.	
69	LACAZE-DORI. Th. 1852, obs. p. 28.	H.	55	T. sessile.	Cancer encéphaloïde.
70	SIREDEY. *Bull. Soc. anat.*, 1859, p. 350.	F.	55	Fongus.	
71	CIVIALE. *Traité mal. org. gén.-urin.*, 1860, III, p. 207, obs. VII.	H.	»		
72	SENFTLEBEN. *Langenbeck's Arch.*, 1861, p. 129.	F.	29	Villosités à large pédicule. Dans le chorion jusqu'à la musculeuse.	Sarcome fuso-cellulaire infiltré jusqu'à la musculeuse.
73	RANKING. *Brit. med. J.*, 1863, II, p. 209.	H.	»	Infiltrée.	Cancer médullaire.
74	HOLMES. *Trans. of path. Soc.*, 1863, XIV, p. 182.	F.	50	Infiltrée.	
75	CASAUBON. *Bull. Soc. anat.*, 1867, p. 144.	H.	49	Infiltrée.	Carcinome.
76	RENDU. *Ibid.*, 1869, p. 543.	H.	69		
77	BYROM BRAMWELL. *Med. Times and Gaz.*, 1877, II, p. 669.	H.	34	Infiltrée.	Carcinome.
78	E. MÜLLER. Th. Kiel, 1878, obs. II, p. 9.	F.	23	Sessile.	Carcinome.
79	PHILIPPART. *Bull. acad. roy. méd. Belgique.* 1878, 3e série, XII, p. 251.	H.	48	Infiltrée.	
80	VOILLEMIER et LE DENTU. *Traité des mal. des voies urinaires*, 1881, II, p. 434.	H.	»	Infiltrée jusqu'à la séreuse, t. mélanique.	
81	D. COLLEY. *Lancet*, 1881, I, p. 419.	H.	47	Sessile. Insertion de la largeur de la main.	Épithélioma.
82	BERKELEY HILL. *Brit. med. J.*, 1881, I, 14 mai.	H.	63	Épithélioma infiltré.	Épithélioma.

néoplasmes localisés à la vessie.

DESCRIPTION DES LÉSIONS VÉSICALES	CONSTATATIONS CLINIQUES	CONSTATATIONS D'AUTOPSIE
Face post.		G. sacrés, iliaques int. et lombaires.
Grosse masse occupant à g. la moitié ant., la paroi lat. et les ⅔ post. du fond ; plaque grisâtre à orifice uretère d.		G. iliaques bilatéraux, plus développés à g.
Plus développée à d.		G. sacro-iliaques d.
Toute la vessie.	Masse iliaque g.	Masse pelvienne et iliaque g. G. inguinaux et abdominaux.
Tout le fond.	G. inguinaux d.	
Vessie volume tête d'enfant. Implantation paroi lat. g.		G. iliaques, masse derrière la vessie englobant les vésicules séminales. *Ex. histol.* : carcinome.
Tout le fond et partie supérieure.		G. lombaires.
Excroissances fongoïdes dans toute la vessie.		2 ou 3 G. périvésicaux.
Saillies mamelonnées avec tous les caractères du cancer.		G. lombaires et pelviens; pas de G. inguinaux.
Parois vésicales très épaissies.	G. inguinaux.	G. autour d'aorte. *Ex. histol* : carcinome.
Paroi lat. d. petits noyaux isolés; paroi post. inf. t. largement insérée.		Masse ganglionnaire en av. et à d. de la vessie. G. rétropéritoneaux et inguinaux. *Ex. histol.*: carcinome.
Ulcération cancéreuse au sommet. Nodosités disséminées.	G. fosse iliaque d.	Masse ganglionnaire iliaque adhérente au pubis ; masse iliaque allant jusqu'aux G. inguinaux.
Au sommet noyau volume amande ; paroi lat. g. t. volume pomme d'Api; un noyau à 1 cm ½ au-dessus du col face ant.		2 ou 3 petites masses très noires et bien circonscrites dans tissu cellulaire périvésical.
Tumeur villeuse.		G. lombaires oblitérant la veine cave.
T. s'étend à d. jusqu'au sommet; empiète à g.	Pas de G. inguinaux. Pas de G. iliaques.	Quelques G. lombaires.

Propagations ganglionnaires dans l

N°s	AUTEURS / INDICATIONS BIBLIOGRAPHIQUES	SEXE	AGE	CARACTÈRES DE LA TUMEUR	EXAMEN HISTOL. DU NÉOPLASME
83	FÉRÉ. *Cancer de la vessie*, 1881, obs. VI, p. 57.	H.	66	Cancer infiltré.	
84	WILLIAMS. *Brit. med. J.*, 1882, II, p. 780, obs. I.	F.	50	Pédicule large et court. Paroi infiltrée.	
85	WILLIAMS. *Ibid.*, obs. II.	H.	66	F. multiples fongoïdes.	
86	HADDEN. *Lancet*, 1888, II, p. 684.	H.	63	Squirrhe.	
87	HOFMOKL. *Mediz. Jahrbücher*, *Wien.*, 1885, p. 259.	H.	66	T. pédiculée.	Papillome.
88	JACCOUD. *Clin. de la Pitié*, 1885-86.	H.	66		Épithélioma lobulé.
89	ZAUSCH. Th. Munich, 1887, p. 22.	H.	74		
90	DITTRICH. *Prag. med. Woch.*, 1889-90, p. 558, obs. II.	F.	25	Infiltration couche sous-muqueuse et musculeuse.	Infiltration sarcomateuse jusqu'à la couche vésicale externe.
91	PERRÉGAUX. *Arch. gén. méd.*, I, 1893, p. 74.	H.	53	T. infiltrée.	Épithélioma.
92	AUDRY. *Mercredi méd.*, 1893, p. 525, *Ibid.*, 1894, p. 321.	H.	56	T. infiltrée adhérente au pubis.	Adénome cylindrique.
93	WEBER. Th. Munich, 1894, obs. I, p. 13.	H.	42	Infiltrée profondément.	
94	WEBER. *Ibid.*, obs. II, p. 16.	F.	60		
95	WEBER. *Ibid.*, obs. III, p. 16.	H.	67		
96	WEBER. *Ibid.*, obs. IV, p. 16.	H.	61		
97	COLLEY. *Deut. Zeitsch. f. Chir.*, 1894, XXXIX, 5 et 6, p. 535, obs. II.	H.	51	Épithélioma infiltré dans la musculeuse.	

néoplasmes localisés à la vessie.

DESCRIPTION DES LÉSIONS VÉSICALES	CONSTATATIONS CLINIQUES	CONSTATATIONS D'AUTOPSIE
Granulations nombreuses bas-fond et partie lat. g. en arr. et du côté d.		G. nombreux autour des uretères dans le petit bassin.
T. volume œuf de poule près d'uretère g. plusieurs petites tumeurs analogues autour.		G. sacrés (simple hyperplasie).
Toute la vessie sauf région prostatique et petit espace au sommet.		G. sacrés (simple hyperplasie).
A d. juste en arrière du col.		2 ou 3 gros G. en arrière de la vessie.
A 2 cm. au-dessus d'uretère d. à union des faces post. et lat. — Excroissances rougeâtres autour.	2 G. inguinaux. D.	
Volume œuf de poule à d. à union de bas fond et paroi antéro-externe. Végétations autour de la tumeur principale.		G. pelviens et abdominaux. *Ex. histol. :* épithélioma lobulé.
Fongus médullaire. Cystite chronique.		G. inguinaux.
Paroi postérieure au-dessous et dans intervalle des orifices urétéraux.		G. sacrés.
Moitié supérieure, paroi antérieure. Un noyau sur la paroi postérieure.		Un G. accolé à la vessie à la terminaison de l'uretère d. *Ex. histol.:* épithélioma.
Cavité presque remplie par la tumeur. Courts pédicules surtout parois postéro-supérieure et latérale.		Masse allant jusqu'à la fosse iliaque g. — Chaîne de G. allant de la vessie jusqu'aux reins. *Ex. histol. :* épithélioma cylindrique.
Partie ant. face lat. g.		G. perivésiaux, rétro péritonéaux.
		G. pelviens.
2 petits noyaux près du col.		G. rétro-péritonéaux.
Près d'uretère d.		G. rétro-péritonéaux.
Nombreux polypes villeux sur le fond et la paroi lat. g.		G. au voisinage de la vessie et du rectum. — G. rétro-péritonéaux.

Propagations ganglionnaires dans l‹

N°s	AUTEURS INDICATIONS BIBLIOGRAPHIQUES	SEXE	AGE	CARACTÈRE DE LA TUMEUR	EXAMEN HISTOL. DU NÉOPLASME
98	AUDRY. *Gaz. hebd.*, 1895, p. 595.	H.	48	Sessile, 5 à 6 cm. de large.	Fibro-sarcome.
99	N. HALLÉ. *Ann. gén.-urin.*, p. 596, 1896.	H.	59	Infiltrée très profondément.	Cancer alvéolaire, cellules polymorphes aplaties; globes épidermiques.
100	HELFERICH, in DIBBERN, th. Greifswald, 1897, p. 10.	F.	36	Infiltrée.	Sarcome.
101	INÉDITE.	F.	62	Infiltrée.	Épithélioma à globes épidermiques.
102	INÉDITE.	H.	63	Infiltrée partout.	Épithélioma alvéolaire.
103	INÉDITE.	F.	45	Sessile.	Épithélioma lobulé.
104	INÉDITE.	H.	59	Infiltrée dans toute l'épaisseur de la paroi.	Épithélioma papillaire.
105	INÉDITE.	H.	71	Infiltrée.	Épithélioma pavimenteux lobulé.
106	INÉDITE.	H.	64	Infiltrée.	Épithélioma lobulé polymorphe.
107	INÉDITE.				
108	INÉDITE.	H.	68	Cancer villeux infiltré.	
109	INÉDITE.	»	»		

néoplasmes localisés à la vessie.

DESCRIPTION DES LÉSIONS VÉSICALES	CONSTATATIONS CLINIQUES	CONSTATATIONS D'AUTOPSIE
T. saillantes formant volume poing adulte.	G. inguinaux d.	
Paroi. lat. g., trigone bas-fond.		Masse G. pelvienne g. adhérente à vessie; *Ex. histol.* : cancer alvéolaire, cell. polymorphes aplaties. Quelques G. à ext. inf. d'uretère d. *Ex. histol.*: nomb. globes épiderm.
T. adhérente au vagin, pubis et os iliaque.		G. rétro-péritonéaux.
Paroi post. jusqu'au trigone; à g. de la tumeur principale, une autre aux confins de la paroi lat.	Tumeur fosse iliaque g. pas de G. inguinaux.	G. adhérents à la vessie à g. le long de l'urétère; G. hypogastriques à la bifurcation de l'iliaque. G. entourant iliaques ext. et int. *Ex. histol.* : épithélioma à globes épidermiques.
Toute la vessie. Nombreuses villosités.		A g. et à d. G. hypogastriques, iliaques externes et primitifs; grosse masse au niveau de l'aorte et de la veine cave jusqu'aux reins. *Ex. histol.* : épithélioma alvéolaire.
Partie lat. d. du col, volume d'une amande, d'autres petites sur la paroi post., une autre moitié du bas-fond.	G. pelviens.	
Bas-fond plus à d.	G. inguinaux d.	
Toute paroi post. et moitié g. de la vessie, paroi ant. au niveau du col.		G. hypogastriques. *Ex. histol.* : épithélioma alvéolaire.
		A g. G. iliaques externes, à d. G. iliaques int. et le long de l'uretère. *Ex. histol.* : carcinome alvéolaire. A g. grosse masse s'étendant à la cuisse et aux os du bassin. *Ex. histol.* : épith. lobulé polymorphe.
		G. lombaires et iliaques.
Surface assez étendue.	G. iliaques g.	
		A d. et à g. G. iliaques ext.; à la bifurcation et le long d'iliaque primitive. G.; en avant de l'aorte et de la veine cave; au-devant et au-dessous du pédicule rénal; G. plus petits sur le bord ext. de la veine cave.

Propagations ganglionnaires dans le

N°s	AUTEURS INDICATIONS BIBLIOGRAPHIQUES	SEXE	AGE	CARACTÈRE DE LA TUMEUR	EXAMEN HISTOL. DU NÉOPLASME
110	INÉDITE.	H.	47	Largement implantée et infiltrée dans la sous-muqueuse.	Carcinome alvéolaire sous-muqueux.
111	INÉDITE.	H.	59	Infiltrée.	Épith. lobulé à cell. cylindriques
112	INÉDITE.	H.	25	Infiltrée, par places même jusqu'au péritoine.	Myoépithéliome cylindrome.
113	INÉDITE.	H.	33	Infiltrée.	Épithélioma carcinoïde.
114	INÉDITE.	H.	46	Infiltrée.	Épithéliome.
115	INÉDITE.	H.	69	Tumeur en plaque infiltrée profondément.	Cancer.
116	INÉDITE.	H.	47	Infiltrée.	
117	INÉDITE.	F.	59	3 petites t. pédiculées partie lat. d. du col. Récidive diffuse infiltrée.	Épithélioma papillaire.
118	INÉDITE.	H.	68	Ulcération disséquante, t. infiltrée.	Épithélioma lobulé.
119	INÉDITE.	H.	49	Infiltrée jusqu'à la couche musculaire externe.	Épith. lobulé à globes épidémiques. Partout ailleurs leucoplasie. Par places infiltration épithéliale sous-muqueuse.
120	INÉDITE.	H.	60	Infiltrée.	Cancer.

néoplasmes localisés à la vessie.

DESCRIPTION DES LÉSIONS VÉSICALES	CONSTATATIONS CLINIQUES	CONSTATATIONS D'AUTOPSIE
Partie lat. d.		G. le long des vaisseaux hypogastriques.
Diffus, étendu à toute la vessie.		G. à bifurcation des iliaques de chaque côté.
Grosse masse encéphaloïde, 3 petites t. isolées.		G. hypogastriques jusqu'à bifurcation d'iliaque primitive. *Ex. histol.* : carcinome.
Vaste ulcération envahissant toute la paroi. Noyau sous-péritonéal en haut et en arrière.		G. hypogastriques et iliaques.
Face postérieure et bas-fond ; récidives multiples bourgeonnantes.		G. pelviens et aortiques.; G. à extrémité inf. des 2 uretères.
Bas-fond et partie inf. de paroi postéro-latérale.		A d. et à g. G. iliaques internes et primitifs; à d. G. il. externes ; G. au-devant, en arrière et en dehors d'aorte et v. cave.
Moitié post. de la vessie.		Tout le bassin envahi par G. cancéreux.
Étendue à toute la paroi.		Quelques G. à d. et à g. à bifurcation d'il. primitive, le long d'a. ombilicale et à la naissance d'obturatrice. A g. vol. d'une noix à intersec. d'uretère et vaisseaux utéro-ovariens.
Tout le bas-fond et paroi post. Paroi vésicale d. perforée.		Fongosités néoplasiques adhérentes à pelvis. Masse adhérente à vaiss. iliaques int. et à paroi lat. d. de vessie. G. à bifurcation d'iliaque primitive.
Paroi ant. lat. d. et sommet ulcération intra-pariétale. Partout ailleurs vessie blanche, dure, comme épidermisée		Masse ganglionnaire le long des v. iliaques int. d. et sous les iliaques ext.; adhérente à partie inf. paroi lat. d. de vessie. *Ex. histol.:* Cancer alvéolaire sans globes épidémiques.
Paroi lat. d., sommet, presque toute la face ant. et la moitié d. du trigone.		A. g. G. le long d'iliaque prim. A d. G. sous iliaques ext. et le long d'il. int. ; G. à la bifurcation de l'aorte ; en av., en arrière et en dehors d'aorte et v. cave jusqu'aux reins.

Propagations ganglionnaires dans les

N^{os}	AUTEURS INDICATIONS BIBLIOGRAPHIQUES	SEXE	AGE	CARACTÈRE DE LA TUMEUR	EXAMEN HISTOL. DU NÉOPLASME
121	INÉDITE.	H.	57	Pédiculée.	Papillonne.
122	INÉDITE.	H.	59	Infiltrée.	
123	INÉDITE.	F.	72	Infiltrée.	Cancroïde.
124	INÉDITE.	H.	58	Sessile.	
125	INÉDITE.	F.	81	Infiltration profonde.	Cancer.
126	PERSONNELLE.	H.	28	T. pédiculée en 1890, sessile en 1892, infiltrée depuis.	Cancroïde.
127	INÉDITE.	H.	59	Infiltrée (?).	
128	INÉDITE.	H.	72	Infiltrée.	
129	PERSONNELLE.	H.	70	Infiltrée	Épithéliome.

néoplasmes localisés à la vessie.

DESCRIPTION DES LÉSIONS VÉSICALES	CONSTATIONS CLINIQUES	CONSTATIONS D'AUTOPSIE
Volume d'une noisette à d. et en arrière du col.	Au toucher G. à partie int. et inf. de fosse iliaque d.	
Moitié gauche de la vessie.	Au palper G. fosse ilia- que g. et G. sous-clavicu- laires g.	
Faces ant. lat. d. et g., sommet. Quelques végétations au niveau du col.		A. g. et à d. G. iliaques int. adhé- rents à partie sup. de face lat. de vessie. A. g. les G. vont jusque dans le mésocôlon pelvien.
Étendu à toute la paroi.		A d. et à g. masse G. adhérente à vessie, à g. va en arrière derrière le rectum, adhère à iliaque ext. et obturatrice, à d. à iliaque ext. et veine hypogastrique.
Partie lat. d. et post. Partout ailleurs nodules rougeâtres et plaques pseudo-membraneuses.		G. pelviens à d. le long d'iliaque int. et à bifurcation d'iliaque prim. le long d'iliaque ext. et à bifurca- tion de veine cave.
En dehors d'uretère g. ; du col à uretère g. ; une t. pédiculée paroi lat. g.	G. dans 2 fosses iliaques.	
Paroi lat. g.	G. iliaques d.	
Paroi ant. épaisse de 2 cm.	G. iliaques g.	G. iliaques et le long d'uretère g. jusque devant aorte.
Tout le bas-fond.	G. iliaques g. (?).	G. pelviens.

N^{os}	AUTEURS INDICATIONS BIBLIOGRAPHIQUES	SEXE	AGE	NATURE DE LA CYSTITE	LÉSIONS VÉSICALES
130	INÉDITE.	H.	68	Chronique ancienne.	
131	PERSONNELLE.	H.	17	Tuberculeuse.	Granulations tub.
132	PERSONNELLE.	H.	61		Paroi épaisse. Muqueuse très congestionnée.
133	PERSONNELLE.	H.	36	Tuberculeuse.	Parois épaissies. Muqueuse rouge avec plaques ecchymotiques. Pas de granulations nettes.
134	PERSONNELLE.	H.	30	Tuberculeuse.	Parois épaissies ; 3 ulcérations tub. bien limitées, 1 à embouchure d'uretère g., et 2 sur paroi post. allant jusque dans la musculeuse.
135	PERSONNELLE.	H.	76	Chronique ancienne.	Cystite intense, rougeurs en plaques granuleuses. Parois épaisses.
136	PERSONNELLE.	H.	78	Chronique ancienne. Poussée aiguë récente.	Parois minces et flasques. Muqueuse rouge.
137	PERSONNELLE.	H.	62	Chronique ancienne.	Parois minces et flasques.
138	PERSONNELLE.	H.	77	Ancienne.	Parois hérissées de petites saillies avec taches ecchymotiques.
139	PERSONNELLE.			Chronique ancienne.	Infiltration purulente jusqu'à la couche péritonéale.
140	HÉRESCO et COTTET. *Bull. Soc. anat.*, décembre 1898.	H.	68	Ancienne.	Parois vésicales très épaisses.

naires dans les cystites.

LÉSIONS DES AUTRES ORGANES	CONSTATATIONS D'AUTOPSIE
Prostate hypertrophiée et phlébite périprostatique. Calcul vésical.	G. hypogastriques d.
Uréthrite tub. Urétérite tub. g.	G. le long de l'uretère g. jusqu'à sa terminaison Au-devant de l'aorte et de la v. cave.
Hypertrophie prostatique. Calcul phosphatique.	G. à bifurcation des iliaques des 2 côtés et à la bifurcation de la v. cave, le long des v. iliaques int. et sous l'Iliaque ext. g.
	G. iliaques int. et à la bifurcation des iliaques ; sous-iliaques ext. et prim.; G. au-dessus de l'iliaque prim. dr. et jusqu'à la face ant. de la v. cave ; G. au hile du rein.
Prostate presque complètement détruite par tub.	G. le long et en avant des v. iliaques int. surtout à g. ; 2 g. à bifurcation de v. cave. G. au-devant de v. cave jusqu'aux reins.
Abcès lob. d. de prostate ; suppuration vésicule g.	G. iliaques int. et prim. d. et g. ; G. entre aorte et v. cave allant en arrière à une grosse chaîne qui va en dehors de l'aorte jusqu'au rein g.
	A d. et à g. G. sous-iliaque ext. et bifurcation de l'iliaque prim. A d. G. iliaques int. ; G. à bifurcation et v. cave. Quelques G. entre aorte et v. cave un peu au-dessous du hile rénal.
	G. à bifurcation d'iliaque prim. surtout à d. ; G. sous bord iliaque ext. et le long d'iliaque int. ; 1 à bifurcation de v. cave et 1 à bifurcation ; d'aorte ; plusieurs G. entre aorte et v. cave et en dehors d'aorte.
	G. iliaques int. d. et iliaques ext. d. et G. bord sup. et à bifurcation d'iliaque g.
	G. mésentériques.
Prostate volumineuse, calcul vésical.	G. pelviens.

Propagations ganglionnaires da

N^{os}	AUTEURS INDICATIONS BIBLIOGRAPHIQUES	AGE	LÉSIONS DE LA PROSTATE	EX. HISTOLOGIQUE
141	LANGSTAFF. *Catalog. of prepar. in the museum*, 1842, p. 352.	45	Prostate volumineuse.	
142	HODGKINS. *Lancet*, déc. 1843.	7		
143	BENNETT. *On cancerous and cancroïd grouths*. Edinbourg, 1849, p. 64.	70	Lobe moyen volume d'une noix.	Épithélioma.
144	SIMON. *Lancet*, 1850, I, p. 291, et THOMPSON, obs. XV, p. 499.	41	Prostate volume d'une orange.	
145	SIMON. *ibid.*, obs. II, et THOMPSON, *ibid.*, obs. XVI, p. 499.	63		
146	MOORE. *Med. chir. trans.*, 1852, p. XXXV, p. 459.	33		
147	ISAMBERT. *Bull. Soc. anat.*, 1853, p. 97.	8 1/2	Prostate remplissant tout le petit bassin, aspect encéphaloïde.	Sarcome (?)
148	THOMPSON. *Lancet*, 1853, I, p. 294, *Med. chir. trans.*, 12 avril 1853, in ADAMS, *On the prostate gland*, p. 149, in THOMPSON, obs. XI, p. 498.	59	Lobe g. doublé de volume.	Squirrhe.
149	THOMPSON. *Ibid.*, obs. XII, p. 498, et ADAMS, p. 147-149.	67		
150	THOMPSON. *Ibid.*, obs. XIV, p. 499.	59		
151	THOMPSON. *Ibid.*, obs. VIII, trad. franç., 1894, p. 496.	65	Prostate 4 fois son volume normal, surtout développée à d.	
152	THOMPSON et HUTCHINSON. *Path. trans.*, 1854, V, p. 205, et *Diseases of prostate gland*, obs. VII, p. 272.	60	Prostate volume d'une orange. T. lobe droit.	Carcinome.
153	CURLING. *Trans. of the path. soc.*, 1859.	»	Masse d'aspect squirrheux.	
154	O. WISS. *Virchow's arch.*, 1866, XXXV, p. 378.	»	Prostate très volumineuse. Lobe d. seul pris.	Carcinome.

les néoplasmes de la prostate.

LÉSIONS DES ORGANES VOISINS	CONSTATATIONS CLINIQUES	CONSTATATIONS D'AUTOPSIE
Prostate faisant saillie dans vessie.		G. bassin et abdomen.
Plaque gangréneuse, paroi post. vessie.		Énorme masse rétro-vésicale remplissant le petit bassin.
Rectum, rétrécissement cancéreux et perforation. Anus : tumeur au pourtour.	G. inguinaux.	
		G. voisins.
		G. voisins.
Vésicule g. englobée dans tumeur entre rectum et prostate.	G. inguinaux.	A d. G. dans la fosse iliaque et sous-l'iliaque ext.; à g. masse G. dans la fosse iliaque sous-iliaque ext., et traversée par iliaque int. fessière, ischiatique ; G. lombaires et rétro-péritonéaux.
Vessie, paquets de végétations dans le bas-fond.		Dans petit bassin plusieurs petites t. de même nature adhèrent à la principale par tissu cellulo-fibreux.
		G. voisins.
Masse comprenant tout le petit bassin.	G. inguinaux.	Masse G. bassin repoussant en haut la vessie jusqu'à l'ombilic.
Tout le petit bassin rempli.		G. voisins.
Vessie au niveau de l'uretère g.	G. inguinaux d.	G. inguinaux. (Aspect de la coupe semblable à celui de la tumeur.)
		G. iliaques dont l'un comprime et oblitère uretère d. (aspect de la coupe semblable à celui de la tumeur).
Rectum : muqueuse d'aspect colloïde, adhère à vessie et prostate.		G. lombaires iliaques.
Vessie, végétations nombreuses au trigone, bouchant complètement l'urèthre.	G. inguinaux.	A d. et à g. G. du voisinage de la prostate, rétro-péritonéaux et inguinaux ; veine crurale d. oblitérée.

Propagations ganglionnaires dan[s

Nᵒˢ	AUTEURS INDICATIONS BIBLIOGRAPHIQUES	AGE	LÉSIONS DE LA PROSTATE	EX. HISTOLOGIQUE
155	O. Wyss. *Ibid.*	»	Toute la prostate prise.	Carcinome.
156	Crofft. *Trans path. soc.*, 1869, XIX.	»	Partie antérieure.	Carcinome.
157	Schwartz. *Bull. Soc. anat.*, 1874, p. 778.	36	Prostate dure, peu grosse, avec 2 prolongements en arrière.	Épithélioma cylindrique dans les t. de l'estomac et de la prostate.
158	Dickinson. *Lancet*, 1877.	47	Prostate très dure se prolongeant sur les deux côtés de la vessie.	Épithélioma.
159	Bubb. *Brit. med. J.*, 1881.	69	Infiltration totale, prostate très dure.	
160	Harrisson. *Lancet*, 1884.	54	Prostate volumineuse, indurée, bosselée.	
161	Letarouilly. Thèse, 1884, obs. VIII, p. 37.	56	Prostate volume poing, surtout lobe d.; gagne fosse iliaque d.	
162	Letarouilly. *Ibid.*, obs. V.	62	Prostate prise surtout à d.	Cancer alvéolaire.
163	Reboul. *Bull. Soc. anat.*, 1886.	76	Lobe droit volume noix.	Sarcome fasciculé.
164	Carver. *Lancet*, 1886, I, p. 788.	66	T. volume œuf de poule adhère à vessie, pelvis et rectum.	
165	Guyon in Engelbach, *Bull. med.*, 1887, p. 1339.	34	T. prostato-pelvienne, plus développée à g.	
166	Maybard. *Glasgow med. J.*, 1887, XXXII, p. 374.	62	Prostate peu volum.	Carcinome.
167	Rollin in Engelbach, obs. X.	»	Prostate volum, moulée sur coccyx, dure, irrégulière; prolongements is-chio-pubiens.	
168	Engelbach. Thèse, 1887, obs. XIII.	62		

les néoplasmes de la prostate.

LÉSIONS DES ORGANES VOISINS	CONSTATATIONS CLINIQUES	CONSTATATIONS D'AUTOPSIE
Vésicule et prostate formant t. volume du poing. Vessie : saillie fongueuse.		G. de voisinage, volume œuf de pigeon. G. inguinaux g.
		G. mésentériques énormes.
T. entre côlon transverse et estomac et proéminant dans les 2 cavités.		G. iliaques en arrière du cæcum. G. mésentériques et sacrés.
	G. inguinaux g.	3 G. iliaques le long des vaisseaux.
		T. allant derrière la vessie comprimer uretère g. et obturer uretère d.
	G. inguinaux.	
	Pas de G. inguinaux.	
Bas-fond de vessie; vésicules et uretères englobés dans la masse.	G. inguinaux d. et g.	G. autour d'aorte, veine cave et branches iliaques; aspect encéphaloïde.
T. secondaires grand épiploon, mésentère, intestin, foie, rate, vésicule biliaire. Vessie, 3 petites t. à la face inférieure.		G. inguinaux d., lombaires et pelviens. *Ex. histol.* : Sarcome fasciculé.
Vésicule séminale d.		G. mésentériques.
Base de la verge, urèthre spongieux. Vésicules englobées.		G. inguinaux d. et g.; G. hypogastriques et iliaques.
Vésicules (?).		G. le long d'iliaque ext., des 2 côtés 2 G. le long d'iliaque int. et bord du pelvis. *Ex. histol.* : Carcinome.
	Pas de G. inguinaux.	
Adhérence à S iliaque; rectum, vessie, uretères et vésicules englobées.	G. inguinal d.	G. autour de v. cave, aorte et des branches iliaques. *Ex. histol.* Carcinome.

Propagations ganglionnaires dan[

Nos	AUTEURS INDICATIONS BIBLIOGRAPHIQUES	AGE	LÉSIONS DE LA PROSTATE	EX. HISTOLOGIQUE
169	RENDU, in ENGELBACH, obs. XVI.	»		
170	ROLLIN. *Bull. Soc. anat.*, 1887, p. 168 (in th. ENGELBACH, obs. XVII).	69	Prostate grosse, dure, bosselée.	Carcinome.
171	ROLLIN, in ENGELBACH, obs. XIX.	53	Prolongements sur côté de vessie.	
172	DELAUNAY et BRAULT, in ENGELBACH, obs. XXV.	17		
173	ENGELBACH. *Ibid.*, obs. XXVII.	61	Prostate volume tête de fœtus, prolongée à d. vers paroi pelvienne.	
174	PAUFFARD, in ENGELBACH, obs. XXX.	»		
175	BEACH. *Boston med. and surg. J.*, 1888.	60	Extension surtout par partie postérieure.	
176	BELFIELD. *J. of amer. Assoc.*, 1888, p. 118.	48		
177	WIND. Th. Münich, 1888.	5 1/2		
178	POUSSON. *Ann. polycl. Bordeaux*, 1890, obs. I.	58	Prostate volume citron. Masse se prolongeant jusque dans les fosses iliaques.	
179	POUSSON. *Ibid.*, obs. II.	63	Prostate bosselée, ramollie par place, vol. citron.	
180	POUSSON, in RIGAUD. Thèse Bordeaux, 1891, obs. VI.	65	Prostate vol. mandarine.	
181	RIGAUD. *Ibid.*, obs. VII.	66	Masse prostatique se continuant jusqu'à la fosse iliaque d.	
182	PIÉCHAUD, in RIGAUD, obs. XI.	65		

les néoplasmes de la prostate.

LÉSIONS DES ORGANES VOISINS	CONSTATATIONS CLINIQUES	CONSTATATIONS D'AUTOPSIE
Adhère à partie post. de vessie.		G. pelviens et lombaires.
Tous organes petit bassin fusionnés, adhérents.	G. inguinaux d., grosse masse G. fosse iliaque.	Aorte, veine cave et uretère englobés, fusion uretères et vaisseaux iliaques. G. jusqu'au pancréas; il faut sculpter les corps vertébraux à insertion du mesentère.
	G. inguinaux d. et fosse iliaque.	
	Dans fosse iliaque d., t. allant jusqu'à l'ombilic et allant s'enfoncer sous le foie.	
	Masse G. fosse iliaque g.	
	G. inguinaux d. et dans fosse iliaque d.	
Rectum perforé. Col uréthral détruit. Pubis et ischions pris.	G. inguinaux et iliaques à d. et à g.	G. iliaques et inguinaux.
Vésicules séminales englobées. Vessie : Tumeur prévésicale adhérente à la t. prostatique.	Masse remplissant tout le petit bassin et unissant les deux ischions.	
T. villeuse de la vessie sur côté g.	T. remplissant tout le petit bassin.	G. au voisinage immédiat de la vessie.
La t. prostatique se continue en avant et à d. de la vessie.	G. inguinaux.	
	Pas de ganglions inguinaux. Grosse masse G. dans les 2 faces iliaques.	
Gangue solide dans toute l'excavation.	G. fosse iliaque g. plongeant dans le petit bassin. Puis G. fosse iliaque d.	
Ischions et pubis (?).	Pas de G. iliaques ni inguinaux.	
Pubis (?).	G. inguinaux d. et g. Masse iliaque d. allant jusqu'à ombilic; sur son bord int. bat a. iliaque; G. fosse iliaque g.	
Tout le petit bassin est englobé par la t.	Pas de G. iliaques.	

Propagations ganglionnaires dan[s

N^{os}	AUTEURS INDICATIONS BIBLIOGRAPHIQUES	AGE	LÉSIONS DE LA PROSTATE	EX. HISTOLOGIQUE
183	KÜSTER. *Berlin klin. Woch.*, 1891, p. 478.	53	Prostate volumineuse.	
184	BARTH. *Arch. f. klin. Chir.*, 1891, XLIII, p. 758.	17		Sarcome.
185	BUFFET. *Cong. chir.*, 1891, V, p. 592.	48	Surtout lobe droit.	
186	TROQUART. *Journ. méd. Bordeaux*, 1891, 45.	65		
187	LEGUEU. *Ann. gén.-urin.*, 1893.	61		
188	CARLIER. *Bull. méd. Nord*, 1893, p. 201, obs. II.	60	Prostate vol. mandarine.	
189	SASSE. *Arch. f. kl. Chir.*, XLVIII, 1894, p. 593.	61	Prostate doublée de vol.	Carcinome.
190	DUFOUR. *Bull. Soc. anat.*, 1894, p. 458.	69	Cancer primitif.	
191	DUBUC. *France méd.*, 1895, p. 465.	66		
192	PAULY. *Lyon méd.*, 1895, p. 262.	63		
193	JEANNEL, Th. LABADIE. obs. XVI, 1895.	»	Prostate vol., très dure.	
194	JEANNEL. *Ibid.*, obs. XXIX.	62		
195	JULIEN. Thèse, 1895, obs. III, p. 16.	63	Prost. développée surtout à g.	
196	JULIEN. *Ibid.*, obs. VI, p. 28.	»		
197	CUVILIER. *Ibid.*, obs. IX.	70		
198	JULIEN. *Ibid.*, obs. XVII, p. 66.	66		
190	JULIEN. *Ibid.*, obs. XIX, p. 69.	86		
200	JULIEN. *Ibid.*, obs. XXV, p. 76.	72	Prostate grosse et dure, surtout à d.	

les néoplasmes de la prostate.

LÉSIONS DES ORGANES VOISINS	CONSTATATIONS CLINIQUES	CONSTATATIONS D'AUTOPSIE
		G. rétro-péritoniaux.
	G. fosse iliaque.	
Ulcération à la racine des bourses, induration de tout le petit bassin.	G. inguinaux.	
Masse dans tout le petit bassin.	G. autour des vaisseaux iliaques, aorte et colonne vertébrale jusqu'aux reins.	
Adhérences au rectum.	G. inguinaux ; pas de g. iliaques ni de petit bassin.	
	Ni G. pelviens ni G. inguinaux.	
Fémur, tibia, os iliaque g. ; fémur d.		G. petit bassin.
Vésicules séminales. Os iliaque et tout le petit bassin.	Masse inguinale g. volume du poing.	G. inguinaux, pelviens, lombaires jusqu'au diaphragme; surtout à bifurcation d'aorte; G. sus-clav. g.
	G. inguinaux surtout à g.	
Masse dans tout le petit bassin.	G. sus-claviculaires g.	G. Autour de l'aorte, accolés aux os; 3 ou 4 G. sus-claviculaires. G. inguinaux à d. et à g.
Vessie et vésicules.	G. inguinaux g.	
Vessie, vésicules.	G. inguinaux g.	
Vessie, colonne vertébrale ; masse englobant urèthre et rectum.	G. iliaques surtout à d.	G. hypogastriques d. et g.; G. prévertébraux allant jusqu'aux reins.
	G. iliaques surtout à d.	
		Généralisation G. (siège non marqué).
	G. iliaques d. et g.	
	Prolongement G. en arrière et sur le côté.	
	G. inguinaux ; G. sus-claviculaires d. (?)	

N^{os}	AUTEURS. INDICATIONS BIBLIOGRAPHIQUES	AGE	LÉSIONS DE LA PROSTATE	EX. HISTOLOGIQUE
201	CARLIER. *Assoc. urologie.* 1896. *Bull. méd.* Nord, 1893, p. 196, obs. I.	38	Prostate non limitée latéralement.	
202	INÉDITE.	65	Énorme, bosselée, dure, surtout à g.	
203	INÉDITE.	68	Prostate surtout développée à g.; lobe d. inégal, dur, dépassant branche ischio-pubienne.	
204	PERSONNELLE.	61	Épithélioma. Prostate peu volumineuse.	Cancer alvéolaire.
205	PERSONNELLE.	48	Les deux lobes sont pris.	
206	J. HALLÉ et O. PASTEAU. Inédite.	76	Prostate plus développée à g.	
207	SOUPAULT et O. PASTEAU. Inédite.	68		
208	INÉDITE.	»	Épithélioma limité à la prostate.	
209	PERSONNELLE.	65	Prostate surtout dévelopée à gauche.	
210	PERSONNELLE.	60		
211	PERSONNELLE.	71	Très dure, irrégulière, bosselée.	

les néoplasmes de la prostate.

LÉSIONS DES ORGANES VOISINS	CONSTATATIONS CLINIQUES	CONSTATATIONS D'AUTOPSIE
	G. inguinaux surtout à d.; pas de G. iliaques ; G. sus-claviculaire g.	
	G. fosse iliaque à d. et à g.	
	G. fosse iliaque d.	
Fond de la vessie. Vésicules englobées dans la masse.		A g. G. iliaques internes et jusque sous vaisseaux iliaques ext.; A d. G. iliaques ext. et int.; G. à la bifurcation d'aorte et veine cave ; G. lombaires. *Ex. histol.* : Cancer alvéolien (?)
Vésicules séminales et rectum.		G. hypogastriques surtout à d.; G. iliaques ext. et primitifs, le long de l'aorte, entre l'aorte et la veine cave et le long de la mésentérique inférieure.
Carcinose prostato-pelvienne diffuse, prostate plus développée à g.	G. inguinaux et iliaques g.	A. g. masse gangl. englobant v. obturateurs, ombilicaux, iliaques internes et externes; à d. G. le long des v. iliaques int. et ext.; G. lombaires ; G. médiastinaux.
Rectum.		A d. G. hypogastriques, iliaques ext. et primitifs ; à g. G. iliaques int. et primitifs ; chaînes gangl. au-devant aorte et v. cave; G. mésentériques inférieurs.
Cystite chronique ancienne.		A g. masse G. allant de la prostate le long des v. iliaques int. et aorte jusqu'au diaphragme; à d. G. iliaques.
Englobe vésicule séminale.	G. iliaques g.	
Os iliaque et fémur g. Col. vésical et parois lat. en bas.	Pas de G. sentis.	G. iliaques et aortiques jusqu'au diaphragme.
	G. iliaques.	

OBSERVATIONS

Obs. 1 [1]. (Résumée.) — *Tumeur de la vessie adhérente au pubis et à l'intestin grêle.*

Autopsie : *Ganglions lombaires.*

Femme de 57 ans, qui depuis 2 ans éprouvait des cuissons et des douleurs en urinant. Au bout de 6 mois, violentes épreintes, urines sanglantes ; en dernier lieu, douleurs dans les reins et besoin d'uriner toutes les 10 minutes ; au toucher, urèthre et utérus sains ; par le palper abdominal, tumeur fixe, dure, située dans la région de la vessie, immédiatement au-dessus du pubis.

Quelques jours après, douleur plus vive, fièvre.

La mort étant survenue, on put constater à l'autopsie une tumeur adhérente au pubis et à l'intestin grêle enflammé ; *de chaque côté, une chaîne étendue de glandes lymphatiques malades et tuméfiées passait par-dessus la région lombaire, se dirigeant vers la racine du mésentère.* En détachant la masse, on trouve que l'urèthre la traversait et on la sectionne d'avant en arrière, à partir du canal. Cette masse avait l'aspect d'un amas de petites tumeurs ; les plus internes de ces tumeurs faisaient saillie dans la cavité de la vessie, en repoussant devant elles la muqueuse.

Obs. 2. — **Barbié du Bocage** [2]. (Résumée.) *Cancer de la vessie, de l'urèthre, du vagin et du pubis.*

Ganglions inguinaux. (Constatation clinique confirmée à l'autopsie.)

Au mois de janvier 1827, la nommée M..., âgée de 62 ans, commença à éprouver des douleurs dans le bas-ventre, principalement pendant l'excrétion de l'urine et des matières fécales. Quelques mois plus tard l'urine devint sanguinolente, et il se fit par la vulve un écoulement roussâtre. Six mois s'écoulèrent pendant lesquels les douleurs se propagèrent dans les lombes, dans les aines et dans les deux cuisses, et prirent le caractère propre aux affections cancéreuses ; l'urine devint plus trouble et son excrétion difficile ; l'écoulement vaginal augmenta et devint sanieux et fétide, la couleur de la peau s'altéra ; les membres inférieurs s'infiltrèrent, surtout le droit, dans toute la longueur duquel se fit sentir une douleur très vive et continue ; *les ganglions de l'aine correspondants s'engorgèrent.* Le toucher fit reconnaître que la paroi antérieure du vagin,

1 London, 1823, trad. Lacaze-Dori, in Thèse, 1862, p. 15.

2 Barbié du Bocage. *Bull. Soc. anat.*, 1828, p. 172.

inégale et dure, était déprimée par une tumeur formée dans le bassin, et que le col de l'utérus était en grande partie détruit. Durant le séjour de cette femme à l'hôpital, son état s'aggrava de plus en plus, et elle succomba le 11 février 1828.

AUTOPSIE. — Les *reins* étaient dans leur intégrité.

Le petit bassin était presque entièrement rempli par la *vessie*, qui distendue par l'urine, proéminait encore au-dessus du pubis. Le liquide qu'elle contenait était trouble et blanchâtre. La surface interne était noirâtre et livide. La muqueuse ulcérée offrait une multitude de petites végétations. Une de ces tumeurs, dont le volume pouvait égaler celui d'une noisette, était dure et résistante sous le scalpel, recouverte d'une substance analogue à la matière tuberculeuse non encore ramollie. Au col de la vessie, la muqueuse, profondément altérée, était en grande partie détruite, en sorte que cette ouverture était beaucoup plus large que dans l'état naturel.

La *muqueuse uréthrale*, également ulcérée dans toute son étendue, était noirâtre et fongueuse, comme celle du bas-fond de la vessie ; la tunique musculaire de ce dernier organe était d'autant plus hypertrophiée qu'on s'approchait davantage de sa partie inférieure, de son col. Quant aux tuniques celluleuses, également hypertrophiées, elles contribuaient beaucoup à augmenter l'épaisseur de la cloison vésico-vaginale.

La paroi antérieure du *vagin* fortement déprimée par une masse de tissu cellulaire induré, n'était altérée que dans sa moitié supérieure qui participait à l'hypertrophie des tissus voisins, et offrait, dans sa partie la plus élevée, une espèce de cul-de-sac ulcéré au-devant duquel existait une fongosité mollasse, à base large, et du volume d'une petite noix ; le col de l'*utérus* était presque entièrement détruit. Les *trompes et les ovaires* étaient dans une intégrité parfaite.

Presque tout le *tissu cellulaire du petit bassin*, principalement celui qui est placé à sa paroi inférieure et sur les côtés de la vessie, était condensé, dur et converti en deux masses d'un pouce et demi à deux pouces d'épaisseur ; la droite se prolongeait en arrière sur le ligament sacro-sciatique ; les muscles de la paroi inférieure du bassin, principalement le releveur de l'anus et le transverse du périnée qui se remarquaient au milieu de ces deux masses, étaient épaissis.

Les *pubis*, jusqu'aux tubérosités des ischions étaient tranformés en un tissu fibreux, comme gélatineux, et présentaient une foule de petites cellules contenant une matière crétacée très friable.

Les ganglions de l'aine droite étaient engorgés et durs, sans que le tissu cellulaire voisin participât à cette altération.

OBS. 3. — **Lenepveu** [1]. (Résumée.) *Cancer de la vessie et de l'S iliaque.*

AUTOPSIE : *Ganglions mésentériques.*

Le nommé D..., âgé de 49 ans, fut admis à l'hôpital de la Charité, salle Saint-Michel, n° 22, le 2 mars 1839. Au mois de décembre 1838, les garde-

[1] LENEPVEU. *Bull. Soc. anat.,* 1839, p. 164.

robes étaient devenues de plus en plus difficiles, rares et accompagnées de douleurs très fortes ; des envies fréquentes d'uriner se manifestèrent à la même époque ; elles se répétaient quinze à vingt fois par jour. Les urines étaient visqueuses et filantes, elles se réunissaient en masse comme gélatineuse au fond du vase.

Au moment de l'entrée à l'hôpital, l'abdomen est souple et indolent à la pression dans ses deux tiers supérieurs ; à l'hypogastre, on reconnaît l'existence d'une tumeur dure, résistante, qui remonte à trois ou quatre pouces au-dessus de l'ombilic. Cette tumeur arrondie et régulière est un peu plus étendue à droite qu'à gauche de la ligne médiane. Elle ne jouit d'aucune mobilité ; elle semble se prolonger dans le petit bassin. D'une autre part, les parois abdominales ne sont pas mobiles sur la tumeur. En touchant par le rectum, on rencontre aussi des bosselures et des inégalités dures à la paroi antérieure. Les mouvements communiqués à la tumeur par le rectum sont perçus par la main appliquée à l'hypogastre. Le malade est sondé, et la saillie extérieure conserve, après l'évacuation des urines, la même forme et la même dureté. De petits fragments d'une matière molle, étaient restés engagés dans les ouvertures du bec de la sonde ; ils avaient la plus grande analogie avec la matière encéphaloïde ramollie. Rayer diagnostique un cancer de la vessie et le malade succombe le 22 mars.

AUTOPSIE. — Une tumeur énorme, qui égale le volume de la tête d'un enfant de dix ans, occupe tout le petit bassin, et s'élève à quatre pouces au-dessus de la branche horizontale du pubis ; elle présente des bosselures et des sillons nombreux à sa surface ; elle est unie par des adhérences intimes, aux parois de la cavité pelvienne et à la face postérieure de la paroi abdominale antérieure. Le *rectum* occupe le côté droit et postérieur de la vessie. L'S iliaque se dirige de droite à gauche, contourne et embrasse dans sa concavité le sommet de la vessie avec laquelle elle a contracté des adhérences très intimes. La tumeur a antérieurement six pouces de diamètre vertical et cinq pouces transversalement ; elle est divisée par un sillon horizontal en deux lobes ; l'un, inférieur, est formé par la vessie ; et l'autre, supérieur, plus volumineux, par l'S iliaque dilatée.

La *vessie* est presque entièrement remplie par un champignon cancéreux. Celui-ci est rouge et parcouru de petits vaisseaux déliés et parallèles au centre, tandis qu'à sa surface il est pâle, décoloré et comme gélatineux. Il se laisse pénétrer sans effort par le doigt. La paroi postérieure et supérieure de la vessie est complètement détruite, et communique par une large ouverture avec l'*S iliaque du côlon*. Le champignon cancéreux prend naissance sur les bords de cette ouverture, et végète également dans l'intestin et dans la vessie.

Les *uretères* sont dilatés, et leurs parois épaissies, ils adhèrent dans l'étendue de deux à trois pouces aux parties latérales de la tumeur, et s'ouvrent par des orifices libres dans la cavité de la vessie.

Les *reins* sont volumineux, denses et résistants.

Les ganglions mésentériques sont tuméfiés et durs ; ceux qui avoisinent la tumeur à laquelle ils adhèrent sont plus altérés, et dégénérés comme elle.

Obs. 4. — **Rayer** [1]. (Résumée.) *Cancer de la vessie et du foie.*

Autopsie : *Ganglions mésentériques.*

Marie S..., âgée de 58 ans, mourut dans le service de Lerminier, à la suite de douleurs abdominales et de plusieurs hématuries.

Autopsie. — *Abdomen :* Deux pintes et demie de sérosité jaunâtre et trouble dans la cavité du péritoine. *Foie* très volumineux, s'étendant transversalement d'un hypochondre à l'autre et de haut en bas, à droite jusqu'à la fosse iliaque, sur la ligne médiane jusqu'au nombril, et à gauche jusqu'au bord latéral des fausses côtes. Il contenait des noyaux cancéreux, variant depuis le volume d'une noisette jusqu'à celui d'un gros œuf de perdrix.

La *rate*, l'*estomac* et l'*intestin* étaient sains ; *il y avait dans le mésentère quelques ganglions cancéreux, d'un volume considérable.*

La substance des *reins* était saine, mais à la face interne de la membrane du bassinet, on voyait de petites tumeurs pédiculées évidemment formées d'un tissu fibreux, infiltré de matière encéphaloïde. Semblable altération existait dans les *uretères.* Une masse cancéreuse, formée par l'agglomération de petites tumeurs analogues aux précédentes, arrondies, incrustées de concrétions calculeuses, occupait le *bas-fond de la vessie.*

Obs. 5. — **Septimus Gibbon** [2]. (Résumée.) *Tumeur de la vessie et de la prostate. Propagation à l'urèthre (?).*

Autopsie : *Ganglions mésentériques.*

Il s'agit d'un homme de 53 ans, qui est admis le 1er novembre 1854, dans le service de M. Curling, à London-Hospital, pour une rétention d'urine.

Depuis neuf mois il a de la peine à uriner, et depuis quelque temps il faut le sonder. On ne pénètre que difficilement dans la vessie. De l'examen par le rectum, de celui de la matière jaunâtre, floconneuse et fétide rendue avec l'urine, M. Curling pensa qu'il s'agissait d'une maladie maligne de la vessie.

Le malade s'affaiblit rapidement et mourut au bout d'une quinzaine de jours. Le veille de sa mort il survint une infiltration urineuse.

Autopsie. — Adhérences de l'épiploon, de l'iléon et de la tête du côlon au fond de la vessie. *Les ganglions mésentériques, très augmentés de volume, sont bosselés et présentent à la coupe l'aspect du cancer encéphaloïde.*

La *vessie*, qui adhère au pubis, est remplie par une tumeur bosselée ayant environ le volume des deux poings et naissant par une base élargie de la muqueuse de la face antérieure. Celle de la face postérieure, grisâtre, est par-

---

[1] Rayer. *Traité des maladies des reins*, 1841, III, p. 699.

[2] Septimus Gibbon. *Trans. of the path. Society of London*, V, p. 196, trad. Jolly, *Arch. gén. méd.*, 1869, II, p. 184.

semée de nombreuses fongosités blanchâtres. A la coupe, la tumeur est blanche, pulpeuse, sauf à son centre qui contient du pus jaune et fétide.

La *prostate*, saine partout ailleurs, contient un faible dépôt cancéreux à son centre.

L'*urèthre* renferme dans ses portions membraneuse et bulbeuse une matière semblable à celle de la vessie.

Obs. **6.** — **Gibb** [1]. (Résumée.) *Cancer de la vessie et de l'utérus.*

Autopsie : *Ganglions lombaires et médiastinaux cancéreux.*

Mme M..., 55 ans. Cancer de l'utérus un peu plus de quatre ans auparavant.

La maladie attaqua la paroi antérieure du vagin, puis la vessie à la fin de décembre 1858. Des tubercules cancéreux se formèrent dans le périnée autour de l'orifice du vagin et les lèvres furent aussi envahies à leur tour.

Le malade baissa graduellement et s'éteignit le 13 octobre.

Autopsie. — *Les ganglions bronchiques profonds étaient gros et formaient avec les lymphatiques une chaîne de tumeurs cancéreuses de chaque côté de la colonne dorsale.*

A l'ouverture de l'abdomen on trouva le *foie* avec un bord inférieur très abaissé.

Tout le système lymphatique des deux côtés de la colonne vertébrale était envahi par la maladie. Les lésions s'étendaient jusqu'aux limites du bassin.

Le *rein* droit contenait deux nodules cancéreux du volume d'une bille. Le *rein* gauche était hydronéphrosé.

La *rate* contenait un noyau cancéreux du volume d'une bille.

La *vessie*, l'utérus et le rectum ne faisaient qu'une masse agglomérée de la tumeur. Toute la surface vaginale était prise par le cancer et sa paroi antérieure était détruite de même que la paroi postérieure de la vessie jusqu'au col.

Obs. **7.** — **Armittage** [2]. (Résumée.) *Cancer de la vessie et de la prostate.*

Ganglions inguinaux et iliaques (constatation clinique).

Homme de 65 ans qui, vingt-deux mois avant sa mort, fut pris de douleurs dans la région sacrée. Il eut plus tard, à diverses reprises, des hématuries plus ou moins abondantes. Quand Armittage le vit, il était obligé d'uriner souvent, et le faisait avec douleur. Il y avait en outre un peu de paralysie de la vessie. Le toucher rectal fit constater dans la région prostatique une tumeur dure, ayant environ le volume d'un gros œuf d'oie, mais débordant beaucoup plus à gauche qu'à droite. *Dans les deux aines, mais plus volumineux à droite, on trouva des ganglions hypertrophiés et durs, et on sentit des tumeurs analogues sur le trajet des vaisseaux iliaques.*

---

[1] Gibb. *Trans. of pathol. Soc.*, XI, 1860, p. 88. (Trad. personnelle.)

[2] Armittage in Thompson. *The diseases of the Prostate gland.* London, 1861. Cité in Jolly. *Arch. gén. méd.*, 1869, 6ᵉ série, XIII, p. 715.

A l'AUTOPSIE, Thompson, trouve des petites tumeurs dans la paroi musculaire de la vessie et une plus volumineuse entre la prostate et l'orifice de l'uretère gauche. La *prostate* est environ quatre fois plus grosse qu'à l'état normal. Elle est bosselée, le lobe gauche est plus volumineux que le droit. La *vésicule sémi-nale* gauche, ouverte, laisse écouler un fluide jaunâtre, épais, contenant des débris de tissu. Elle est très épaissie, et son tissu est infiltré de dépôts cancéreux. Mêmes lésions, mais moins avancées, de la vésicule séminale droite.

A la coupe, les tissus sont infiltrés d'une matière blanche, d'où découle, à la pression, un abondant suc crémeux. Sous le microscope se rencontrent de nombreuses cellules, caractéristiques du cancer.

OBS. **8.** — **Holmes Cootes** [1]. (Résumée.) *Néoplasme de la vessie et du pénis.*

AUTOPSIE : *Ganglions iliaques lombaires et bronchiques cancéreux.*

C..., 55 ans, fut admis à l'hôpital St-Bartholomé le 19 septembre 1863.

Il n'avait jamais remarqué aucun trouble urinaire jusqu'à environ 8 mois auparavant; à ce moment la miction était devenue fréquente et difficile.

Le pénis était rigide et d'une dureté extrême. Il était plié sur lui-même, la concavité en haut. Les symptômes généraux s'aggravèrent et le malade mourut le 16 octobre après être tombé tout à coup dans le coma, 24 heures avant sa mort.

AUTOPSIE. — Les corps caverneux étaient complètement distendus par l'infiltration d'un dépôt crémeux semi-fluant. Le corps spongieux et le pénis étaient remplis de matière analogue.

L'urèthre, comprimé dans son trajet, était à l'intérieur lisse et normal. Autour du bulbe et de la prostate les tissus étaient envahis par des dépôts de matière cancéreuse.

Un ulcère large, circulaire, à bords déchiquetés, élevés et indurés, occupait le côté droit (partie inférieure) *de la vessie.* Des masses cancéreuses rayonnaient de là en divers sens. L'ulcère mesurait un pouce et demi sur deux et entourait l'embouchure de l'uretère droit.

Autour de la vessie et du rectum était une chaîne de ganglions remplis de matière blanchâtre cancéreuse. Quelques-uns des ganglions lombaires et iliaques étaient aussi infiltrés. Mais le plus grand nombre étaient sains.

Les ganglions bronchiques étaient remplis de matière blanche, molle, cancéreuse.

OBS. **9.** — **Chambard** [2]. (Résumée.) *Cancer de la vessie. Ulcération de la paroi vaginale antérieure.*

AUTOPSIE : *Ganglions iliaques externes et sacrés.*

La nommée L..., âgée de 66 ans, entre à la Salpêtrière, dans le service de M. Moreau de Tours.

---

[1] HOLMES COOTES. *Trans. med. chir.*, 1864, p. 1. (Trad. personnelle.)
[2] CHAMBARD. *Bull. Soc. anat.*, 1876, p. 640.

La miction est souvent douloureuse et difficile ; l'urine contient quelquefois du sang ainsi que les matières fécales qui présentent un aspect dysentérique. La malade se plaint de vives douleurs dans le bas-ventre et la région lombaire. Le toucher rectal et le toucher vaginal permettent de constater que la paroi antérieure du vagin est repoussée par une tumeur volumineuse, dure, bosselée, qui appartient évidemment à la face inférieure de la vessie.

Le diagnostic porté est cancer primitif de la vessie.

5 octobre 1876. La cachexie semble arrivée à sa dernière limite : la diarrhée est continuelle. Le membre inférieur droit est œdématié depuis la racine. L'apparition rapide de cet œdème, localisé au membre inférieur droit, fait penser à la propagation du néoplasme vésical à la cavité pelvienne.

Mort le 10 octobre à 9 heures du matin.

AUTOPSIE. — *Rein droit*. Le rein droit est petit et dense. La forme est conservée, on observe une dilatation considérable de l'uretère, du bassinet et des calices. *Rein gauche :* Volumineux. Le bassinet est notablement dilaté, mais moins relativement, que celui du rein droit; sa surface est injectée.

Tumeur vésicale et pelvienne. — Tous les organes du petit bassin sont enlevés ensemble ; pendant cette opération, on constate dans la partie droite de cette cavité l'existence d'une masse cancéreuse, émanée de la paroi latérale droite de la vessie et fortement adhérente à l'aponévrose pelvienne ; elle comprime la partie inférieure du muscle iliaque et *englobe les vaisseaux iliaques externes, la partie inférieure de l'uretère droit et, en arrière, quelques branches antérieures des paires sacrées.* A gauche, la tumeur est aussi sortie de la vessie et comprend la partie inférieure de l'uretère de ce côté, mais elle s'étend beaucoup moins qu'à droite et respecte les vaisseaux pelviens.

La vessie est épaissie et indurée dans tout son segment inférieur : le rectum est sain, il en est de même de l'utérus et du vagin, sauf une ulcération irrégulière, à bords taillés à pic, et du diamètre d'une pièce de vingt centimes, siégeant sur la paroi du cul-de-sac antérieur. La surface interne du réservoir urinaire présente une masse de végétations en choux-fleurs, occupant sa base, la moitié inférieure de ses faces antérieure, latérales et postérieure.

Malgré leur dilatation, les *uretères* sont perméables au niveau de leur orifice vésical.

Examen microscopique. — Sur les coupes, la région cancéreuse est limitée superficiellement par la muqueuse amincie et villeuse qu'elle ne tarde pas à faire disparaître, profondément par un plan de faisceaux musculaires, et sa circonférence répond à la couche musculeuse qu'elle dissocie et entre les faisceaux de laquelle elle s'infiltre. Le tissu cellulaire qui sépare les faisceaux de fibres lisses présente des fentes lymphatiques remplies de leucocytes et contenant aussi des cellules carcinomateuses.

La tumeur est constituée par des trabécules fibreuses assez épaisses limitant des alvéoles allongés que cloisonnent d'autres trabécules plus fines émanées des premières. Ces alvéoles ainsi formés sont remplis de cellules analogues à celles qu'on obtenait par le raclage de la pièce fraîche.

Ganglions pris dans le voisinage de la vessie. — Ce ganglion, du volume d'un haricot, a conservé sa forme normale ; il est libre dans le tissu cellulaire qui l'entoure, sa consistance est moyenne et il pourrait au premier abord passer pour être entièrement sain.

Sur des coupes perpendiculaires au grand axe, il est formé d'une poche fibreuse cloisonnée par des travées conjonctives limitant un petit nombre d'alvéoles ; indépendamment des masses cellulaires contenues dans les alvéoles, il existe dans les grosses travées fibreuses et dans les couches profondes de la capsule ganglionnaire, de très nombreux nids de cellules pressées les unes contre les autres. Enfin les travées de la capsule contiennent beaucoup de fentes lymphatiques pleines de leucocytes.

Obs. 10. — **Butlin** [1]. (Résumée.) *Cancer de la vessie et cancer du foie.*

AUTOPSIE : *Ganglions abdominaux.*

Tous les tissus de la vessie étaient énormément épaissis, jusqu'à un pouce d'épaisseur. Sa capacité était tellement diminuée qu'elle pouvait à peine contenir une once de liquide. La muqueuse était rugueuse et enflammée. La vessie était très adhérente aux parties voisines par extension de la maladie, et on ne put l'enlever qu'au moyen du bistouri. *La maladie avait secondairement envahi les ganglions abdominaux, le foie, le péritoine et les tissus sous-péritonéaux.*

Obs. 11.— **Ahlfeld** [2]. (Résumée.) *Sarcome de la vessie et de tout le petit bassin*

Ganglions inguinaux. (Constatation clinique.)
AUTOPSIE : *Ganglions dans tout le petit bassin.*

Enfant, 3 ans et demi, tumeurs des parties génitales externes.
Toucher rectal : tumeur de tout le petit bassin.
Ganglions inguinaux fortement tuméfiés.
AUTOPSIE. — Utérus hypertrophié. Vagin dilaté rempli de polypes. Ligaments larges épaissis. Rectum comprimé. Utérus soulevé par la proéminence du vagin. Vessie soulevée également et aggrandie, hypertrophiée ; sur la paroi postérieure, tumeur qui s'avance vers la cavité.
Examen microscopique : Sarcome.
Dans les ganglions lymphatiques on observe aussi la néoformation sarcomateuse.

Obs. 12. — **Sänger** [3]. (Résumée). *Sarcome de la vessie, du vagin, des ligaments larges.*

Ganglions inguinaux. (Constatation clinique.)
AUTOPSIE : *Ganglions pelviens.*

Le 16 avril 1879, une enfant de 3 ans, Hulva D..., fut envoyée avec le diagnostic de polypes du vagin.

[1] BUTLIN. *Trans. path. Soc. of London,* octobre 1877, XXVIII, p. 165. (Trad. personnelle.)
[2] AHLFELD. *Arch. f. Gyn.,* 1880, XVI, p. 185. (Trad. personnelle.)
[3] SANGER. *Arch. f. Gyn.,* 1880, XVI, p. 58. (Trad. personnelle.)

Début de l'affection quatre mois auparavant par des symptômes généraux, pâleur, amaigrissement et des douleurs vives au moment de la miction. En même temps, une tumeur rougeâtre et réductible faisait saillie au dehors du vagin ; hémorrhagies répétées.

A l'entrée à l'hôpital, on constate la présence de tumeurs multiples, poly-peuses, molles, rosées. *A droite, les ganglions inguinaux étaient volumineux et durs.*

Après ablation de quelques-unes de ces tumeurs, le doigt introduit dans le vagin constate que toutes les parois sont prises également.

Le 23 août, examen sous le chloroforme ; on constate que la tumeur s'avance dans le ligament large gauche, que le tissu cellulaire du bassin et la paroi de l'intestin sont envahis.

Le 11 décembre. Mort de cachexie extrême.

AUTOPSIE. — Ascite et péritonite purulente. Noyaux sarcomateux volumineux, largement implantés sur la paroi antérieure du vagin ; polypes sarcomateux sur la paroi vaginale postérieure, les petites lèvres. Noyaux sarcomateux dans les deux ligaments larges dont l'un est perforé dans la cavité péritonéale. Envahis-sement du septum vésico-vaginal, de la muqueuse de la paroi vésicale posté-rieure, de l'urèthre. Énorme dilatation de la vessie et des uretères. Hydro-néphrose. *Envahissement des ganglions lymphatiques du bassin. Compression de la veine crurale gauche par une masse ganglionnaire secondaire.*

Examen histologique. — Sarcome primitif du vagin.

OBS. **13**. — **Féré** [1]. (Résumée.) *Cancer de la vessie, de la prostate, propaga-tion au rectum et aux os du bassin.*

Ganglions inguinaux et iliaques. (Constatation clinique confirmée à l'autopsie.)

Le nommé Pra..., âgé de 57 ans, entre le 15 janvier 1877 dans le service de M. Guyon, à l'hôpital Necker.

A eu autrefois 2 chaudepisses ; jamais d'accidents jusqu'à il y a treize mois. A cette époque, lenteur de la miction, sans fréquence ni douleur. Jamais n'a eu d'hématuries. La soude, depuis 4 mois, a fait rendre quelques graviers. Pas de rétrécissements, ni de calcul vésical. Un peu de pus sur la boule de l'explora-teur. Prostate grosse et bosselée. Vessie dilatée.

18 janvier. Urines troubles, rougeâtres, avec dépôt abondant.

Le 22. *Au pli de l'aine droite, ganglions durs, gros, glissant sous le doigt. Ganglions iliaques pris à droite et à gauche.*

12 février. Les tumeurs ont grossi (prostate, ganglions). Perforation du rectum. Urines passant par l'anus.

Le 15. Le malade est pris d'un ictère intense qui se généralise en 36 heures.

Le 22. Mort.

AUTOPSIE. — Noyaux cancéreux dans le *foie*, peu augmenté de volume

[1] FÉRÉ. *Mémoire sur le cancer de la vessie*, 1881, obs. XX, p. 107.

— *Reins* congestionnés, sans noyaux cancéreux. — *Vessie.* Intacte dans les deux tiers supérieurs, sauf un peu d'inflammation chronique et d'hypertrophie. Destruction complète de la partie prostatique de l'urèthre et de la vessie avec perforation complète du rectum. *Les ganglions inguinaux et iliaques sont indurés et forment une masse bosselée, dure, sans suppuration.* Les branches ascendantes du pubis sont ramollies et friables. Le périoste, épaissi et décollé çà et là est entouré en certains points d'une sanie rougeâtre, épaisse, venant soit du tissu spongieux des os envahis, soit du lieu même des destructions cancéreuses. Le canal, presque rompu dans sa continuité au niveau de sa partie membraneuse, est sain dans le reste de son étendue.

OBS. **14.** — **W. Thomson**[1]. *Cancer de la vessie. Noyau dans la prostate.*
AUTOPSIE : *Ganglions rétropéritonéaux.*

Homme de 41 ans dont les souffrances ont précédé la mort de 4 mois environ.
Le principal symptôme de sa maladie était l'incontinence d'urine, il n'avait jamais eu d'hématurie. L'examen clinique révéla une hypertrophie de la prostate et fit constater une tumeur au niveau de la vessie. On posa le diagnostic de tumeur maligne de cet organe. Le malade mourut 5 à 6 jours après son entrée à l'hôpital.
AUTOPSIE. — La cavité vésicale était presque oblitérée. De la paroi supérieure à droite pendait une masse analogue à une grappe de raisin. Les parois rugueuses mesuraient une épaisseur de 1/2 pouce à 2 pouces, elles étaient constituées en grande partie par la muqueuse. Une masse carcinomateuse existait dans la prostate et *les ganglions rétropéritonéaux étaient également carcinomateux.*

OBS. **15.** — **Marchand** [2]. (Résumée.) *Épidermisation totale de la vessie et des voies urinaires.*
AUTOPSIE : *Ganglions au hile du rein.*

Peter K..., entre pour la première fois à l'âge de 7 ans à la clinique chirurgicale de Marbourg, avec le diagnostic de cystite, peut-être tuberculeuse, en 1881. Il y séjourne une seconde fois, de 1882 à 1884 avec une fistule périnéale et vésico-rectale. En 1886, il entre une troisième fois, toujours pour cystite douloureuse.
En 1887, il succombe à des symptômes de cachexie urinaire et d'urémie (14 ans).
AUTOPSIE. — La fistule périnéale qui rejoint l'orifice anal et l'élargit, a ses bords radiés et épidermisés. *A la face inférieure du diaphragme existe un nodule néoplasique, hémisphérique, gros comme la moitié d'une noix, blanc, jaunâtre, lisse,*

[1] W. THOMSON. *British med. Journ.*, 12 mars 1881, I, p. 392, et *Dublin Journ. of med. sc.*, juillet 1881, LXXII, p. 263. (Trad. personnelle.)
[2] MARCHAND, in POSSNER. *Virchow's Arch.*, 1889, III, p. 391. In LIEBENOW, *Th. Marburg*, 1881, trad. N. HALLÉ. *Ann. gén.-urin.*, 1896, p. 488.

d'un aspect feuilleté spécial à la coupe, recouvert d'une mince enveloppe conjonctive.

Les reins sont volumineux, le gauche a 9 centimètres, le droit 11 centimètres de long, leur capsule est épaisse et adipeuse surtout à droite ; *au hile, ganglions tuméfiés, blancs à la coupe.*

La *vessie* est extraordinairement petite, du volume d'une noix environ ; ses parois sont épaisses. L'*urèthre*, rétréci en avant de sa portion postérieure dilatée, a son calibre normal dans sa partie antérieure ; sa muqueuse est épaisse et recouverte d'une couche épidermique lisse. De même, la face interne de la vessie a un aspect tout à fait cutanisé, sauf au niveau du trigone, où existe une petite ulcération. Les embouchures des *uretères* sont dilatées. Péri-urétérite notable fibro-adipeuse avec épaississement des parois ; la face interne de l'uretère est recouverte d'une couche épidermique épaisse interrompue par des stries de [muqueuse brun-rouge. L'épidermisation s'étend à la face interne du *bassinet et des calices* dilatés en cavernes par ulcération progressive des pyramides. Bassinet et calices sont remplis par un calcul blanc jaunâtre, ramifié en branche de corail. A droite, l'uretère est moins dilaté, mais aussi épaissi. L'épidermisation n'est pas aussi complète. La couche épidermique s'arrête à quelques centimètres au-dessous du bassinet. Dilatation des calices, moins prononcée que du côté gauche.

Le diagnostic nécroscopique est le suivant : Pyélonéphrite ulcéreuse calculeuse. Fistule uréthrale ancienne par taille périnéale. Épidermisation étendue à toute la muqueuse des voies urinaires. Cholestéatome à la face inférieure du diaphragme. Tuberculose limitée des deux sommets pulmonaires.

Examen histologique. — *Vessie.* — Hypertrophie considérable de la couche musculaire ; couche sous-muqueuse avec des îlots adipeux ; muqueuse épaissie, infiltrée de noyaux conjonctifs et de cellules rondes. L'épithélium est complètement épidermisé ; il est constitué par une couche profonde de cellules cylindriques en palissade, à noyaux très colorés ; par une couche moyenne de cellules polyédriques à noyaux nucléolés, avec des filaments d'union, étagées sur 6 à 8 rangs ; au-dessus viennent 2 à 3 rangées de cellules aplaties, fusiformes, très colorées avec des grains d'éléidine ; enfin une couche cornée feuilletée en voie de desquamation.

La tumeur du diaphragme a la structure d'un vrai cholestéatome épidermoïde, et ne se distingue des vraies tumeurs épithéliales malignes que par son exacte limitation.

Les lésions des *reins* sont de néphrite scléreuse simple, sans tuberculose. [1]

ОBS. **16.** — **Chiari** [1]. (Résumée.) *Tumeurs infiltrées de la vessie.*

AUTOPSIE : *Ganglions à l'extrémité inférieure de l'uretère gauche.*

Garçon de 5 ans, dont je fis l'autopsie le 2 octobre. Déjà à l'ouverture du bas-ventre on fut frappé par l'énorme dimension de la *vessie* qui était aussi grande

[1] CHIARI. *Prag. med. Woch.*, 1886, n° 50. (Trad. personnelle.)

què la tête d'un nouveau-né. Avéc cela elle apparaissait épaisse dè parois, par le fait que la musculeuse était notablement hypertrophiée.

La *vessie* elle-même était occupée dans son tiers inférieur par un néoplasme qui infiltrait la paroi d'un côté d'une [manière diffuse, tandis qu'il. formait aussi deux tumeurs, l'une grosse comme un œuf de poule, qui était fixée dans la moitié droite du trigone et faisait saillié dans la cavité vésicale ; l'autre grosse comme un œuf d'oie, qui était située sur l'espace postérieur du fond de la vessie un peu plus à droite, et paraissait avoir comprimé le rectum. L'infiltration néoplasique se trouvait par [sa masse principale dans la sous-muqueuse, s'étendait en haut jusqu'à un travers de doigt au-dessus des ouvertures des uretères, où elle cessait par un bord circulaire assez net, et s'étendait par en bas encore un peu dans l'urèthre. De cette couche, la masse fongueuse s'étendait en lanières étroites dans la musculaire et infiltrait par ci par là la muqueuse en y formant de petites saillies grosses comme un petit pois. En général cependant la muqueuse étendue sur l'infiltration était libre de masse fongueuse, assez vascularisée et œdémateuse.

Des deux tumeurs non pédiculées, celle qui faisait saillie dans la cavité vésicale était lobulée, déchiquetée en beaucoup d'endroits ; l'autre, qui s'avançait dans la paroi postérieure de la vessie, était grossièrement bosselée, mais lisse et non ulcérée. Les deux tumeurs étaient évidemment en continuité par ce fait que la paroi vésicale située entre les deux avait disparu complètement dans la masse fongueuse.

Le néoplasme de la vessie infiltrait aussi la prostate, et les vésicules séminales, spécialement la droite qui avait complètement disparu dans la tumeur.

En fait de métastase, je ne trouvais que celle d'un *ganglion lymphatique située à la terminaison inférieure de l'uretère gauche gros comme une noisette, et complètement infiltré par le néoplasme.*

Examen histologique. — Sur des préparations dissociées fraîches se montrèrent partout les mêmes éléments constituants de la masse fongueuse, c'est-à-dire d'assez grandes cellules fusiformes avec des noyaux ovalaires. Fréquemment ces cellules étaient en dégénérescence graisseuse.

La [prostate et les vésicules séminales n'étaient apparemment attaquées par la masse fongueuse que du dehors et par contiguïté. Ceci se montra surtout dans la prostate.

Dans le ganglion lymphatique situé le long de l'uretère gauche, qui avait déjà montré macroscopiquement une infiltration néoplasique, on ne trouva au microscope presque plus de tissu lymphatique, mais seulement le tissu fusiforme de la tumeur.

Obs. 17. — Zausch [1]. (Résumée.)

Homme : 69 ans. La paroi postérieure de la *vessie a l'aspect de petits nodules nettement carcinomateux ; de même la prostate* d'où la carcinose vésicale semble être partie.

[1] ZAUSCH. Th. Munich, 1887, p. 18 (trad. personnelle).

Métastases dans les *ganglions lymphatiques rétro-péritonéaux*.

Rectum intact. Hydronéphrose double, plus développée à gauche. Kyste sanguin en arrière du rein gauche.

OBS. **18.** — **Zausch**[1]. (Résumée.)

Homme de 72 ans.

Carcinome de la prostate, envahissement de la vessie fortement épaissie et des ganglions lymphatiques rétropéritonéaux.

Noyaux cancéreux métastatiques dans le rein gauche. Ectasie marquée de l'uretère droit.

OBS. **19.** — **Zausch**[2].

Femme, 56 ans.

Cancer de l'utérus, de la vessie et du rectum. Noyaux cancéreux secondaires dans le foie et les poumons.

Infiltration cancéreuse des ganglions bronchiques mésentériques et rétropéritonéaux.

Cœur graisseux, dégénérescence graisseuse des organes.

OBS. **20.** — **Zausch**[3]. (Résumée.)

Femme, 55 ans.

Fongus médullaire de la vessie et des ganglions rétropéritonéaux. Membranes diphtéroïdes sur les lèvres et l'entrée du vagin.

OBS. **21.** — **Zausch**[4]. (Résumée.) *Cancer de la vessie ; noyaux dans l'intestin supérieur, les reins la prostate.*

AUTOPSIE : *Ganglions iliaques.*

Homme, 32 ans.

Dans la région iléo-cæcale, à 4 centim. de la ligne tranversale passant par l'ombilic, existe une tumeur s'étendant au delà de la ligne blanche, longue de 21 centim., large de 10 centim. ; sa surface est bombée ; son tissu est très dense, coloré par places en jaune par des bandes de tissu ramolli par une dégénérescence graisseuse. Au pourtour de la tumeur, se trouvent quelques rares nodules

---

[1] ZAUSCH. *Ibid.*, p. 14 (trad. personnelle).
[2] ZAUSCH. *Ibid.*, p. 9 (trad. personnelle).
[3] ZAUSCH. *Ibid.*, p. 10 (trad. personnelle).
[4] ZAUSCH. *Ibid.*, p. 10 (trad. personnelle).

cancéreux de la grosseur d'un noyau de cerise à celle d'une lentille, s'étendant en haut jusqu'à l'ombilic et en bas jusque sur la grande lèvre droite œdématiée.

La rate est doublée de volume, lobulée, atteinte par le cancer.

Les ganglions rétropéritonéaux sont intacts.

Dans l'*estomac*, surtout dans la région pylorique, ulcérations cancéreuses multiples.

Le *foie* présente aussi bien dans la zone sous-séreuse qu'à l'intérieur du parenchyme des noyaux cancéreux.

Dans les deux *capsules surrénales* quelque peu hypertrophiées, nombreux nodules cancéreux gros comme des pois. La surface des *reins* présente de nombreux noyaux blancs, fermes, gros comme des lentilles; il en existe un aussi dans le parenchyme du rein droit. Le tissu rénal est pâle, anémié.

La muqueuse de la vessie aussi bien que la prostate, montre quelques nodules cancéreux de la grosseur d'une tête d'épingle.

Obs. **22**. — Zausch [1].

Femme, 44 ans.

Cancer du col utérin et de la voûte vaginale.; destruction des parties atteintes ; cancer secondaire de la vessie, des ovaires, des deux reins, du foie, du diaphragme, des ganglions mésentériques, rétropéritonéaux, inguinaux et des ganglions du bassin.

Obs. **23**. — Zausch [2].

Femme, 34 ans.

Cancer du vagin et de la vessie ; destruction totale de la paroi vaginale antérieure, de l'urèthre et de la moitié inférieure de la vessie.

Ganglions du bassin augmentés de volume, infiltrés de cancer, comprimant l'uretère droit, d'où hydronéphrose du côté droit ; forte dilatation du bassinet et des uretères; atrophie et dégénérescence graisseuse du parenchyme rénal. Utérus intact.

Obs. **24**. — Zausch [3].

Femme, 49 ans.

Cancer de la paroi vaginale antérieure, de l'urèthre et de la vessie, avec destruction presque complète des parties atteintes. Utérus intact.

Infiltration cancéreuse des ganglions du bassin.

[1] Zausch. *Ibid.*, p. 10 (trad. personnelle).
[2] Zausch. *Ibid.*, p. 10 (trad. personnelle).
[3] Zausch. *Ibid.*, p. 11 (trad. personnelle).

Infiltration d'urine et ulcération sanieuse des parties molles. Carie et nécrose du pubis droit et de la symphyse. Thrombose de la veine iliaque droite. Hydro-néphrose. Œdème du membre inférieur droit.

OBS. **25**. — **Zausch** [1].

Femme, 49 ans.

Cancer du col utérin en grande partie détruit. Infiltration de la muqueuse uté-rine.

Prolifération de forme papillomateuse dans la vessie au niveau du trigone. Extension du côté du *rectum* qui est épaissi et dont le calibre est rétréci.

Noyaux cancéreux en grand nombre dans *le grand et le petit épiploon,* le *péritoine.* Noyaux cancéreux dans la plèvre costale, la muqueuse de l'estomac et de l'iléon. *Cancer des ovaires et des ganglions lymphatiques.*

OBS. **26**. — **Zausch** [2].

Femme, 52 ans.

Les ovaires et les ligaments de l'utérus forment une grosse tumeur bosselée, autour de laquelle se trouvent des tumeurs plus petites de nature cancéreuse ; *les noyaux cancéreux secondaires remontent le long de la colonne vertébrale jus-qu'au diaphragme.*

Pénétration de la masse cancéreuse dans la paroi postérieure de la vessie et petites proliférations cancéreuses dans la muqueuse de cette paroi. Utérus forte-ment agrandi; destruction néoplasique au niveau du col et du corps. La paroi utérine très épaissie contient de petits noyaux de cancer. Ulcère du cardia.

Infiltration cancéreuse des ganglions lymphatiques mésentériques et rétropéri-tonéaux.

OBS. **27**. — **Zausch** [3].

Femme, 54 ans.

Le col de l'utérus est en grande partie détruit par le cancer; l'ulcération can-céreuse se poursuit dans la muqueuse du vagin. A l'union des parois vaginale et vésicale, tumeur cancéreuse épaisse. *L'utérus, la vessie et le rectum égale-ment carcinomateux* ne forment qu'une masse.

Nodules cancéreux secondaires dans le foie, les ganglions lymphatiques de l'aine et du bassin.

<hr>

[1] ZAUSCH. *Ibid.*, p. 11 (trad. personnelle).
[2] ZAUSCH. *Ibid.*, p. 12 (trad. personnelle).
[3] ZAUSCH. *Ibid.*, p. 13 (trad. personnelle).

OBS. **28.** — **Zausch** [1]. (Résumée.) *Cancer de la vessie et de l'utérus.*

AUTOPSIE : *Ganglions rétropéritonéaux et ganglions du petit bassin.*

Femme, 42 ans.

L'utérus s'élève au-dessus du petit bassin et présente une tumeur assez volumineuse. La paroi utérine est fortement épaissie, l'orifice externe du col et toute la voûte vaginale sont détruits par une ulcération cancéreuse de la largeur d'un thaler environ.

La vessie fait corps avec la paroi antérieure de l'utérus ; elle-même a des parois fermes et pigmentées de noir et montre en regard de la tumeur une *surface cancéreuse assez grande, ulcérée.* Un peu au-dessous de l'abouchement de l'uretère gauche existe une plaque de consistance ferme, jaunâtre, qui ne peut s'enlever qu'avec la muqueuse.

Noyaux cancéreux dans le rein gauche et les poumons. Ovaires des deux côtés presque complètement détruits.

Dans le petit bassin, ganglions lymphatiques ramollis et augmentés de volume ; les ganglions rétropéritonéaux présentent le même aspect.

OBS. **29.** — **Zausch**[2].

Femme, 40 ans.

L'*utérus, la vessie et le rectum* sont presque confondus et forment ensemble une tumeur grosse comme une tête d'enfant. Col épaissi et de consistance assez ferme.

La *paroi vésicale* fortement unie à la paroi antérieure du vagin et de l'utérus montre sur sa *face interne de nombreux petits noyaux blanchâtres.*

Le rectum en dehors de la tumeur précédente ne présente pas d'autre altération.

Métastase dans les ganglions lymphatiques du bassin, les ganglions rétropéritonéaux et le foie.

OBS. **30.** — **Zausch** [3]. *Néoplasme de la vessie. Ulcérations rectales.*

AUTOPSIE : *Ganglions entre la vessie et le rectum.*

A 5 centim. environ au-dessus de l'orifice anal se trouve sur la paroi antérieure du rectum une surface ulcérée longue de 10 centim. et large de 6 dont les bords fortement épaissis, sont épais de un centim. et demi à 2 centim. Au milieu de la surface ulcérée, la paroi rectale est complètement détruite. Il existe encore de petites ulcérations, avec des bords peu élevés.

[1] ZAUSCH. *Ibid.*, p. 14 (trad. personnelle).
[2] ZAUSCH. *Ibid.*, p. 15 (trad. personnelle).
[3] ZAUSCH. *Ibid.*, p. 17 (trad. personnelle).

L'urèthre a une muqueuse assez normale.

La paroi vésicale est fortement épaissie. Au-dessus de l'orifice des uretères existe une prolifération papillaire de la grosseur d'une noix dont la surface est ulcérée.

Le tissu cellulaire situé entre la vessie et le rectum forme un noyau induré, plus gros qu'un poing d'adulte qui est en grande partie gangrené.

Entre la vessie et le rectum se trouvent de nombreux ganglions lymphatiques fortement augmentés de volume et ramollis, dont l'un est situé juste au niveau de l'ulcération cancéreuse du fond de la vessie.

OBS. **31**. — **Küster**[1]. (Résumée.) *Tumeur papillomateuse de la vessie. Cancer de la prostate.*

AUTOPSIE : *Ganglions rétropéritonéaux.*

Homme, 53 ans, chez qui la palpation, l'examen cystoscopique et microscopique avaient révélé la présence d'un *carcinome de la prostate* et de *tumeurs papillomateuses de la vessie.*

Extirpation totale de la prostate et de la vessie : position de Trendelenburg; la vessie est mise à jour par une incision sus-symphysienne; procédé d'Helferich. Ouverture de la vessie pour préciser le diagnostic, puis suture de la paroi vésicale.

La vessie est détachée avec un instrument mousse; une déchirure du péritoine est suturée. Incision sur la ligne médiane du périnée; section transversale de l'urèthre; ablation de la prostate par décortication. Les uretères mis à jour par la voie sus-pubienne, dans la vessie, sont pris dans un fil de soie et coupés, puis la vessie est enlevée en totalité. Les uretères sont ensuite abouchés dans la paroi rectale antérieure par des points de suture au catgut. Tamponnement à la gaze stérilisée.

Le malade meurt d'une pneumonie lobulaire ; à l'AUTOPSIE, on constate que les sutures au catgut ont cédé trop tôt de sorte que l'urine s'écoulait dans la plaie opératoire.

Quelques ganglions rétropéritonéaux avaient subi la dégénérescence carcinomateuse.

Autres organes normaux.

OBS. **32**. — **Marmasse** [2]. (Résumée.) *Épithélioma vésical et utérin.*

AUTOPSIE : *Ganglions dans le petit bassin et le long de l'uretère gauche.*

Mme Estelle M..., âgée de 29 ans, entra à l'hôpital Lariboisière le 3 décembre, dans le service de M. le Dr Troisier.

---

[1] KUSTER. *Centralbl. f. Chir.*, 1891, n° 26, p. 133 (trad. personnelle).
[2] MARMASSE. *Bull. Soc. anat.*, janv. 1894, p. 45.

Depuis deux ans environ, cette malade se plaignait de douleurs abdominales. Au mois de mai 1893, les douleurs, qui avaient subi, depuis quelque temps, une sorte d'arrêt, apparurent de nouveau et s'étendirent alors de la région hypogastrique leur siège primitif, aux flancs des deux côtés et aux lombes.

En juillet, M. Richelot fit une hystérectomie vaginale partielle pour épithélioma du col, et vers le 20 octobre crise douloureuse qui laissa après elle de l'ascite.

La malade se présente à l'hôpital de Lariboisière le 2 décembre avec des phénomènes d'asystolie, dyspnée, cyanose, œdème, ascite, cœur en arythmie; elle meurt le 3 janvier.

AUTOPSIE. — Sur le côté gauche de l'abdomen, l'intestin est repoussé en avant, le côlon descendant recouvre une masse blanchâtre, fluctuante, formée par le rein gauche hydronéphrosé et contenant 400 gr. de liquide clair. L'uretère fait un coude au niveau de l'extrémité inférieure du rein à laquelle il est fixé par une petite adhérence, mais sa dilatation se prolonge plus loin.

Le rein droit présente aussi une hydronéphrose se prolongeant dans l'uretère jusqu'au petit bassin.

Les *uretères*, en arrivant dans le petit bassin, disparaissent dans une masse dure, rugueuse, fusionnée avec le rectum et la paroi postérieure de la vessie : c'est l'utérus atteint d'épithélioma. La *vessie* présente une bande bourgeonnante sur la ligne inter-uretérine.

Ganglions du petit bassin pris et aussi quelques ganglions autour de l'uretère gauche dans la gangue qui l'enveloppe.

Examen histologique. — La tumeur pelvienne est un épithélioma cylindrique formant tantôt des tubes pleins ramifiés remplis de cellules polymorphes, tantôt des canaux vides tapissés de cellules cylindriques; c'est cette dernière structure qu'on retrouve surtout dans la vessie sur la bande inter-utérine.

OBS. **33.** — **Weir**[1]. (Résumée.) *Tumeur vésicale récidivée sur place et dans la paroi abdominale.*

Ganglions inguinaux. (Constatation clinique.)

Homme de 55 ans ; opération en 1893. Première hématurie il y a environ 2 ans. En 1892, ablation de 2 tumeurs de la vessie ; donc celle-ci est une récidive. Tumeur sur la cicatrice abdominale.

A l'examen cystoscopique, tumeur (épithélioma) occupant la partie supérieure de la paroi postérieure de la vessie.

Tumeur circonscrite par deux incisions verticales. Résection du sommet de la vessie et suture de la vessie à part une fente étroite qu'on laisse pour le drainage. Plaie de la paroi abdominale également diminuée. *Deux semaines après l'opération ablation des ganglions inguinaux.*

[1] WEIR. *Med. Record.*, 1894 (trad. personnelle).

Huit semaines plus tard le malade sort guéri. Il peut retenir ses urines pendant 4 à 5 heures.

OBS. **34**. — **Dünn** [1]. (Résumée.) *Cancer de la vessie et de l'urèthre.*

Ganglions inguinaux. (Constatation clinique.)

Opération en 1893. Femme, 50 ans. Récidive d'un carcinome de l'urèthre avec propagation de la vessie. *D'abord ablation des ganglions inguinaux* et incision médiane jusqu'à la vessie. Cinq jours plus tard incision de la vessie et ablation de la tumeur. Suture de la paroi vésicale antérieure à la postérieure. Les sutures de la vessie tiennent bien. On a besoin de sonder la malade cinq fois en 24 heures. Cinq mois après l'opération la malade se portait encore bien.

OBS. **35**. — **Adenot** [2]. (Résumée.) *Tumeur de la vessie. Propagation à l'urèthre et aux corps caverneux.*

Ganglions inguinaux et iliaques. (Constatation clinique.)

Aristide T..., âgé de 66 ans, entre le 25 décembre 1894 à l'Hôtel-Dieu, salle Saint-Joseph, n° 18. Depuis trois ou quatre mois surtout, il éprouve des difficultés pour uriner. Pas d'hématuries.

Depuis quelque temps les urines sont purulentes. Il y a huit jours rétention complète ; le cathétérisme est très difficile. État général mauvais ; langue sèche, rôtie.

En sondant le malade on trouve, dans la région membraneuse, un rétrécissement qui paraît très serré ; la surdistension de la vessie, l'état des urines, révélé par les quelques gouttes obtenues par le cathétérisme, les phénomènes d'infection grave que présentait ce malade, déterminent à pratiquer une ponction hypogastrique. Les urines retenues sont très troubles.

Le lendemain, cystostomie sus-pubienne. L'exploration digitale du fond de la vessie n'attire l'attention sur aucune particularité.

8 janvier 1895. Uréthrotomie interne à la suite de laquelle le malade semble se rétablir.

20 mars. Douleurs vives dans la région urèthrale profonde ; demi-érection permanente qui s'accentue de jour en jour. On sent à la base de la verge et le long du canal comme une sorte de noyau allongé le long de l'urèthre, dans la partie la plus reculée et sur lequel le canal paraît moulé. Il existe aussi sur le gland un noyau violacé du volume d'un pois et de consistance assez ferme.

2 avril. *Il existe de petits ganglions inguinaux des deux côtés et il est même facile d'en sentir quelques autres dans la partie inférieure de la fosse iliaque*

---

[1] DUNN. *Ann. of surg.*, 1894 (trad. personnelle).
[2] ADENOT. *Ann. gén.-urin.*, juillet 1895, p. 621 et *Lyon méd.*, 3 novembre 1895, p. 310.

au-dessus de l'arcade de Fallope. Mais ces ganglions petits sont difficiles à expliquer par la tumeur du canal.

16 avril. Mort.

AUTOPSIE. — Tumeur maligne développée dans tout le bas fond de la vessie avec un prolongement dans le canal de l'urèthre jusqu'au gland. *Propagation aux corps caverneux.*

Prostate saine.

Généralisation de la tumeur au *foie*, au *péritoine* et au *poumon.*

OBS. 36. — **N. Hallé** [1]. (Résumée.) *Leucoplasie totale de la muqueuse urinaire.*

AUTOPSIE [2] : *Ganglions au hile du rein.*

San..., 39 ans, coiffeur, entre le 3 janvier 1894, à la salle Velpeau, lit n° 14.

A 22 ans, début sans cause précise, cystite bien caractérisée. Depuis lors, le malade a toujours souffert de la vessie, plus ou moins.

Depuis un an, les symptômes de cystite se sont fort accentués; les souffrances sont devenues très vives; elles sont excessives depuis un mois.

A l'entrée, le malade présente tout le tableau clinique d'une cystite douloureuse intense. La vessie, très douloureuse au palper abdominal, ne peut recevoir que 50 grammes de liquide. L'urèthre est libre, et malgré un spasme marqué de la région membraneuse, admet l'olive n° 19. Le lobe gauche de la prostate est un peu gros et bosselé. Les deux vésicules sont un peu augmentées de volume; les épididymes sont sains. Les reins sont le siège de douleurs spontanées sourdes, tantôt à droite, tantôt à gauche. Cette douleur s'exaspère parfois en véritables crises aiguës du côté gauche.

Diagnostic : Cystite et urétéro-pyélite chronique. Le malade est d'abord traité par des instillations de nitrate d'argent, pendant deux mois. L'état vésical s'améliore un peu et, en avril, il quitte le service pour aller séjourner à la campagne.

Il rentre en juillet, aussi gravement atteint. Mictions toutes les dix minutes, très douloureuses. Les urines, très purulentes, sont presque toujours teintées de sang. Douleurs rénales presque continues avec fréquentes crises à caractère néphrétique.

Le 5 décembre, curettage de la vessie, par une boutonnière périnéale, avec dilatation de l'urèthre postérieur.

L'opération a fait cesser complètement les douleurs, et les urines sont moins sales les jours suivants. Pas de réaction frébrile jusqu'au 11 décembre, jour où la température monte à 39°, avec une crise de douleur rénale. Le malade s'affaiblit graduellement et meurt le 19 décembre.

[1] HALLÉ. Leucoplasie et cancroïdes dans l'appareil urinaire. *Ann. gén.-urin.*, 1896, p. 14.

[2] Musée de Necker, pièce n° 425.

AUTOPSIE. — L'*urèthre* antérieur est sain. Dans l'urèthre postérieur, à la paroi inférieure, se voit l'orifice large, longitudinal, de la fistule périnéale récente : le trajet est bourgeonnant, sans revêtement épithélïal.

La *prostate* est très petite, d'aspect normal, sans lésions tuberculeuses ; ainsi que les vésicules, qui sont saines.

La *vessie* est très petite, de capacité très réduite. Les parois sont assez notablement épaissies, de 7 à 10 millimètres d'épaisseur sur une coupe fraîche. La face interne est d'une coloration générale, noirâtre. Sur ce fond se détachent nettement des plaques multiples de 1 à 2 centimètres d'étendue, disséminées sur les parois antérieure et latérale ; d'aspect membraneux, légèrement saillantes et surélevées, elles sont d'un blanc gris verdâtre, à bords nets, légèrement soulevés ; assez adhérentes à la paroi vésicale. Leur surface libre est légèrement granuleuse, finement plissée, dure au toucher : leur épaisseur varie de un demi à un millimètre. Sur la pièce fixée dans l'alcool, elles s'indurent, et prennent un aspect vraiment épidermique. Le reste de la muqueuse, souple, sans ulcération manifeste, présente un aspect légèrement chagriné.

L'uretère droit se présente comme un cordon rectiligne du volume du petit doigt, légèrement adhérent au tissu cellulaire périphérique.

A la coupe, épaississement fibreux très considérable des parois : La face interne présente dans toute son étendue l'aspect typique de la leucoplasie.

Le bassinet droit et ses calices sont moyennement dilatés : leur muqueuse présente sur un fond rouge sombre, des plaques leucoplasiques assez étendues, le rein lui-même est très diminué de volume, atrophié, dur et bosselé à sa surface externe.

L'uretère gauche est très volumineux et présente des lésions semblables à celles de l'uretère droit. Le bassinet et les calices très dilatés sont revêtus sur presque toute leur surface d'une membrane leucoplasique continue.

Le *rein* est un peu plus volumineux que celui du côté opposé, bosselé à sa surface ; la substance rénale très réduite, dure et fibreuse.

Au hile du rein, à droite comme à gauche, on trouve des ganglions lymphatiques hypertrophiés, arrondis, durs, un peu adhérents au tissu cellulaire voisin, blancs, lisses à la coupe.

Examen histologique. — Les lésions de la muqueuse sont identiques dans tous les segments de l'appareil urinaire, aussi nettes dans la vessie que dans les voies supérieures. Le derme de la muqueuse et la couche sous-muqueuse sont le siège de lésions inflammatoires anciennes, scléreuses, très prononcées. A sa surface, ce derme enflammé et vascularisé bourgeonne en papilles de tissu embryonnaire, avec des anses capillaires dilatées, gorgées de sang et renflées à leur extrémité ; papilles saillantes, presque régulières par places, et pénétrant la face profonde du revêtement épithélial. Celui-ci, fort épais, présente tous les caractères d'un revêtement épidermique.

Les ganglions du hile rénal présentent à l'examen histologique des lésions importantes ; ce sont surtout des lésions inflammatoires simples, hypertrophiques ; en certains points cependant, au milieu des cellules rondes lymphatiques, existent des ilots de cellules plus grandes, polymorphes, nucléées, chargées de granulations brillantes et pigmentaires, qui témoignent d'un *envahissement néoplasique épithélial à son début*.

OBS. **37**. — **Duplant** [1]. (Résumée.) *Cancer de la vessie, de la prostate et des corps caverneux.*

Ganglions inguinaux. (Constatation clinique.)

G. C..., âgé de 64 ans, jardinier, avait eu depuis 20 ans des difficultés dans la miction, sans aggravation, ni accidents notables. A la fin d'août 1896, il eut d'abondantes hématuries et il entre à l'hôpital en décembre.

Une tumeur diffuse perçue au niveau de la région hépatique, les hématuries antérieures, la présence d'un noyau volumineux dur à la racine des corps caverneux, noyau en forme de fer à cheval, imposaient le diagnostic de cancer de la vessie propagé aux corps caverneux. La prostate était grosse surtout pour son lobe gauche ; on n'y sentait pas de noyaux anormaux.

On rencontre deux ou trois ganglions volumineux au pli de l'aine.

Le 18 janvier, le malade meurt.

AUTOPSIE. — On rencontre un *néoplasme infiltré* sur toute la *vessie*, sauf au niveau du bas-fond. Il offre dans la cavité des masses végétantes assez volumineuses sans un grand nombre de productions polypeuses. Quelques noyaux durs nettement insolés et circonscrits existent dans leurs parois. Des noyaux analogues infiltrent les *corps caverneux* formant une grosse masse à leur extrémité postérieure ; deux ou trois petits noyaux existent en avant de leur masse principale. Le canal de *l'urèthre* possède sur la muqueuse, en trois points, une infiltration néoplasique. La *prostate* semble également atteinte.

OBS. **38** [2]. (**Inédite.**) — *Tumeur infiltrée de la vessie. Prostate et pubis envahis.*

AUTOPSIE : *Ganglions hypogastriques et iliaques.*

Le nommé Der..., âgé de 62 ans, entre le 31 janvier 1888, salle Civiale, lit n° 26.

Soigné il y a sept ans à Lariboisière pour des troubles vésicaux et des accidents de prostatisme, il sortit guéri de l'hôpital. Depuis deux ans, le malade présentait des phénomènes de cystite quand il est entré à Necker.

A l'examen, on constate que les urines très fétides en quantité normale, sont chargées de pus glaireux et contiennent une petite quantité de sang. L'urèthre est libre, la vessie, très douloureuse au contact et à la distension, se vide mal,

---

[1] DUPLANT. *Lyon méd.*, 28 février 1897, p. 308.

[2] Cette observation a été publiée en partie in ALBARRAN. Th. Paris, 1889, obs. II, p. 115.

elle reste grosse après les mictions qui sont fréquentes et douloureuses. La prostate est grosse, bosselée. Les reins, douloureux à la pression, ne sont pas sentis au palper. Le malade accuse parfois des douleurs lombaires spontanées peu intenses.Pas de fièvre mais mauvais état général ; le malade est maigre, abattu.

Peu à peu le malade s'est affaibli en présentant un aspect cachectique. Les urines étaient troubles avec un énorme dépôt, alcalines à l'émission, d'odeur infecte et charriaient parfois des fragments de néoplasme. Examinées à plusieurs reprises au point de vue de l'urée et de l'albumine, elles se sont toujours montrées pauvres en urée et assez albumineuses, en dehors de la pyine.

Le 29 mars, le malade est mort cachectique.

AUTOPSIE. — *Rein gauche :* poids 185 gr. La capsule très épaisse se détache avec difficulté, surtout près du hile. Sous la capsule, entre elle et le rein, on voit un grand nombre de petits abcès dont les plus grands atteignent la grosseur d'une lentille. L'uretère est atteint d'urétérite sans dilatation.

Le *rein droit* très petit ne pèse que 40 gr. La capsule très mince se détache bien. La surface du rein est rouge, elle présente quelques étoiles et est légèrement bosselée ; on y voit un petit kyste transparent. Bassinet très dilaté, coiffé par le rein ; les parois sont minces ; il contient un liquide clair. *Uretère* très dilaté, à parois minces, translucides en bas ; il traverse un prolongement de la tumeur vésicale et se trouve oblitéré à ce niveau.

Vessie. — Énorme tumeur remplissant presque la vessie qui est très grande et mesure 30 centimètres de large. La tumeur envahit toute la vessie sauf la portion gauche du trigone et une partie de la paroi latérale gauche de l'organe ; partout où la tumeur ne s'implante pas, la tumeur est verruqueuse.

La tumeur est implantée par de larges bases d'où poussent de grosses tumeurs recouvertes elles-mêmes de villosités flottantes : tout est ulcéré, déchiqueté, sanieux, friable.

Péritoine très adhérent, présentant de petits nodules cancéreux.

Les ganglions hypogastriques et iliaques droits sont pris.

La prostate est envahie par la tumeur. Le corps du pubis est envahi.

Examen histologique. — Épithélioma encéphaloïde réticulé ; le réticulum très fin contient des vaisseaux à parois minces, par place on trouve des vaisseaux plus volumineux entourés de tissu conjonctif dense. Les verrues de la muqueuse sont des papillomes simples ou ramifiés.

OBS. **39.** (**Inédite.**) — *Épithélioma de la vessie et de la prostate.*

AUTOPSIE [1] : *Ganglions hypogastriques jusqu'à la bifurcation de l'iliaque primitive.*

Le nommé Eugène R..., âgé de 66 ans, entré le 5 juillet 1890 à l'hôpital Necker, salle Velpeau, n° 19, service de M. le professeur Guyon.

Il y a sept mois, le malade a eu une hématurie brusque, subite, abondante, c'était du sang pur avec des caillots. Pendant un mois l'hématurie est restée

---

[1] Musée de Necker, pièce n° 61.

continuelle, persistant à toutes les mictions, sans que le malade puisse dire si elle était plutôt initiale ou terminale. Au bout d'un mois, les mictions claires arrivent de temps en temps.

Depuis deux mois, la miction ne peut se faire spontanément. Le malade est obligé de se sonder.

A son entrée il présente une hématurie continuelle, on doit le sonder plusieurs fois par jour, car il ne peut uriner sans sonde. La vessie est sensible ; après évacuation on la sent un peu épaissie du côté gauche surtout. Amaigrissement considérable.

Mort le 17 juillet.

AUTOPSIE. — La *vessie* est envahie par un énorme néoplasme qui prend toute la paroi postérieure à partir de l'embouchure de l'uretère droit, le trigone et une grande partie de la paroi latérale gauche et antérieure. La tumeur est saillante, en champignon, mamelonnée, non villeuse, elle a envahi toute l'épaisseur de la paroi sans en dépasser toutefois les limites, limitée qu'elle est par le tissu cellulaire quelque peu graisseux ou par le péritoine. Dans la paroi opposée au siège de la tumeur, on voit quelques petites verrues qui paraissent dues à l'inoculation.

L'uretère gauche est englobé, oblitération aseptique de ce rein.

Au niveau du trigone la tumeur envahit toute la paroi vésicale, jusques et y compris la prostate, peu pourtant.

On trouve plusieurs ganglions hypogastriques et jusqu'à la bifurcation de l'artère iliaque primitive.

Examen histologique (ALBARRAN). — La *vessie* en dehors des points d'implantation du néoplasme, présente une desquamation épithéliale presque complète ; par places seulement on trouve des débris épithéliaux non altérés. La surface vésicale est formée par le derme infiltré de cellules embryonnaires ; plus profondément il existe du tissu fibreux parallèlement à la surface, puis le muscle vésical sclérosé. Dans les portions verruqueuses il n'y a pas de prolifération épithéliale mais un développement considérable du tissu embryonnaire sans qu'on y trouve des vaisseaux très marqués.

La tumeur elle-même est un épithélioma carcinoïde ; les alvéoles contenant des cellules aux formes les plus variées, quelques-unes multinucléées.

La *prostate* est envahie ; les culs-de-sac glandulaires sont plus ou moins remplis de jeunes cellules qui ressemblent à s'y méprendre si on n'étudiait leur évolution à des cellules embryonnaires.

OBS. **40.** (**Inédite.**) — *Épithélioma du col utérin, de la vessie et du vagin.*

AUTOPSIE [1] : *Masse ganglionnaire à la base du ligament large droit.*

La nommée V..., née Georges Marie, frangeuse, âgée de 39 ans, entre le 13 mars 1894, salle Laugier, n° 25, service de M. le Professeur Guyon.

---

[1] Musée de Necker, pièce n° 405.

AUTOPSIE, le 20 mars 1894. — Épithélioma ancien ulcéreux du col utérin ayant envahi le vagin et le bas-fond vésical. Perforation de la *vessie* au niveau du trigone ; la vessie est saine dans ses autres portions, l'orifice de l'uretère gauche débouche dans le cloaque néoplasique vésico-vaginal.

L'uretère droit a son embouchure saine et s'ouvre en dehors de l'ulcération vésicale. Cet uretère, d'ailleurs perméable, est très comprimé dans son trajet pelvien par une masse fibro-néoplasique située à la base du ligament large droit.

Aux deux reins, lésions d'hydronéphrose aseptique avancée.

OBS. **41**. — **Nash** [1]. (Résumée.) *Tumeur vésicale pédiculée.*

AUTOPSIE : *Absence de propagation ganglionnaire.*

Homme âgé de 40 ans, admis à l'infirmerie royale le 4 février.

Trois semaines auparavant il sentit quelques douleurs à la miction, mais cela n'était pas assez grave pour l'empêcher de travailler. Quelques jours avant son entrée à l'hôpital, la douleur devint plus aiguë et la veille même de son admission, quelques caillots s'échappaient par l'urèthre.

Il succomba à la fin de la semaine avec le pouls petit, la langue sale et du délire.

AUTOPSIE. — Les reins sont très développés, les uretères dilatés, hypertrophiés et tortueux.

Rien du côté des ganglions abdominaux.

La *vessie* contenait cinq à six onces d'urine et deux tumeurs distinctes, l'une grosse comme une petite orange, l'autre du volume d'un œuf de pigeon. La plus grosse tenait à la vessie tout près de l'orifice de l'uretère droit ; la plus petite n'était pas éloignée de l'orifice de l'uretère gauche. Les deux tumeurs étaient sillonnées profondément, striées à leur surface et ressemblaient aux excroissances en choux-fleurs de l'orifice utérin. La surface des tumeurs se continuait directement avec la membrane voisine de la vessie, ce qui leur donnait l'aspect d'une origine profonde.

OBS. **42**. — **Thompson** [2]. (Résumée.) *Cancer de la vessie non infiltré.*

AUTOPSIE : *Pas de propagation ganglionnaire.*

Homme âgé de 62 ans.

En 1845, après une attaque de fièvre typhoïde, hématurie abondante.

En 1857, nouvelle hématurie sans douleur.

En 1861-62, les hématuries devinrent plus graves, puis arrivent de la fréquence des mictions et de la douleur.

---

[1] NASH. *British med. J.*, 26 mars 1864, p. 332 (trad. personnelle).
[2] THOMPSON. *Trans. path. soc.*, décembre 1866, XVIII, p. 162 (trad. personnelle).

En mars 1866, le malade urinait toutes les demi-heures, nuit et jour, avec douleur.

Le 28 avril, il eut froid et fut pris d'une crise de cystite. Pendant deux ou trois jours, le sang apparut dans l'urine en quantité abondante. La miction devint plus pénible et fréquente. Sonde à demeure. Hématurie peu abondante. Peu à peu, il s'affaiblit, la cystite augmenta, et il mourut le 28 du mois suivant.

Autopsie. — Large masse cancéreuse dans la vessie, de forme circulaire, de trois pouces environ de diamètre, occupant le plancher et une partie du côté droit de la vessie. Il n'y avait point d'induration de la base ni des parties environnantes. La masse était si molle qu'aucun signe physique ne décela, par le rectum, sa présence. La muqueuse voisine offrait l'aspect ordinaire de l'inflammation. Le rein droit était garni de petits grains de matité analogue à celle de la tumeur.

Il est remarquable qu'il *n'y avait aucun épaississement des ganglions lombaires, iliaques ou inguinaux.*

Obs. 43. — **Cazalis** [1]. (Résumée.) *Tumeur de la vessie.*

Autopsie : *Pas de propagation ganglionnaire.*

H..., âgé de 73 ans, entré le 22 janvier 1872 dans le service de M. Guéneau de Mussy, salle Sainte-Agnès, n° 22 ; mort le 25 janvier.

Ce malade est en proie à un délire tranquille, continu, qui ne lui permet pas de répondre aux questions qu'on lui pose : les renseignements manquent absolument sur lui.

Il est dans un état d'amaigrissement très prononcé ; la vessie est volumineuse et il y a incontinence d'urine : le cathétérisme étant pratiqué, il s'écoule une quantité considérable d'urine assez fortement colorée en rouge par du sang. *Les ganglions du pli de l'aine sont durs et saillants, mais peu volumineux.*

La nuit du 23 au 24 est très agitée, il faut employer la camisole de force ; le délire est encore plus violent le lendemain et la nuit suivante, moment où le malade meurt.

Autopsie. — Les *reins* sont pâles, d'une teinte graisseuse, et la substance corticale a notablement diminué d'épaisseur.

La *prostate* est volumineuse ; la vessie a des parois très épaisses.

On trouve au côté gauche, à partir de la prostate, une série de tumeurs d'aspect fongueux, aplaties, rouges à la surface, qui occupent un quart de la superficie de l'organe : le noyau le plus inférieur adhère à la prostate, mais les autres sont séparés de celui-ci par de petites portions de tissu sain. La partie superficielle est ramollie et villeuse, mais à la coupe, la partie profonde est fort dure, et présente en quelques points un aspect fibreux ; un suc laiteux s'en écoule par le raclage, ainsi qu'à la pression.

[1] Cazalis. *Bull. Soc. anat.*, 1872, p. 33.

Les ganglions du petit bassin, prévertébraux et inguinaux ne paraissent nullement envahis par la lésion.

A l'*examen microscopique*, on trouve que les parties villeuses et superficielles des tumeurs sont presque exclusivement composées de cellules épithéliales cylindriques.

La prostate, limitrophe de la tumeur, n'est aucunement envahie par elle.

OBS. **44.** — **Gosselin** [1]. *Tumeur pédiculée de la vessie.*

AUTOPSIE : *Pas de propagation ganglionnaire.*

Homme de 68 ans, entré pour cystite ancienne avec sécrétion purulente abondante et douleurs assez vives en urinant.

A diverses reprises il avait uriné du sang en quantité considérable. Mais le malade était trop fatigué pour qu'on puisse arriver à l'explorer utilement.

AUTOPSIE. — Fongus pédiculé de la paroi postérieure de la *vessie.*

Le pédicule de la tumeur a 5 à 6 millim. de diamètre, sa surface est ulcérée et ecchymotique.

Le reste de la muqueuse vésicale présentait aussi de nombreuses ecchymoses.

L'*examen histologique* a montré à sa surface et dans sa profondeur un grand nombre de cellules analogues à celles de l'épithélium pavimenteux de la vessie.

Il n'y avait aucun ganglion ni aucune autre partie de l'organisme atteinte de cancer.

OBS. **45.** — **Duchamp** [2]. (Résumée.) *Tumeur de la vessie ayant envahi la prostate et l'urèthre.*

AUTOPSIE : *Pas de ganglions iliaques.*

Jean-Pierre F..., âgé de 74 ans, entre le 24 janvier 1876, salle Saint-Louis, n° 14.

Depuis sept semaines il perd peu à peu ses urines. Celles-ci ont été teintées de sang au début et parfois franchement sanguinolentes.

Le 25 janvier, M. Fochier sent à la palpation abdominale la vessie remontant de 5 à 6 travers de doigt au-dessus des pubis.

Le cathétérisme pratiqué avec une sonde en gomme amène une petite quantité d'urine. Le toucher rectal donne la sensation d'une prostate dure dont on n'atteint pas supérieurement les limites.

L'affaissement du malade se prononce de plus en plus, et la mort arrive le 12 février.

AUTOPSIE. — Cancer de la *vessie* occupant la base de ce réservoir et surtout son côté gauche. Le sommet de la vessie, qui n'est pas dilatée, remonte au-

---

[1] GOSSELIN. *Clin. chirurgicale de l'hôp. de la Charité*, 1879, t. II, p. 504.
[2] DUCHAMP. *Lyon méd.*, 1876, XXI, p. 655.

dessus des pubis. L'orifice de l'uretère droit est libre. A gauche se trouve une masse cancéreuse qui obture l'orifice.

Les deux *uretères* sont dilatés. Le *rein* droit n'offre rien de particulier. Le gauche présente une grande dilatation des calices avec refoulement du parenchyme vers la périphérie.

En revenant au cancer de la vessie, on ouvre le rectum par sa paroi postérieure et l'on constate que le doigt introduit dans le rectum n'arrive pas au sommet de la prostate, qui est ici plus dure et plus volumineuse à droite. La *prostate* ouverte laisse voir son envahissement par le cancer. En examinant la verge on constate aussi la tumeur qui siège dans les *corps caverneux* et qui paraît aussi de nature cancéreuse.

Il n'y a pas de ganglions iliaques engorgés.

Le *foie* qui paraît sain à l'extérieur, coupé en tranches laisse voir deux noyaux cancéreux, dont un ramolli.

OBS. **46.** — **Marcacci** [1]. (Résumée.) *Tumeur pédiculée de la vessie.*

AUTOPSIE : *Pas de propagation ganglionnaire.*

Homme de 54 ans. Début par hématurie quatre ou cinq mois auparavant, puis douleur au moment de la miction ; rétention ; sonde à demeure ; tous les symptômes disparaissent pour revenir quelque temps après.

Le malade rentre à l'hôpital le 17 novembre 1879. Fréquence : tous les quarts d'heure ; les urines la nuit déposent une quantité très abondante de pus et de mucus, avec quelques globules sanguins. Au toucher rectal la prostate est saine, la vessie sensible et la paroi non indurée. Le cathétérisme ne donne aucun renseignement.

Un matin il rend en urinant un fragment sur lequel on porte un diagnostic de néoplasme.

Le 16 février 1880, taille hypogastrique. Examen histologique de la tumeur : sarcome fuso-cellulaire.

Mort le 11 avril 1880.

AUTOPSIE. — Néoplasme sur la partie latérale du trigone, étendu de 2 à 3 centim.

Pas de ganglions lymphatiques dégénérés ; ni ganglions inguinaux, ni ganglions iliaques, pelviens ou lombaires.

OBS. **47.** — **Féré** [2]. (Résumée.) *Tumeur sessile de la vessie, mais non infiltrée.*

Pas de dégénérescence ganglionnaire. (Constatation clinique.)

Le nommé François Nag..., âgé de 60 ans, est entré le 12 mars 1880, au

[1] MARCACCI. *Lo Sperimentale*, 1880, XLVI, p. 85.
[2] FÉRÉ. *Mémoire sur le cancer de la vessie*, 1881, obs. III, p. 86.

n° 26, salle Saint-Vincent, à l'hôpital Necker (service de M. le professeur Guyon).

Il y a à peu près deux ans qu'il a pissé du sang pour la première fois. Quand il se présente à la consultation, le 12 mars, on trouve le canal libre, mais on sent un frottement rugueux très bref dans la vessie.

24 mars. La vessie une fois vide, le toucher rectal combiné à la palpation abdominale permet de sentir nettement, en arrière et au-dessous de la prostate, une tumeur vésicale, développée surtout à droite, et paraissant avoir le volume d'une petite orange. Cette tumeur est assez résistante et on peut parfaitement en sentir les bosselures par la palpation abdominale. Le frottement dur que l'on a perçu avec les bougies était probablement fourni par des incrustations calcaires développées sur cette tumeur.

Pas de ganglions.

25 mars. Les urines sont toujours d'une couleur jus de groseilles ; pas de fièvre ; état général assez bon.

Jusqu'au 5 avril, le malade est resté toujours à peu près dans le même état. Tout à coup les urines diminuent, les forces se perdent, l'appétit tombe, la langue devient sèche et le malade meurt le 14 avril.

Autopsie. — Les deux *uretères* sont augmentés de volume, mais à peu près également : ils sont gros comme le petit doigt, flexueux : leurs parois sont minces et transparentes.

Le *rein* droit est petit (80 gr.). Les calices et le bassinet sont fortement dilatés et leur muqueuse est pâle, comme lavée, sauf à l'origine de l'uretère où elle est finement injectée. Le rein gauche est beaucoup plus volumineux (180 gr.). Les calices et le bassinet présentent à peu près le même aspect que du côté opposé.

La *vessie* ouverte par la face antérieure présente à considérer une tumeur en forme de champignon irrégulier et végétant, du volume d'un œuf de dinde, dont le point d'implantation large de 5 à 6 centim. est situé en dehors et en arrière de l'uretère droit, qui se trouve pour ainsi dire circonscrit par la tumeur ; mais les bords de l'orifice ne sont point indurés et le canal laisse facilement pénétrer une bougie n° 16. Sur le trigone vésical, on voit une plaque de 3 centim. carrés environ, blanchâtre, saillante de 1 millim. à peine, dure, comme fibro-cartilagineuse ; autour de la base d'implantation de la tumeur, on trouve encore quelques masses lenticulaires qui font saillie à la surface de la muqueuse.

La tumeur présente la structure alvéolaire du *carcinome ;* il en est de même de la plaque qui fait saillie sur le trigone et qui montre le tissu pathologique à nu, du côté de la cavité vésicale. On ne trouve plus trace ni du tissu de la muqueuse, ni d'épithélium au-dessus d'elle ; au-dessous, il reste une couche de tissu conjonctif non infiltré qui la sépare de la tunique musculaire ; le tissu morbide a aussi du reste de ce côté, une limite nette comme si la muqueuse était seule prise ; et à la périphérie de la lésion l'infiltration cancéreuse siège bien exclusivement dans les muqueuses.

OBS. **48**. — **Féré** [1]. (Résumée.) *Tumeur pédiculée de la vessie.*

Pas de ganglions dans les aines ni dans les fosses iliaques. (Constatation clinique confirmée à l'autopsie.)

Le nommé Victor Joh..., âgé de 79 ans, entre le 8 novembre 1879 à la salle Saint-Vincent, n° 21, à Necker (service de M. Guyon).

Il y a seulement deux ans, il s'aperçut qu'il pissait quelques graviers, et consulta un médecin. Cependant les urines restèrent colorées, contenant du sang en quantité plus ou moins grande par intervalles ; ce n'était qu'exceptionnellement que les urines étaient tout à fait claires. Depuis quelques mois, il pisse du sang pur.

A son entrée à l'hôpital, on le trouve très amaigri, extrêmement pâle, très affaibli. Pas de douleurs spontanées, pas d'œdèmes localisés ; *pas d'engorgement ganglionnaire ni dans les aines, ni dans les fosses iliaques.* Mais les urines sont continuellement sanglantes.

17 janvier. Le malade est très affaibli, presque aphone, ses téguments ont pris une teinte d'un blanc mat remarquable ; la diarrhée persiste quoique un peu moins forte ; anorexie complète, pas de fièvre, pas de douleurs, dépérissement graduel et mort le 20 janvier.

AUTOPSIE. — Les deux *reins* sont petits, ils présentent une surface granuleuse et de petits kystes superficiels, surtout nombreux sur le rein gauche, et l'aspect général du petit rein sénile.

Les *uretères*, les bassinets et les calices sont normaux.

Vessie. — La ligne qui réunit les embouchures des uretères est extrêmement saillante, sous forme d'un pli arrondi à contours réguliers et offrant à chaque extrémité, c'est-à-dire à l'embouchure de chaque uretère, un renflement dur et fongueux de la grosseur d'une aveline.

Environ à 2 centim. en dehors de l'uretère gauche, on trouve encore une petite saillie du volume d'une petite noisette, du même aspect fongueux et de couleur rose.

Au niveau du milieu de la limite postérieure du trigone, on trouve encore une saillie lenticulaire d'un aspect un peu plus jaunâtre, et enfin sur la partie inférieure du col, au milieu des arborisations vasculaires, une autre saillie jaunâtre du volume d'un pois.

Pas de ganglions engorgés.

Examen microscopique. — Les fongosités sont constituées par des papilles allongées, terminées par une extrémité arrondie, quelquefois un peu renflée en massue. Le tissu sous-muqueux est intact.

OBS. **49**. — **Féré** [2]. (Résumée.) *Tumeur villeuse de la vessie.*

Pas de ganglions dans l'aine ni dans le petit bassin. (Constatation clinique.)

Le nommé Clav..., âgé de 56 ans, peintre, est entré le 2 avril 1880, à l'hôpi-

[1] FÉRÉ. *Loc. cit.*, obs. IV, p. 45.
[2] FÉRÉ. *Loc. cit.*, obs. XXI, p. 121.

tal Necker, dans le service de M. Guyon, et est couché au n° 12 de la salle Saint-Vincent.

Depuis un an, hématuries répétées et de plus en plus abondantes.

Quand il entre à l'hôpital, les urines offrent une coloration foncée, sans trace de dépôt purulent au fond du vase. Le toucher rectal montre que la prostate est un peu volumineuse ; mais elle n'est ni dure, ni bosselée. La palpation abdominale combinée avec le toucher ne dénote ni tumeur, ni empâtement, mais cette exploration provoque un peu de douleur du côté droit. *Pas d'engorgement ganglionnaire ni dans les aines, ni dans le bassin.*

28 avril. A l'exploration métallique, M. Guyon a la sensation d'un corps mou ou d'un épaississement du côté droit ; diagnostic : production villeuse. Des injections intravésicales d'une solution de tannin à 1 ou 2 p. 100, ne semblent pas amener beaucoup d'amélioration de l'hématurie.

Le malade s'épuise de plus en plus, son état général s'aggrave et finalement il'exige sa sortie le 12 juillet.

OBS. 50. — Féré[1]. (Résumée.) Tumeur sessile de la vessie.

AUTOPSIE : *Pas de ganglions dans le mésentère.*

Louis L..., menuisier, âgé de 68 ans, entre à l'hôpital Necker, le 11 juin 1879, dans le service de M. Guyon.

Depuis 3 ans, il a commencé à ressentir quelques douleurs dans le bas-ventre. Vers cette époque, il est tombé d'une échelle sur la paroi abdominale. Deux mois après, il s'aperçut pour la première fois que ses urines étaient fortement teintes de sang ; il lui arrivait même d'uriner du sang pur. En même temps, survinrent de légères douleurs pendant la miction ; celle-ci devenait plus fréquente. Les hématuries persistant, le malade finit par entrer à l'hôpital Necker.

A ce moment, le palper hypogastrique fait constater une tuméfaction mal limitée dans la moitié droite de la région. Par le toucher rectal combiné au palper, on reconnaît que le plancher de la vessie est le siège d'une induration manifeste du côté droit.

A partir du 15 juillet, surviennent des vomissements assez fréquents ; la faiblesse, l'amaigrissement et l'aspect cachectique augmentent. En même temps, la tuméfaction vésicale prend des proportions plus considérables, il existe alors une véritable tumeur facilement accessible à la palpation.

Les phénomènes s'accentuent de plus en plus et le malade meurt le 13 août.

AUTOPSIE. — L'examen des organes ne présente rien de particulier à noter ; il faut signaler seulement des adhérences nombreuses dans le petit bassin reliant plusieurs anses intestinales aux parois de la cavité. La *vessie* adhère assez fortement en avant à la face postérieure du pubis.

Les *reins* sont gras et déformés. A la coupe, on note un peu de dilatation

---

[1] FÉRÉ. *Loc. cit.*, obs. XXII, p. 124.

des calices et du bassinet. *On ne trouve pas de ganglions dégénérés dans le mé-sentère.*

La cavité vésicale est presque entièrement remplie par une masse fongueuse, à surface irrégulière, tomenteuse, qui est recouverte dans la plus grande partie de son étendue, par la paroi vésicale, absolument saine dans toutes ses parties, excepté au niveau du point d'implantation du néoplasme. L'implantation se fait sur la paroi inférieure de la vessie, du côté droit, dans une étendue de 6 à 7 centim. dans tous les sens.

Obs. **51.** — **De Saint-Germain** [1]. (Résumée.) *Tumeur pédiculée de la vessie.*

Autopsie : *Pas de dégénérescence ganglionnaire.*

La nommée Blanche Vill..., âgée de 7 ans et demi, entre à l'hôpital des Enfants, service de M. le Dr Archambault, le 11 octobre 1882, salle Sainte-Geneviève pour incontinence d'urine et douleurs abdominales depuis un mois.

Le 17 octobre, elle passe dans le service de M. le Dr de Saint-Germain et le 20 octobre, après anesthésie, on trouve au niveau du méat urinaire une masse polypeuse lobulée rouge et très vasculaire ayant le volume d'une grosse fraise. Cette masse est attirée au dehors et on voit apparaître d'autres polypes moins volumineux. L'urèthre, considérablement élargi, permet l'introduction de l'index. On peut alors, explorer très facilement la cavité vésicale et sentir une masse lobulée, très volumineuse, prenant son insertion sur le bas-fond de la vessie et sur la partie inférieure de la paroi antérieure.

Le 22, on trouve dans la gorge sur le voile du palais et les piliers des plaques d'un blanc grisâtre, très étendues ; l'enfant passe au pavillon de la diphtérie et meurt dans la nuit.

Autopsie. — Dans la *vessie*, masse volumineuse, mamelonnée, formée par une série de saillies pédiculées, à extrémité libre très renflée, serrées les unes contre les autres, qui présentent une coloration d'un blanc un peu grisâtre ; elles rappellent par leurs caractères macroscopiques la tête d'un chou-fleur. En les séparant les unes des autres, on voit que ces saillies se continuent par un pédi-cule étroit avec la muqueuse qui est très épaisse et comme infiltrée. En certains points, on trouve à la surface de petites élevures du volume d'une lentille et adhérentes par toute leur base à la muqueuse. Ces masses sont formées par un tissu mou, grisâtre ; quelques-unes sont kystiques et en les incisant ou en les pressant, on fait jaillir un liquide citrin. Entre elles, se trouvent de petites masses purulentes. Les pédicules rapprochés les uns des autres s'insèrent sur toute la partie inférieure de la paroi antérieure et sur la paroi inférieure de la vessie. La portion sur laquelle ils s'implantent est limitée par un bourrelet grisâtre.

On ne trouve aucune dégénérescence ganglionnaire ni aucune autre altération viscérale, indépendamment de celles de la diphtérie.

Examen histologique. — Papillome.

[1] De Saint-Germain. *Rev. mens. mal. enfance*, 1883, p. 48.

Obs. **52**. — **Southam** [1]. (Résumée.) *Tumeur vésicale infiltrée.*

Autopsie : *Pas de généralisation ganglionnaire.*

Homme âgé de 40 ans.

Six ans auparavant, il avait été admis à l'hôpital avec des symptômes de calcul vésical et avait subi la lithotritie. Il se remit bien de l'opération et put jouir d'une bonne santé jusqu'en juin dernier. Il commença alors à avoir des difficultés et de la fréquence de la miction, puis il remarqua le mois suivant la présence de sang en petite quantité dans les urines.

Lorsqu'il vint en octobre dans mon service, ces symptômes étaient devenus beaucoup plus graves. En examinant avec le doigt par le rectum, on ne trouva rien d'anormal.

Le 15 novembre, l'uréthrotomie périnéale fut pratiquée. En introduisant le doigt dans la vessie, on sentit une masse dure, étendue, avec une surface irrégulière, noduleuse, développée sur le côté droit. Comme elle était de nature maligne, on n'attendit pas pour l'enlever.

L'opération fut d'abord suivie d'un soulagement considérable, mais trois semaines après l'opération, la tumeur avait augmenté notablement puisqu'elle empiétait à l'intérieur sur la base de la vessie. Par le rectum, on pouvait aisément sentir l'infiltration de la base et à environ un pouce de l'anus, un trajet fistuleux entre la vessie et l'intestin. Dès lors, le malade s'affaiblit peu à peu et mourut d'épuisement le 15 janvier.

Autopsie. — On trouve dans la *vessie* une large masse indurée de deux pouces de diamètre environ, partant du côté gauche et empiétant sur la base. Au milieu et à sa partie supérieure se trouve une petite ouverture qui communique avec le rectum. En plus de la masse principale, il y en avait plusieurs plus petites, variant du volume d'un pois à celui d'une fève, disséminées sur la muqueuse vésicale. A l'exception des deux fistules le rectum était sain.

L'*examen microscopique* de la tumeur montra qu'elle était de nature épithéliomateuse.

Il est intéressant de noter que malgré la période avancée de la maladie, *il n'y avait pas de dépôts secondaires dans les ganglions pelviens ou lombaires.*

Obs. **53**. — **Antal** [2]. (Résumée.) *Tumeur sessile de la vessie.*

Pas d'engorgement ganglionnaire. (Constatation clinique.)

S .., 61 ans, souffrait depuis deux ans de troubles urinaires. L'urine était depuis un an sanguinolente et mélangée de caillots sanguins. Le malade urinait toutes les 10 minutes et la miction était sanguinolente, puis rouge avec des caillots.

---

[1] Southam. *Lancet*, II, 1888, p. 854. (Trad. personnelle.)
[2] Antal. *Centr. f. Chir.*, 1885, n 36, p. 618. (Trad. personnelle.)

L'hémorrhagie vésicale persistait nuit et jour malgré un repos absolu ; les mouvements n'avaient pas d'influence sur l'hémorrhagie.

A l'examen combiné on constata une tumeur dure par places, grosse comme le poing, de surface inégale, située dans la paroi vésicale, fixée au sommet de la vessie et donnant à la percussion le son de calculs. La vessie, à part cela, était libre et mobile ; *pas d'engorgement ganglionnaire.*

L'urine contenait des globules sanguins en grande quantité, beaucoup de pus, des cellules épithéliales de la vessie.

Deux diagnostics étaient possibles. Calcul encapsulé au sommet ou néoplasme à surface incrustée. A cause des hémorrhagies continues (malgré le repos) et malgré le résultat négatif de l'examen histologique on pencha vers le diagnostic de tumeur incrustée.

Opération le 25 avril 1885.

Dissection et fixation en haut du repli péritonéal, ouverture de la vessie. J'introduisis deux doigts par cette ouverture et constatai une tumeur grosse comme le poing, incrustée, friable, bosselée sur le sommet de la vessie, intimement unie à toutes les tuniques de la paroi vésicale.

La nature cancéreuse décida à enlever le sommet de la vessie dans toute l'épaisseur correspondant à la base de la tumeur, c'est-à-dire de faire une résection complète de la paroi vésicale. Toilette de la vessie et du bord de la plaie, réunion par sutures avec de la soie ; deux drains dans les coins inférieurs de la plaie.

Suites opératoires : pas de fièvre. Sonde de Nélaton dans l'urèthre, long drain dans la plaie abdominale. La plus grande partie de l'urine se vidait par le drain. Après grattage, l'ouverture fistuleuse se ferma complètement le 17 juin.

Obs. **54.** — **P. Thiéry** [1]. (Résumée.) *Tumeur pédiculée de la vessie.*

Autopsie : *Pas de ganglions pelviens ou lombaires.*

S. A..., 54 ans, entré à l'hôpital Necker, salle St-Pierre, n° 27, service de M. le professeur Le Fort.

Depuis quelque temps, douleurs vésicales fugaces à la suite de marches prolongées. Le malade n'y porte pas attention, lorsqu'il y a trois mois survient une hématurie considérable.

Au moment de l'entrée, les phénomènes de cystite paraissent très nets : hématurie, miction fréquente, 10 à 12 fois par jour, mais très peu abondante, besoin de miction impérieuse. Des phénomènes d'urémie ne tardent pas à se produire dans les derniers jours du mois de mars, et le malade meurt le 4 avril.

Autopsie. — Le *rein* est volumineux ; le calice et le bassinet présentent des lésions de pyélo-néphrite ; l'*uretère* droit excessivement dilaté offre le calibre d'un intestin grêle.

Pas de ganglions pelviens ou lombaires notablement hypertrophiés.

[1] P. Thiéry. *Bull. Soc. anat.*, avril 1888, p. 368.

La *vessie* est volumineuse, dure à la palpation et lourde. Après incision, elle présente une épaisseur qui n'est pas moindre de 3 à 4 centim.

A droite, l'orifice urétéral est situé au fond d'une sorte de cul-de-sac ou diverticulum de la vessie et surplombé par une masse cancéreuse considérable.

Cette masse cancéreuse peut se subdiviser en deux lobes : en totalité elle offre le volume d'un gros œuf de poule : elle est pédiculée. La portion située à droite est plus volumineuse : comme la première elle offre un aspect bourgeonnant, encéphaloïde avec sphacèle infect de sa partie superficielle macérée dans l'urine ; elle prend son point d'implantation sur la partie latérale droite de la vessie, non loin du sommet, par conséquent à la partie supérieure de la face latérale de la vessie.

Obs. 55. — **Barling**[1]. (Résumée.) *Tumeur pédiculée de la vessie.*

Autopsie : *Pas de généralisation ganglionnaire.*

Homme de 61 ans. Hématuries intermittentes depuis 2 ans ; plus grandes depuis quelque temps.

Toucher rectal : Hypertrophie de la prostate. Rien du côté de la vessie à l'examen bimanuel.

Pas de fragments de tumeur dans l'urine, ni de pus. Mictions fréquentes au moment des hématuries, avec douleur ; mais ces symptômes disparaissaient en dehors des crises hématuriques.

Diagnostic : Tumeur vésicale, probablement papillome.

Le 7 mars. Cystostomie sus-pubienne. En introduisant le doigt dans la vessie, je sentis une masse située sur le côté gauche de la paroi postérieure. Le centre de cette masse était mou, les bords indurés. La surface papillaire fut enlevée avec une curette, un drain fut placé sous la vessie et l'incision suturée.

Le malade mourut le 4e jour après l'opération.

Autopsie. — La tumeur occupait l'étendue de la région décrite. La partie centrale de la tumeur était plutôt fongueuse. Il y avait entre sa base et le péritoine environ un quart de pouce de tissu ; ce dernier était à ce niveau très adhérent. Le bord inférieur de la tumeur était situé à un pouce et demi de l'orifice de l'uretère gauche.

Les uretères n'étaient pas dilatés.

On ne trouva point de ganglions hypertrophiés, ni dans l'abdomen, ni dans le bassin. L'*examen microscopique* montra qu'il s'agissait d'un carcinome.

Obs. 56. — **Battle**[2]. (Résumée.) *Tumeur de la vessie et de l'urèthre.*

Pas de ganglions. (Constatation clinique.)

Femme, 60 ans, entre à l'hôpital le 20 mars 1894, se plaignant de dysurie, souvent déjà elle avait dû être sondée.

---

1 G. Barling. *British. med. J.*, 1888, p. 14. (Trad. personnelle.)
2 Battle. *Lancet*, 15 juin 1895, p. 1612. (Trad. personnelle.)

L'urèthre est le siège d'une tumeur, cause évidente de l'obstruction. Un examen plus attentif montra que cette tumeur était très dure, arrondie, noduleuse, entourant complètement l'urèthre dans toute sa longueur et atteignant la vessie.

On ne trouva pas d'augmentation notable du volume des glandes lymphatiques. L'urine évacuée par la sonde était épaisse, contenait du muco-pus, pas de sang. Jusqu'à l'opération on dut toujours employer la sonde.

Le 22 mai, la malade fut anesthésiée et on fit une cystostomie sus-pubienne. La tumeur mise à jour, comprenait les racines du clitoris ; elle fut alors enlevée rapidement, l'os étant mis à nu. La vessie était prise plus sur la paroi antérieure que sur la paroi postérieure.

La plaie cicatrisa, mais elle n'était pas encore fermée complètement quand la malade quitta l'hôpital le 23 mai. *On n trouva pas d'infection ganglionnaire.*

Cinq mois après l'opération, l'état de la malade était satisfaisant.

OBS. **57.** — **N. Hallé**[1]. (Résumée.) *Néoplasme ulcéré, infiltrant et interstitiel.*

AUTOPSIE [2] : *Pas d'envahissement ganglionnaire.*

Lan..., âgé de 63 ans, entre le 6 mai 1893, salle Velpeau, lit n° 20.

Depuis longtemps, vingt ans environ, le malade présente des troubles de la miction ; il urine fréquemment, parfois avec difficulté ; ces troubles sont rapportés à une hypertrophie de la prostate. Depuis 3 mois, l'état s'est beaucoup aggravé ; les mictions sont douloureuses, surtout à la fin ; les urines très troubles, parfois sanglantes.

A l'entrée, les urines sont troubles, noirâtres, d'une horrible fétidité, avec un gros dépôt purulent. La vessie est douloureuse à la palpation ; la prostate grosse et sensible.

L'état général est très mauvais, le malade a maigri beaucoup depuis trois mois. Il est cachectique, sans fièvre, et succombe, trois jours après son entrée dans la salle.

AUTOPSIE. — L'*urèthre* est sain ; la *prostate* normale. La *vessie* est grande, ses parois sont notablement épaisses avec une surcharge adipeuse marquée. Elle est remplie d'une bouillie blanche puriforme infecte, qui contient de nombreux grumeaux et fragments mous, grisâtres, caséeux.

Un néoplasme étendu occupe la face postérieure dans sa partie latérale droite, et le sommet vésical. C'est un grand ulcère arrondi de 8 à 10 centim. de diamètre ; ce néoplasme ne fait aucune saillie dans la cavité, il infiltre la paroi, l'épaissit et la creuse en son centre ; ses bords sont irréguliers, légèrement surélevés et indurés ; le fond est déchiqueté, tomenteux, d'aspect sphacélique, avec des détritus mous peu adhérents. Le reste de la muqueuse vésicale est épaissi, granuleux, verruqueux, induré, d'une coloration brun rouge.

---

[1] HALLÉ. Leucoplasies et cancroïdes dans l'appareil urinaire. *Ann. gén.-urin.*, 1896, juin-juillet, p. 593.

[2] Musée de Necker, pièce n° 369.

Pas d'envahissement ganglionnaire.

Examen histologique. — Les grumeaux caséeux que contient la vessie sont étudiés par dissociation ; ils fournissent des amas de cellules plates, minces, cornées, avec de vagues formations concentriques en globes, aspect caractéristique du sédiment des cancroïdes.

A la coupe, le néoplasme est constitué par une infiltration épithéliale diffuse dans un stroma embryonnaire peu abondant ; on voit des amas de cellules polygonales plates, à contours indistincts, disposées sans ordre, et çà et là, de nombreux boyaux ou lobules épithéliaux avec des globes épidermiques manifestes; au centre du néoplasme la paroi vésicale est complètement envahie et détruite jusqu'à la couche fibreuse externe. Le reste de la paroi vésicale est profondément altéré. Il existe une sclérose totale ancienne prononcée.

OBS. **58.** — **N. Hallé**[1]. (Résumée.) *Tumeur infiltrée de la vessie.*

AUTOPSIE[2] : *Pas de dégénérescence ganglionnaire.*

Rig..., 71 ans, entré le 8 novembre 1892, salle Velpeau, n° 12.

A l'âge de 23 ans, le malade a souffert d'une cystite intense avec fréquence, douleurs, urines purulentes et sanglantes.

Le début de l'affection urinaire actuelle remonte à quatre ans. Le malade commence à uriner fréquemment jour et nuit : les urines sont troubles, non sanguinolentes. Ces symptômes s'accentuent lentement. Depuis trois mois, mictions toutes les dix minutes, urines très troubles, et hématuries terminales. Canal libre ; prostate hypertrophiée. Diagnostic : prostatique, deuxième période, avec cystite.

Accès fébrile, sonde à demeure. Le malade affaibli, cachectique, succombe le 29 novembre.

AUTOPSIE. — La *prostate* est petite, manifestement atrophiée : c'est à peine si, à la coupe, on trouve des lobes latéraux. La *vessie* a été distendue, après la mort par une injection d'alcool ; elle présente, à son sommet, une bosselure molle, blanchâtre. Pendant l'extraction de la pièce, la vessie, friable, très amincie, se déchire au niveau de sa paroi latérale droite.

Un néoplasme très étendu envahit toute la paroi latérale droite, le sommet, et empiète sur la paroi antérieure. Il n'est ni saillant, ni végétant, mais infiltré dans l'épaisseur de la paroi qu'il a complètement détruite. C'est un ulcère très friable, à bords irréguliers, à fond blanc, déchiqueté, d'où se détachent, au moindre contact, des fragments mous. Les parois vésicales dans le reste de leur étendue sont légèrement épaissies.

Les deux *uretères* sont dilatés, le droit surtout qui est tortueux. Pyélonéphrite hémorrhagique à droite, avec contenu hémato-purulent. Ecchymoses de

---

[1] HALLÉ. *Ann. gén.-urin.,* 1896, obs. III, p. 594.
[2] Musée de Necker, pièce n° 354.

la muqueuse du bassinet ; congestion du parenchyme avec ecchymoses péri-vasculaires. Simples lésions de dilatation au rein gauche.

Pas trace de dégénérescence ganglionnaire.

Examen histologique. — Un des fragments caséeux, du volume d'un pois, est étudié sur des coupes : l'évolution cellulaire épidermique atteint ici son degré le plus avancé : on ne trouve aucune trace de stroma conjonctif, ni de vaisseaux : ce fragment est uniquement composé de globes épidermiques, volumineux et typiques, serrés les uns contre les autres.

Sur une coupe comprenant la paroi vésicale néoplasique dans toute son épaisseur, on constate la profondeur des lésions : il n'y a plus trace de couche musculaire ; le néoplasme est limité en dehors par la couche fibro-adipeuse épaissie. La masse néoplasique est constituée par des boyaux cellulaires serrés, entre lesquels on trouve du tissu embryonnaire inflammatoire, avec quelques gros vaisseaux et des épanchements hémorrhagiques ; les globes épidermiques sont nombreux et typiques. La structure de cette tumeur n'est pas uniforme, et quelques points ont les caractères du cancer alvéolaire banal à cellules pavimenteuses, sans globe et sans stroma conjonctif abondant. Lésions de cystite chronique dans le reste de la paroi vésicale.

O BS. **59.** — **Noguès** [1]. (Résumée). *Néoplasme vésical infiltré.*

Absence complète de ganglions dans la fosse iliaque. (Constatation clinique.)

Mme R..., âgée de 63 ans, entre le 27 février 1897, salle Laugier, n° 17.

Le début de l'affection qui l'amène à l'hôpital remonte à janvier 1896 et est marqué exclusivement par des besoins fréquents d'uriner.

En juillet apparaissent des douleurs dans le cours de la journée.

Dans les premiers jours de février, elle s'aperçoit qu'en s'essuyant après avoir uriné, son linge est légèrement sanguinolent.

Trois ou quatre jours après l'entrée à l'hôpital, la malade accuse une amélioration notable qu'elle attribue au repos. Les hématuries ont complètement cessé, la fréquence a diminué, les douleurs persistent avec toute leur acuité. A ce moment l'examen révèle les particularité suivantes :

Les urines sont claires et l'examen histologique du léger dépôt permet d'y reconnaître : de rares leucocytes et de nombreuses cellules d'épithélium vulvo-vaginal. L'urèthre est sain. La vessie complètement insensible au contact, admet sans réaction 150 gr. de liquide et l'explorateur métallique ne révèle ni corps étranger ni dureté ou saillie appréciables de ses parois. Par le toucher bi-manuel on ne trouve aucune augmentation de volume de la vessie. Mais quand on la serre contre le pubis on sent un peu à droite de la ligne médiane une induration légèrement surélevée qui se continue sans ligne de démarcation avec le reste de la paroi postérieure.

A la palpation abdominale, on note l'absence complète de ganglions dans les

[1] NOGUÈS. *Ann. gén.-urin.;* 1897, p. 398.

fosses iliaques; le rein droit n'est pas sensible, mais en revanche le rein gauche est notablement augmenté de volume.

Un premier examen cytoscopique, pratiqué le 3 mars, montre dans le bas-fond vésical à droite, partant du col et s'étendant jusqu'à la région urétérale, une masse saillante, arrondie, recouverte d'un enduit pultacé blanc qui en masque les détails. Cependant, en quelques points ce revêtement fait défaut et permet de voir que cette tumeur est légèrement gaufrée, rouge, et qu'elle forme sur la paroi vésicale une élévation en forme de macaron du volume d'une pièce de deux francs. Tout autour d'elle la muqueuse est œdématiée et cet œdème se retrouve tout autour du col. En arrière du col, dans la région du bas-fond, on voit six ou sept granulations saillantes d'un blanc mat, du volume d'une tête d'épingle.

En présence des signes d'infiltration évidents de ce néoplasme, M. le professeur Guyon se contente de prescrire un traitement symptomatique.

Obs. 60. — **Tuffier** et **Dujarier** [1]. (Résumée.) *Cancer de la vessie.*

Absence de ganglions. (Constatation clinique.)

Un homme de 40 ans, entre le 2 octobre dernier à l'hôpital de la Pitié, pour des accidents vésicaux dont le début remonte à trois ans.

En 1895, ses accidents vésicaux débutent par un peu de pesanteur à l'hypogastre, puis par une gêne de la miction, qui, après une exploration négative de la vessie, devient douloureuse et fréquente. Cependant, au mois d'avril 1895, les urines devinrent rouges, les hématuries irrégulières et abondantes se répétèrent, et dans leur intervalle, l'urine était trouble ; les douleurs et les fréquences s'aggravèrent.

A son entrée, je constate tous les signes d'une cystite à forme douloureuse.

Les urines ne contiennent plus de sang ; elles sont légèrement troubles et déposent du muco-pus par le repos.

L'exploration de la vessie, par le palper abdominal simple ou combiné au toucher rectal, fait constater un globe vésical petit, dur, lisse, extrêmement sensible ; les douleurs sont telles qu'il n'y a pas à songer à une exploration intra-vésicale. Les organes génitaux, la prostate, les reins, le reste de l'abdomen, sont indemnes. L'état général du malade est bon, bien que depuis deux mois l'amaigrissement ait fait de rapides progrès.

Dans ces conditions, je pratique, le 6 octobre, sous l'anesthésie par l'éther, une exploration intra-vésicale négative et une cystostomie sus-pubienne de soulagement.

La vessie ouverte, je trouve une tumeur indurée occupant toute la face latérale gauche de l'organe, bourgeonnante et friable ; tout le reste de la muqueuse est infiltré par la même masse néoplasique, mais tandis que toute l'épaisseur de la paroi est envahie sur la partie latérale gauche et le bas-fond, les altérations

---

1 Tuffier et Dujarier. *Rev. de chirurg.*, 10 avril 1898, p. 280.

semblent moins profondes sur la partie latérale droite et la face antérieure de la vessie. *Ayant introduit deux doigts dans la cavité vésicale, je n'hésitai pas à explorer avec l'index gauche la périphérie de la vessie et les régions accessibles latéralement, pour m'assurer que les lésions n'avaient pas dépassé les parois vésicales et qu'il n'existait pas d'infection ganglionnaire.*

Les douleurs disparaissent dès le second jour; le 15 octobre, le drainage s'effectuant mal, j'explorai la cavité vésicale avec l'index introduit par la fistule hypogastrique et je constatai que la tumeur avait progressé et bourgeonné ; en revanche, l'état général du patient s'était un peu amélioré. *La palpation profonde des fosses iliaques était toujours négative*, la lésion paraissait donc bien limitée à la vessie ; et mon malade n'ayant que 40 ans, je me proposai d'extirper la vessie et son contenu.

Opération le 20 octobre. Extirpation totale de la vessie. Abouchement rectal des uretères.

Le 23 décembre, le malade est présenté à la Société de chirurgie, il ne reste qu'une fistule hypogastrique à bords bien nets; le malade muni de son appareil peut vaquer à ses occupations, l'état général est bon.

Examen de la pièce. — Tumeur fongueuse, saillante, occupant toute la surface vésicale. La paroi est infiltrée et paraît ulcérée sur la face latérale gauche, la muqueuse semble seule envahie dans tout le reste de la vessie.

Examen microscopique. — Sur les coupes on constate que la paroi de la vessie est absolument envahie partout. La paroi vésicale montre des infiltrations de cellules épithéliales entre les faisceaux conjonctifs et peut être parfois situées dans des lymphatiques dilatés. L'envahissement de la paroi paraît complet. En somme, épithélioma alvéolaire très net du genre atypique, avec infiltration de toute la paroi à des degrés divers. Disposition télangiectasique des capillaires par endroits, traces d'un processus infectieux.

OBS. 61. (Inédite.) — Tumeur pédiculée de la vessie.

AUTOPSIE : *Pas de ganglions.*

Le nommé Antoine B..., âgé de 52 ans, entré le 12 décembre 187.. à l'hôpital Necker, salle Saint-Vincent, n° 9, service de M. le professeur Guyon.

Antécédents héréditaires. — Père mort à 51 ans. Mère morte à 60 ans. Un frère et une sœur en bonne santé, 4 frères morts de 30 à 40 ans de bronchite. 1 enfant âgé de 8 ans, un autre âgé de 12 ans, tous deux bien portants. 2 enfants morts en bas âge.

Antécédents personnels. — Jamais de maladie grave. Ne tousse pas, n'a jamais eu d'hémoptysie.

Il y a 7 mois, première hématurie, le matin en se levant, sans douleur ni au niveau des reins, ni au niveau de la vessie. Abondante, cette hématurie a duré 15 jours environ. Intervalle de 20 jours pendant lesquels urines normales. Puis deuxième hématurie survenue spontanément qui n'a pas cessé depuis.

Le malade accuse de fréquentes envies d'uriner (environ toutes les heures, la nuit et le jour). Urèthre libre, vessie très peu douloureuse au contact, à la double pression et à la distension. Prostate et vésicules séminales saines. Reins normaux. Léger varicocèle à gauche. Les urines sont noirâtres et contiennent des caillots abondants, elles paraissent contenir aussi un peu de pus. Le lavage ne semble pas déterminer de saignement, mais au toucher rectal il existe de l'épaississement à droite.

M. Guyon explore le malade le 14 décembre. La vessie ne saigne pas sous l'influence de l'évacuation, mais elle saigne un peu après le lavage; il existe de l'épaississement du côté droit. Le lendemain, les urines sont plus colorées.

Le 17, exploration avec le cathéter métallique, pas de douleurs, mais ressaut à droite. Le lendemain, les urines contiennent une plus grande quantité de sang.

Depuis l'entrée du malade jusqu'au jour de l'opération, les urines ne cessent d'être fortement colorées.

Taille hypogastrique, le 24 décembre. — Distension vésicale, ballon rectal distendu par 310 gr. d'eau. Nombreuses tumeurs molles, difficiles à délimiter, dont la plupart siègent sur le côté droit de la vessie. Quelques-unes de ces tumeurs sont enlevées avec l'anse galvanique, mais la plupart avec la pince coupante. Cautérisation au thermocautère. Suture de la vessie en haut et en bas, au milieu, orifice pour laisser passer les tubes. Ceux-ci sont unis à l'affleurement du bas-fond de la vessie et suturés à la peau. Suture des muscles droits puis de la peau. Donc 3 plans de suture superposés. Pansement de Lister. Le soir, 37°,2; le malade va bien, les urines contiennent une assez grande quantité de sang.

Le 25 décembre, 38°,2, moins de sang dans les urines, les tubes fonctionnent bien. Soir, 39°,2.

Le 26, matin, 38°,2. Plus de sang dans les urines, mais le malade ne se nourrit pas, il est faible et abattu. Soir, 38°,8.

Le 27, matin, 37°,6, malade très abattu, urines claires; les tubes fonctionnent bien. Soir, 38°,2.

Le 28, 37°,8; le malade meurt. Pendant tout ce temps, le pansement n'a pas été changé, il est resté sec.

AUTOPSIE. — La *vessie* présente une surface interne irrégulière, tomenteuse, on reconnaît qu'elle a été soumise à une forte cautérisation, par endroits il existe encore des petites tumeurs pédiculées. Toute la face inférieure de la vessie paraît avoir été malade. Aucune perforation, pas d'infiltration étendue.

Reins et *uretères* sains. *Pas de ganglions;* pas de généralisation. *Prostate, vésicules* séminales et urèthre normaux. Congestion pulmonaire et pleurésie à droite.

La cause de la mort semble avoir été la faiblesse occasionnée par les grandes hématuries que le malade avait depuis plusieurs mois.

OBS. **62.** (**Inédite.**) — *Tumeur infiltrée de la vessie.*

Pas de ganglions iliaques. (Constatation clinique.)

Le nommé Léopold J..., architecte, âgé de 48 ans, entré à l'hôpital Necker, salle Velpeau, n° 31, service de M. le professeur Guyon, le 27 janvier 1891.

Rien de bien spécial à noter dans les *antécédents héréditaires et personnels.* Père mort paralysé, mère morte d'une affection thoracique, un frère tuberculeux. Lui-même n'a eu comme maladie qu'une rougeole dans l'enfance, une variole en 1871 et une blennorrhagie avec épididymite droite dont il reste des traces.

C'est en mai 1890, sans aucune cause et au cours d'une excellente santé que la malade eut sa première hématurie. Le sang était toujours mélangé à l'urine et le premier jet n'était ni plus ni moins coloré que le dernier. Les symptômes fonctionnels étaient absolument nuls : pas la moindre douleur et pas de modification dans le nombre des mictions.

A part quelques rares jours pendant lesquels l'urine n'est pas sanglante, cet état dure sans modifications jusqu'au mois de novembre. Absence totale de douleur, hématuries presque journalières un peu plus abondantes avec les excès de fatigue.

En novembre et décembre, le malade urine quelques petits caillots, sans forme spéciale et venant à la fin de la miction.

Le 15 janvier 1891, il se présente à la consultation ; on le soumet à l'examen endoscopique et, chose remarquable, à la suite de cette exploration, l'hématurie ne reparaît plus jusqu'au 4 février, époque à laquelle elle est assez abondante et dure 4 à 5 jours.

Actuellement l'hémorrhagie est arrêtée, mais le malade a maigri, est fortement émacié et se plaint d'une faiblesse extrême. Dans la paroi inférieure de l'abdomen, on aperçoit trois papillomes du volume d'un haricot assez finement pédiculés et vasculaires.

La palpation de la région ne nous fait découvrir aucune tumeur : la paroi est facilement dépressible au-dessus du pubis : *il n'y a pas de ganglions iliaques appréciables.*

Toucher rectal : la prostate n'est pas volumineuse. La pression du doigt sur la face postérieure de la vessie ne détermine aucune douleur. Le toucher bimanuel ne donne pas de renseignements très précis et ne fait pas découvrir une grosse tumeur; néanmoins on sent nettement que la distance qui sépare les deux mains est plus grande du côté gauche que du côté droit.

Capacité et contractilité vésicales normales. A l'examen microscopique, le 15 janvier, on constate la présence du néoplasme sur la paroi latérale gauche de la vessie.

Examen des urines. — Urines foncées, dépôt purulent et surtout sanguinolent assez abondant. Caillots sanguins volumineux. Réaction acide.

Examen histologique. — Globules rouges extrêmement abondants, quelques rares cellules vésicales. Leucocytes assez abondants.

Examen bactériologique. — Micro-organismes très rares, quelques micro-coques. Pas de bacilles de Koch.

Reins paraissent sains. Urèthre libre, l'on a cependant un petit ressaut près du bulbe.

Le 20 février. Taille hypogastrique. Anesthésie facile. Situation élevée du bassin suivant le procédé de Trendelenburg. Ballon de Petersen. Vessie, 350 gr. Incision transversale siégeant juste au niveau du bord supérieur du pubis. Vessie facilement découverte et incisée. Suture provisoire des lèvres de la plaie vésicale aux téguments. Ce premier temps permet d'apercevoir de la manière la plus nette toute la surface de la vessie. On découvre sur la paroi postérieure du côté gauche une surface noire, grenue, ne faisant nul relief, très dure à la palpation, véritable infiltration des parois vésicales. L'orifice de l'uretère gauche est vainement recherché pendant longtemps, M. Guyon ne voulant pas le blesser et ne pouvant du reste enlever la tumeur, se décide à refermer la plaie de la vessie. Suture de la vessie par un double plan de sutures.

On essaie la suture du plan aponévrotique, on rapproche avec difficulté les bords, à ce moment le malade tousse et tout lâche.

Les jours suivants les suites opératoires sont excellentes, pas de température. Tout alla bien jusqu'au vendredi 27. Ce jour-là, frisson violent, température, 39°,4. Le pansement est défait et rien n'explique cette forte réaction. Cependant l'écartement des deux lèvres de la plaie est considérable, la suture musculaire n'a pas tenu et il y a en ce point une véritable éventration. Le feuillet pariétal du péritoine est à découvert et est soulevé dans la partie supérieure par une anse intestinale qui proémine à la partie supérieure. C'est par cette voie que l'infection a dû se faire, car du côté de la plaie il n'y a pas eu la moindre réaction, les quelques points de suture cutanée ont très bien pris.

Les jours suivants, l'état général n'a fait que décliner, la température a cependant toujours oscillé autour de 38°, les hématuries ne se sont pas reproduites, mais la mort est survenue le 3 mars.

Autopsie. — *Vessie :* Plis nombreux de la muqueuse, quelques-uns congestionnés. L'*uretère droit :* libre et sain. L'*uretère gauche* s'ouvre en avant de la tumeur, comprimé par elle, mais non oblitéré, dilaté et un peu épaissi. Col vésical et région prostatique : muqueuse rouge et congestionnée jusqu'au verumontanum.

Tumeur : Dure, vasculaire, d'aspect caverneux, ne fait aucune saillie dans la cavité vésicale ; c'est une plaque noire du diamètre d'une pièce de 1 franc, occupant la partie latérale gauche au-dessus de l'uretère.

Rein droit : gros, pâle, aspect du gros rein blanc. *Rein gauche ;* bassinet dilaté, tissu pâle, ferme, en somme lésions de dilatation.

Obs. **63**. (**Inédite.**) — *Tumeur sessile de la vessie.*

Pas de ganglions iliaques. (Constatation clinique.)

Le nommé Sosthène S..., âgé de 56 ans, entré le 27 décembre 1892 à l'hôpital Necker, salle Velpeau, n° 31, service de M. le professeur Guyon.

Antécédents. — Jamais malade, mais rhumatisant, jamais de chaudepisse. Il y a 15 ans, douleur lombaire vulgaire.

Début : Il y a 5 ans, hématurie spontanée abondante et totale, sans caractère terminal. Cette hématurie fut pendant deux jours très abondante et totale, puis diminua, devint terminale et cessa au bout d'une huitaine, avec expulsion de caillots. A ce moment, mictions normales, pas de fréquence, pas de douleurs, pas de cystite. Le malade resta tranquille un mois et demi ; l'hématurie reprit alors violente, puis cessa 8 jours après.

Depuis, ces hématuries se sont produites à des intervalles de plus en plus rapprochés (d'abord 5 ou ¦6 fois par an, maintenant tous les mois environ) mais toujours avec les mêmes caractères : spontanéité, irrégularité dans leur apparition, évolution identique : 2 jours très abondantes et totales ; une semaine décroissantes et terminales, avec expulsion de caillots ; jamais de douleurs.

Il y a un mois environ, le 12 décembre 1892, hématurie abondante, avec rétention ; il fut sondé alors pour la première fois, avec un instrument en gomme, dont il se servit lui-même pendant un jour et demi. Depuis, le malade a toujours pissé facilement.

État actuel. — Malade encore vigoureux ayant bon appétit, un peu amaigri, quelques douleurs rhumatoïdes dans les épaules. Artères dures. Cercle sénile de la cornée.

Urèthre normal. Reins : sains. Vessie : Peu sensible à la distension et au toucher, rien au palper simple. Le palper bimanuel (toucher rectal) après évacuation de l'urine montre une prostate peu volumineuse, mais haute et étalée. Au-dessus d'elle une zone vésicale souple et saine. Au-dessus de cette dernière, du côté gauche et très haut, un épaississement peu marqué à contours peu précis. *Les fosses iliaques sont indemnes.*

L'examen endoscopique pratiqué à deux reprises, montre : 1° A gauche et en haut, au-dessus de l'uretère, une tumeur de volume moyen (œuf de pigeon) qui paraît non ou peu pédiculée, et sur la paroi inférieure et en avant 5 ou 6 végétations polypoïdes, blanchâtres, immobiles, grosses comme un pois, formées probablement par des tumeurs secondaires.

Les urines sont un peu troubles et contiennent 14 grammes d'urée par litre le 16 janvier ; le 17 janvier, quantité : 1,500 grammes avec 15 gr. 85 d'urée par litre.

Opération, le 18 janvier 1893.— Chloroforme, antisepsie ; ballon de Petersen, lavage de la vessie au sublimé, réplétion de la vessie à l'acide borique. Incision longitudinale de 10 à 12 centimètres, dépassant de 1 centimètre le bord supérieur de la symphyse. Section du pyramidal gauche. Refoulement de la graisse vésicale. Incision de la vessie, prolongée jusqu'à 3 centimètres du col; 3 fils suspenseurs de chaque côté. Le doigt introduit dans la vessie ne perçoit d'abord pas de tumeur sensible. La vessie est vidée, les bords de la plaie écartés largement, le fond éclairé électriquement. On aperçoit alors sur la paroi latérale gauche, assez haut et en arrière de l'uretère, une plaque néoplasique rose-blanc, granuleuse avec quelques saillies polypoïdes. Cette plaque assez large paraît infiltrer la paroi, elle est absolument sessile et son grand axe se dirige obliquant à gauche, en haut et en avant.

On l'attaque à deux fois. Un ténaculum Guyon d'assez grande courbure est introduit transversalement sous la moitié de la partie postérieure dont il traverse la base. Par traction sur le ténaculum on détermine ainsi la production, par soulèvement, d'un pli assez épais. Ce pli est saisi dans une pince longue dont les mors embrassent la paroi vésicale en se tenant à une large distance des limites du néoplasme. Avec une aiguille de Hagedorn à grande courbure, on passe 3 catguts sous la pince et par suite sous la base du pli saisi. Le couteau du thermo-cautère détache alors le néoplasme au ras des mors de la pince, tandis qu'un aide soulève avec un ténaculum fin la tumeur à mesure qu'elle est détachée. La tumeur enlevée, la pointe du thermo-cautère est promenée avec soin dans la rainure des mors de la pince pour détruire tout ce qui dépasse ces mors et assurer la destruction absolue du néoplasme. On noue alors, sans enlever la pince, les deux fils extrêmes; on enlève la pince, on noue le fil du milieu. Le résultat apparaît sous forme d'une traînée linéaire un peu noirâtre absolument exsangue, les deux lèvres sont parfaitement affrontées.

Même manœuvre sur la moitié antérieure de la tumeur. Ténaculum, formation d'un pli par soulèvement; pincement du pli à distance des limites du néoplasme; section au ras des mors. Cautérisation soignée de la rainure avec les pointes du couteau. Passage de 3 catguts avec une aiguille de Hagedorn. On noue les fils extrêmes, enlèvement de la pince, on noue le fil moyen.

Le résultat total est une traînée linéaire noirâtre oblique en haut et en avant, aux lèvres bien affrontées par les 6 catguts, absolument exsangues. L'uretère gauche est à un centimètre au-dessous et perméable. Lavage rapide de la vessie, sonde de Pezzer à demeure. Suture totale de la vessie: 12 catguts primitifs, 3 catguts à la Lembert pour renforcement. Suture par étages solidarisés de divers plans, au crin de Florence. On laisse une mèche de gaze iodoformée dans le cul-de-sac vésical antérieur. Pansement compressif. L'opération a duré une heure 30.

Le 19 janvier, 38°, toux légère avec crachats.

Le 21, 38° matin et soir, ventouses.

Le 23, 37°.

Le 25, ablation des fils superficiels; 1er pansement.

Le 27, ablation des fils profonds et de la sonde.

Le 28, 38°, mais l'urèthre a été un peu blessé lorsqu'on a retiré la sonde très incrustée. Le malade reste dans le service jusqu'au 13 février.

15 juin 1893. Le malade revient avec des symptômes de calcul. M. Guyon prend un lithotriteur à mors plats n° 1 et enlève des concrétions phosphatiques

Obs. **64.** (**Personnelle.**) — *Tumeur vésicale non infiltrée.*

Pas de ganglions iliaques. (Constatation clinique.)

Le nommé Jacques Hei…, brasseur, âgé de 62 ans, entré le 27 mars 1897 l'hôpital Necker, salle Velpeau, n° 2, service de M. le professeur Guyon.

En juin 1895, hématurie totale puis terminale sans cause aucune. Sang pur et caillot à la fin de la miction. Cette hématurie dure plusieurs jours et cesse spontanément pendant quelques jours pour reparaître ensuite sans cause. Il y a même des alternatives d'urines claires et d'urines sanglantes dans la même journée. Pas de fréquence. Pas de cathétérisme.

En janvier 1897, hématurie totale et continue. Il y a de la fréquence des mictions toutes les deux heures le jour, toutes les heures la nuit. Urèthre libre. Vessie : Résidu sanglant de quelques grammes ; par le toucher combiné on trouve à droite une vessie qui déborde le pubis de trois travers de doigt. Urines sanglantes. Sang pur à la fin de la miction.

Réaction acide. Hématies très abondantes. Leucocytes abondants. Nombreuses cellules épithéliales, polymorphes. Examen bactériologique : Nombreux micro-organismes d'une seule espèce, strepto-bactéries (Hallé).

Prostate et reins : sains.

En mars on ne constate pas d'irrégularités des contours de la vessie, pas de bosselures, et bien qu'il y ait une paroi abdominale très mince, *on ne trouve pas de ganglions iliaques.*

Le 22 avril, le malade quitte l'hôpital, se refusant d'ailleurs à toute intervention.

Deux mois après il commence à avoir des grandes hématuries totales avec caillots ; ces hématuries apparaissaient sans cause apparente et surtout la nuit, elles duraient un ou deux jours, puis disparaissaient pendant deux ou trois jours et se reproduisaient ensuite. Peu à peu elles devinrent plus fréquentes et de novembre à décembre les urines n'ont pas cessé d'être sanglantes.

20 novembre. Fréquence, le jour tous les trois quarts d'heure, la nuit incontinence ; les urines sanglantes contiennent un peu de pus.

Par le toucher rectal combiné avec la palpation hypogastrique, on sent la vessie qui a les mêmes proportions qu'en avril.

1er février. Depuis son entrée à l'hôpital le malade a eu constamment des hématuries totales sans jamais avoir d'urines claires. Mais depuis hier, sans cause apparente, les hématuries ont cessé spontanément et actuellement l'urine est absolument normale et ne contient pas trace de sang. Plus d'incontinence. Fréquences : le jour toutes les heures, la nuit toutes les deux ou trois heures.

Le 7. Les urines sont restées claires depuis le 1er février ; le matin cependant elles sont teintées de sang.

Le 18. Depuis le 7 février les hématuries totales ont recommencé ; l'urine toutefois est moins sanglante qu'au moment de l'entrée du malade à l'hôpital.

L'état général du malade n'est pas mauvais. Il n'a pas maigri d'une manière sensible depuis qu'il est à l'hôpital ; mais les téguments présentent une pâleur exsangue caractéristique. Rien aux poumons. La fréquence a presque disparu : le jour il urine toutes les heures et demie, la nuit toutes les deux ou trois heures. Il n'a plus du tout d'incontinence.

Examen de M. le professeur Guyon : La vessie vidée, on fait le toucher rectal. Par le palper combiné on sent une vessie résistante, un peu inégale, remontant à trois travers de doigt au-dessous de l'ombilic et s'étendant latéralement à droite et à gauche à trois ou quatre travers de doigt de la ligne médiane.

Le malade quitte le service.

20 mars 1898. Le malade rentre au lit n° 2. Urines fortement teintées de sang.

État général très mauvais. Teinte très pâle, la face est bouffie. Les jambes sont très enflées ainsi que les mains.

Avril 1898. L'œdème des jambes disparaît, cependant l'œdème du membre supérieur et la bouffissure de la face persistent. Amaigrissement progressif. Hématuries incessantes. Appétit nul.

Le malade meurt le 22 avril.

AUTOPSIE. — *Urèthre*, normal. *Vessie*, remplie de végétations fixées par des pédicules minces. *Ganglions non hypertrophiés.*

Uretères, normaux. *Reins*, normaux. *Poumons* congestionnés. Foie rate, normaux.

Examen histologique. — Épithélioma sans infiltration des parois vésicales.

OBS. **65.** (**Personnelle.**) *Tumeurs pédiculées de la vessie.*

Pas de ganglions iliaques. (Constatation clinique.)

La nommée Augustine H..., femme Cas..., âgée de 48 ans, entrée le 1er avril 1897 à l'hôpital Necker, salle Laugier, n° 17, service de M. le professeur Guyon.

Au début de 1896, hématurie totale sans cause, presque tous les jours, revenant même et disparaissant plusieurs fois dans la même journée.

En novembre 1896, fréquence des mictions cinq ou six fois le jour, trois ou quatre fois la nuit.

La malade entre à l'hôpital le 1er avril 1897, pour des hématuries. Les mictions sont alors peu fréquentes et peu douloureuses. A l'examen : M. Guyon trouve par le toucher simple une sensation très nette de dureté inégale, sous forme de bosselure, au niveau de la paroi vésicale et faisant corps avec elle.

Au toucher combiné avec le palper hypogastrique, cette sensation de dureté est plus prononcée et se retrouve partout, surtout du côté gauche. Les bords de la vessie sont inégaux. La tuméfaction rémonte à deux travers de doigt au-dessus du pubis. Les bosselures s'avancent presque jusqu'à l'ouverture uréthrale. *On ne sent pas de ganglions dans la fosse iliaque ni au niveau du détroit supérieur.*

L'examen endoscopique pratiqué le 30 mars, montre qu'il existe sur la paroi antérieure de la vessie, cinq tumeurs dont trois ont le volume d'une grosse

noisette et deux celui d'un gros pois. Sur la paroi inférieure au niveau de la
région uréthrale droite, il existe une grosse tumeur ovale, à grand axe transversal du volume d'une amande. Au niveau du trigone il y a une autre tumeur
grosse comme un pois. Au-dessus et à gauche de l'uretère gauche, il existe une
dernière tumeur grosse comme une noisette. *Toutes ces tumeurs sont pédiculées.*
· La malade veut quitter l'hôpital le 10 avril 1897.

OBS. **66.** (**Personnelle.**) — *Tumeur profondément implantée dans la paroi
vésicale.*

Pas de ganglions iliaques. (Constatation clinique.)

Le nommé Désiré D..., gardien au Louvre, âgé de 55 ans, entre le 19 avril
1897 à l'hôpital Necker, salle Velpeau, n° 9, service de M. le professeur Guyon.
Antécédents. — En 1867, blennorrhagie. Pas de cystite. Pas d'orchite. Pas de
goutte persistante. Urines claires.

En 1896. Début sans fréquence des mictions, urines restant toujours claires ;
subitement et sans cause appréciable, 1re hématurie peu abondante sur laquelle
le malade ne peut rien préciser. Aucun phénomène vésical ni avant cette hématurie, ni au moment, ni après.

En janvier 1897, 2e hématurie également peu abondante, que le malade ne peut
pas non plus préciser. Cette hématurie n'a été précédée ni accompagnée par
aucun phénomène vésical : de l'ergotine lui fut administrée et l'hématurie
cessa.

En février (1 mois après), 3e hématurie ; c'était un accès d'hématurie qui dura
plusieurs jours ; les urines étaient colorées en rouge sans fréquence de mictions,
ni douleurs hypogastriques ou lombaires. Le malade croit, sans pouvoir l'affirmer, que ces hématuries étaient le plus souvent terminales. Il affirme qu'il a eu
plus d'une fois des alternatives de mictions claires et sanglantes dans la même
journée.

Du 4 au 8 mars, 4e saignement ; hématuries totales et abondantes et continuelles ; le malade, effrayé par l'abondance du sang perdu, se décide à consulter.

Le 11 mars (quelques jours après), il vient à la salle de la Terrasse : canal
libre. Vessie : se vide. Les urines retirées sont presque claires. Pas sensible au
double palper, pas de sensation de tumeurs. Sensibilité à 150 grammes.

Le 12 mars, le malade revient pour l'examen cystoscopique qui est fait par
M. Janet. La vessie est propre. On trouve un *néoplasme implanté probablement
par un pédicule assez large situé sur la partie latérale gauche* de la vessie, presque
au milieu de cette face. Cette tumeur, grosse comme une noix, est ronde, villeuse, d'un blanc rosé. Elle ne se mobilise pas. La muqueuse vésicale autour
de son implantation forme des plis radiés comme si elle était tiraillée par le
pédicule. Elle est située en dehors de l'uretère gauche qu'elle ne surplombe pas.
Les uretères droit et gauche sont normaux.

6e hématurie. Du 12 mars au 28 avril, grande hématurie persistante.

Après l'examen cystoscopique et pendant 47 jours, le malade a des hématuries assez abondantes mais pas continuelles; il n'a pas remarqué d'alternatives de mictions claires et sanglantes dans la même journée. L'hématurie cessait pour une période de 8 à 10 jours pour reprendre et durer 10 à 15 jours. D'autres fois, 3 jours de la semaine, mictions claires et les 4 autres jours mictions sanglantes. Ces hématuries étaient le plus souvent totales, mais les urines étaient beaucoup plus colorées en rouge à la fin de la miction.

Aucun phénomène vésical; pas de fréquence des mictions, pas de douleur ni de pesanteur hypogastrique. Pas de douleurs ni de fatigues lombaires. Le malade se sent un peu affaibli.

Du 29 avril au 2 mai. Les urines s'éclaircissent de plus en plus et le malade sort du service et revient sans que cela provoque de l'hématurie.

3 mai. Examen de M. le professeur Guyon. *Examen des fosses iliaques et des rebords de l'excavation pelvienne : pas d'engorgement ganglionnaire ni à gauche ni à droite.* Canal libre et souple. — Vessie : Contenu vésical presque entièrement clair au cathétérisme. — Toucher rectal : Prostate mince et souple. — Palper bimanuel : Paroi postérieure de la vessie paraît souple dans toute son étendue par le toucher simple. Mais au palper bimanuel, on constate une augmentation de volume de la vessie du côté gauche à 2 travers de doigt au-dessus du pubis. L'ensemble de la tuméfaction est souple. Après l'examen le contenu de la vessie et de la sonde laissée dans la vessie est très sanglant.

Le 5, le malade a une hématurie (la 7e) très abondante, presque entièrement sanglante. L'urèthre était obstrué par un caillot. Le cathétérisme a pu être fait et M. Chevalier a même pensé à une aspiration des caillots de la vessie, mais le malade ne souffrant pas et la miction paraissant se faire assez librement, l'aspiration a été remise.

Le 6. Le malade pisse abondamment du sang le matin et il est tout étonné d'une miction presque entièrement claire faite dans l'après-midi. 8e hématurie. Puis hématuries subintrantes.

Le 7. Hématurie très abondante. Examen de M. Guyon. La palpation des deux reins dans le décubitus horizontal et dorsal ne donne rien. Varicocèle surtout à gauche qui date de 3 ans. Hernie inguinale gauche qui date de 4 ans. Artères : dures. Cœur : claquement aortique, pas de souffle.

Le 10. L'hématurie est toujours très abondante.

Examen des urines. — Pas de sucre.

Opération, le 12. — Taille hypogastrique faite par M. le professeur Guyon. On trouve la tumeur comme une grosse noix et profondément implantée dans la paroi vésicale. Extirpation et cautérisation. Il y a un peu d'hémorrhagie. Examen histologique : Cancer (MOTZ).

Le 14. Pas d'hématurie. Pansement. Le 16. Mise à demeure d'une sonde de Pezzer que le malade arrache. Le 17. On lui remet une sonde béquillle. Le 22. Plaie cicatrisée. On enlève la sonde à demeure.

Le 27. Le malade sort guéri, sa plaie est cicatrisée et il urine sans difficulté.

Obs. **67**.(**Inédite**.) — *Tumeur vésicale sessile.*

Autopsie : *Pas de propagation ganglionnaire.*

Le nommé M..., cultivateur, âgé de 56 ans, entre le 13 décembre 1897, salle Velpeau, lit n° 27.

Ni blennorrhagie, ni syphilis. Jamais aucune maladie.

Début: il y a 6 mois. Spontanément, sans douleur, sans fréquence, le malade eut une hématurie totale. L'urine était facilement colorée et l'hématurie dura trois jours ; pendant ces trois jours et à chaque miction l'urine persista très foncée.

Depuis cette époque, les urines ont toujours été sanglantes, à un degré plus ou moins accentué : seulement teintées quand le malade ne travaillait pas et contenant beaucoup de sang quand le malade travaillait.

Depuis 6 semaines, les hématuries sont plus abondantes, l'urine étant plus foncée, et c'est ce qui engage le malade à venir consulter à la Terrasse.

Depuis quatre semaines, légère douleur à la miction. Jamais le malade n'a été sondé, jamais il n'a rendu de longs caillots moulés mais seulement parfois quelques petits caillots, qui n'ont du reste causé aucun trouble dans l'expulsion des urines.

État actuel. — Malade pâle, anémié, ayant maigri surtout depuis un mois. Œdème des jambes et de la région lombaire, surtout à gauche.

Mictions fréquentes : le jour toutes les heures, la nuit toutes les deux heures. Douleur légère à la fin de la miction, non modifiée par la marche et la voiture.

Examen. — Canal libre. Vessie ne se vide pas complètement. Capacité :160. L'eau injectée dans la vessie revient très colorée. Rien à la prostate, rien aux reins.

18 décembre. Examen par M. le professeur Guyon. Vessie ne se vide pas complètement. L'urine qui s'écoule par la sonde est faiblement colorée.

Toucher rectal. Prostate : volume et consistance ordinaires. La partie de la vessie qu'on sent au-dessus de la prostate, aussi haut qu'il soit possible de remonter, est souple et unie. Toucher et palper difficiles à pratiquer à cause de la contraction des muscles droits.

Cependant il semble que la vessie soit augmentée de volume et cette augmentation serait un peu plus marquée à droite.

En laissant séjourner la sonde, les urines reviennent un peu plus teintées, mais ne sont pas franchement hématuriques. Le liquide injecté ne revient pas coloré. On pratique l'aspiration à la seringue et on ne détermine pas de saignement. On retire quelques fragments qui sont envoyés au laboratoire (ce sont des amas de pus).

20 décembre. *Examen phonendoscopique* pratiqué par M. Bianchi. *Rein gauche* normal. *Rein droit* manifestement augmenté de volume, mais non descendu. Il est caché dans toute sa hauteur par les côtes et s'est développé en haut, en refoulant le foie, mais sans s'abaisser. *Vessie.* On cherche au moyen du phonen-

doscope la projection de la vessie sur la paroi, sans avoir évacué le contenu vésical et on constate qu'elle remonte à trois travers de doigt au-dessous de l'ombilic. L'évacuation ne répond cependant pas à un volume aussi grand, car on ne retire de la vessie que 150 gr. de liquide. La vessie est sans doute augmentée de volume. L'examen phonendoscopique, répété une fois la vessie vide, montre en effet qu'elle dépasse le pubis de trois travers de doigt, et c'est assez exactement ce que M. Guyon constate au double palper, rendu plus facile aujourd'hui par le relâchement relatif de la paroi abdominale.

Injection sous-cutanée en deux fois de 700 gr. de sérum.

29 décembre 1897. Rétention complète par des caillots. Sondage avec aspiration. Les fragments sont envoyés au laboratoire, où on constate de l'épithélioma.

Le 2 et le 5 janvier 1898. 300 gr. de sérum artificiel. Mort, le 31.

AUTOPSIE [1]. — *Urèthre* normal. *Vessie* spacieuse. La face postérieure et le côté gauche de la vessie sont occupés par un énorme néoplasme qui a la forme d'un champignon à implantation très large. Dans les autres points on voit plusieurs végétations, probablement néoplasiques. — Examen histologique : epithélioma lobulé (MOTZ).

Pas d'infiltration ganglionnaire.

Uretères normaux. *Reins* normaux. Poumon gauche présente des adhérences pleurales. Les autres organes sont normaux.

OBS. **68.** — **Bergeon**[2]. (Résumée.) *Tumeurs multiples de la vessie.*

AUTOPSIE : *Ganglions pelviens, iliaques et lombaires.*

Le nommé R..., âgé de 56 ans, est admis le 13 janvier à l'hôpital Saint-Louis ; le malade accuse des douleurs dans les membres pelviens, mais elles sont bien plus vives à la région des reins. Il ne peut retenir son urine.

Depuis quinze ou dix-huit mois, il a eu plusieurs rétentions d'urine, et, enfin, il lui est déjà arrivé deux fois de rendre du sang.

Dans la nuit du 15 au 16, le malade est pris d'une hématurie très considérable ; le matin les douleurs étaient un peu moindres, mais le 17, elles avaient repris leur premier degré d'acuité et il meurt le 18.

AUTOPSIE. — Les *reins* sont tout à fait sains. Quant aux *uretères et aux bassinets*, ils sont tellement distendus par l'urine qu'ils ont acquis plus de volume que l'intestin grêle. Le *petit bassin* est rempli en grande partie par la vessie. Cet organe présente une surface mamelonnée à sa partie supérieure et postérieure ; son volume est sensiblement augmenté, son poids l'est beaucoup. En ouvrant sa cavité sur la ligne médiane, on voit des fongosités qui paraissent appartenir surtout à la face postérieure des viscères ; sa cavité est extrêmement petite, et l'augmentation de volume dépend de la grande épaisseur des parois, qui ont au moins un pouce et demi en arrière, tandis qu'en avant et en haut elles n'ont que l'épaisseur naturelle.

---

[1] Musée de Necker, pièce n° 504.
[2] BERGEON. *Bull. Soc. anat.*, 1830, p. 127.

Un appendice squirrheux et sillonné comme la surface d'un chou-fleur part de la partie latérale et supérieure gauche, et va s'appuyer sur l'anneau inguinal de ce côté ; enfin, une autre masse cancéreuse, plus grosse que le poing, est réunie à la partie latérale droite de la vessie, par le péritoine en arrière, par une portion de l'obturateur interne en avant. *Cette masse, dure, inégale et bosselée, tend à sortir par la grande échancrure sciatique ;* dans cet endroit, elle comprime tellement le grand nerf sciatique, qu'on ne l'en sépare qu'avec beaucoup de peine, et qu'il est très fortement aplati par la tumeur. Celle-ci se porte, en outre, sous les muscles psoas et iliaque qu'elle refoule en dehors.

Enfin, une *autre portion de cette tumeur cancéreuse appuie sur la symphyse sacro-iliaque droite, remonte un peu le long de la colonne vertébrale, et soulève les branches antérieures des dernières paires lombaires* dont on voit des divisions à la surface de cette masse squirrheuse. Elle est côtoyée en dedans par l'uretère, qui la sépare de la vessie à son entrée dans cet organe.

Du reste, la paroi recto-vésicale est tout à fait saine ; la *prostate* et les vésicules séminales le sont également.

Ce cancer a paru à M. Cruveilhier se rapprocher beaucoup de la nature encéphaloïde.

OBS. 69. — Lacaze-Dori [1] (Résumée.) Tumeur sessile ulcérée.

AUTOPSIE : *Ganglions iliaques.*

Le nommé X..., chapelier, âgé de 55 ans, entré aux cliniques de la Faculté, le 18 janvier 1852, se plaignant de difficulté d'uriner et de douleurs légères de l'hypogastre. Il raconte avoir toujours joui d'une bonne santé.

Il y a 6 mois, il a été pris subitement d'une hématurie assez abondante, survenue sans cause appréciable et sans aucune douleur. Depuis cette époque, besoins fréquents d'uriner.

Par la palpation, on sent une tumeur globuleuse, douloureuse à la pression, située au-dessus du pubis et un peu à gauche ; en même temps il survient de la faiblesse et le malade épuisé succombe le 17 février.

AUTOPSIE. — La vessie forme derrière la symphyse pubienne une tumeur ovoïde, de 7 centim. de largeur sur 9 centim. de longueur : son aspect extérieur paraît sain ; seulement, vers la partie postérieure et gauche de cet organe, on observe une tumeur du volume d'un petit œuf, mais très allongée, formée dans le tissu cellulaire pelvien, et constituée par une masse cancéreuse qui s'unit par des *prolongements assez grêles avec les ganglions iliaques du côté gauche, qui sont durs et tuméfiés ; l'un d'eux même présente déjà un commencement de ramollissement central ; ceux de la région correspondante à droite sont aussi malades, mais à un moindre degré.*

En ouvrant la vessie, on constate que la moitié antérieure et gauche, la paroi latérale et les deux tiers postérieurs du fond de cet organe, présentent une masse noirâtre à l'extérieur, formée par des espèces de pédoncules mamelonnés,

---

[1] LACAZE-DORI. Th. Paris, 1852, obs., p. 28.

réunis par une base large, et divisés à leur sommet, où ils sont ramollis. L'uretère gauche vient s'ouvrir dans un point qui correspond presque au centre de cette tumeur ; sur la partie latérale droite, au niveau de l'embouchure de l'uretère droit on observe une plaque grisâtre, boursouflée. Le canal de *l'urèthre* vient s'ouvrir dans la vessie au niveau d'un assemblage de petites tumeurs qui s'implantent sur son col, laissant cependant son orifice complètement libre.

La tumeur observée dans la vessie présente tous les caractères du cancer encéphaloïde ulcéré : une trame aréolaire résistante, laissant suinter par la pression un liquide blanchâtre, que le microscope a reconnu pour de l'ichor cancéreux. Les parois vésicales hypertrophiées ont présenté extérieurement des adhérences très résistantes avec la tumeur du bassin dont nous avons parlé, mais sans se continuer avec elle.

La *prostate*, dure et de volume normal, est aussi très adhérente à la tumeur pelvienne.

OBS. **70.** — **Siredey** [1]. (Résumée.) *Fongus de la vessie.*

AUTOPSIE : *Ganglions sacro-iliaques droits.*

Femme de 55 ans, entrée le 15 octobre 1859 dans le service de M. Aran. Son affection débuta, il y a deux ans environ, par une abondante hématurie, qui dura quinze jours. Depuis cette époque, il ne se passa pas de mois sans que ce phénomène se renouvelât plusieurs fois, mais avec une moindre durée.

Vers le mois de juillet 1859, la miction devint douloureuse ; l'urine contenait de petits graviers, elle était trouble et laissait déposer une masse rougeâtre qui renfermait parfois de petits caillots sanguins. C'est ce qu'il est facile de constater encore lorsque la malade entre à l'hôpital St-Antoine.

Le col de l'utérus est sain. En arrière de la symphyse pubienne, on sent une tumeur indépendante du corps de l'utérus.

L'amaigrissement fait des progrès rapides, et le 25 décembre la malade succombe.

AUTOPSIE. — La vessie contient une sanie putride. Les parois sont épaissies, sa cavité diminuée, et la muqueuse, altérée dans sa texture, offre un aspect fongueux grisâtre. Les deux uretères sont distendus par de l'urine, le droit plus que le gauche. C'est du reste de ce côté que le fongus semble avoir pris son plus grand développement.

Double hydronéphrose, causée par la rétention de l'urine dans les uretères, les calices et le bassinet.

Caillots sanguins oblitérant les veines fémorales et iliaques externes du côté droit. C'est au niveau de la symphyse sacro-iliaque droite, à l'endroit où le vaisseau est englobé dans une *masse cancéreuse ayant pour siège probable les ganglions dégénérés*, que s'est produite l'oblitération.

[1] SIREDEY. *Bull. Soc. anat.*, 1859, p. 350.

OBS. **71**. — **Civiale** [1]. (Résumée.) *Tumeur vésicale.*

Ganglions iliaques. (Constatation clinique.)
AUTOPSIE : *Ganglions pelviens, iliaques et inguinaux.*

Un malade de Saint, près Coulommiers, éprouvant depuis quelques années des douleurs vésicales, se fit admettre dans mon service. Mais son état était si grave qu'il succomba avant même que j'eusse pratiqué les explorations nécessaires pour déterminer la nature de sa maladie. J'avais remarqué à l'hypogastre deux tumeurs, dont une, plus saillante, occupait le côté gauche. On s'assura à l'autopsie que les parois vésicales étaient fort épaisses, et que les tumeurs indiquées étaient formées par des *masses de tissu lardacé, qui remplissaient l'excavation pelvienne et une partie de la fosse iliaque gauche. Ces masses faisaient corps avec les parois de la vessie,* dont la cavité ne conservait plus rien de sa forme et de sa couleur normales.

La surface interne de cette cavité était en partie incrustée de matière terreuse, formant, en certains endroits, plusieurs couches distinctes, et adhérant à la vessie avec tant de force que les plus profondes de ces couches ne purent être enlevées.

Les glandes inguinales étaient tuméfiées et dégénérées. La cavité abdominale était en partie occupée par des agglomérations glandulaires, également dégénérées, volumineuses et ramollies dans certains points. Dans le rein droit existaient des graviers. Le rein gauche, plus volumineux que dans l'état normal, contenait plusieurs abcès.

OBS. **72**. — **Senftleben** [2]. (Résumée.) *Tumeur sessile infiltrée de la vessie.*

Ganglions inguinaux. (Constatation clinique.)

Femme âgée de 29 ans, admise à la clinique pour une affection de la vessie, qui existait depuis une année.

A l'entrée de la malade, la région hypogastrique était douloureuse à la pression, *un ganglion inguinal du côté droit avait atteint la grosseur d'une noix,* et l'urèthre était assez fortement élargi pour permettre l'introduction de l'index.

On pouvait constater la présence d'une tumeur élastique, molle, feuilletée et lobulée, fixée par un large pédicule sur la paroi supérieure de la vessie du côté droit, et fort douloureuse au contact. L'examen par le vagin confirmait la présence d'une tumeur sur la voûte vaginale.

Comme la tumeur causait à la malade de fortes douleurs à cause de l'écoulement d'urine, et comme elle demandait impatiemment une opération, H. Langenbeck entreprit l'opération. On extirpa la tumeur aussi bien que possible par

---

[1] CIVIALE. *Traité des mal. des org. gén.-urin.*, Paris, 1858, t. II, p. 207, obs. VII.
[2] SENFTLEBEN. *Langenbeck's Arch.*, 1861, p. 129. (Trad. personnelle.)

morceaux, ou dut cependant laisser le large pédicule. L'hémorrhagie fut insignifiante.

Par suite d'une péritonite purulente, la malade succomba le quatrième jour après l'opération.

AUTOPSIE. — Cavité abdominale pleine d'exsudat, dans la partie droite du fond de la vessie existait une perforation de la paroi par laquelle on put introduire l'index. La muqueuse de la vessie était couverte d'une couche de pus.

Dans les autres organes, pas de métastases.

L'examen de la préparation nous montre sur le côté droit du fond, immédiatement en dessous de l'embouchure de l'urèthre et fixée tout près de la place perforée, une tumeur, grosse comme une noix, déchiquetée, avec des villosités, qui s'étendent par quelques prolongements jusque dans la tunique musculaire, où elle prend son origine sur le tissu conjonctif entre les faisceaux musculaires.

La texture de la tumeur principale se montre sur des coupes fines, partout composée de corpuscules allongés et juxtaposés, qui ont un noyau sombre résistant à l'acide acétique. Les petits noyaux sont reconnus comme formés de cellules allongées, ovalaires qui montrent souvent deux noyaux.

OBS. **73**. — **Ranking** [1]. (Résumée.) — *Tumeur infiltrée de la vessie.*

AUTOPSIE : *Ganglions iliaques.*

Quand je vis le malade pour la première fois, il avait 58 ans. Je fus appelé pour une hématurie. En l'examinant je fus amené par les caractères de l'hématurie à poser le diagnostic qui fut confirmé après la mort, de tumeur maligne de la vessie. L'hématurie ne s'arrêtant pas, le malade fut reçu à l'hôpital en octobre 1862.

A son entrée il était presque dans le collapsus, et urinant en abondance un sang noirâtre, en partie fluide, en partie en caillots, dont l'émission s'accompagnait d'efforts très douloureux.

L'exploration vésicale permit de constater qu'il n'y avait pas de calcul, mais qu'on éprouvait une sensation d'épaississement et de ramollissement des tuniques de la vessie au contact de l'instrument. Au microscope on vit dans le sang des cellules cancéreuses. Le malade mourut vingt-quatre jours après son admission.

AUTOPSIE. — Les deux reins étaient gros et profondément congestionnés, et le gauche avait son uretère largement dilaté et distendu par l'urine.

La partie inférieure de l'abdomen était occupée par une tumeur large de la grosseur d'une tête d'enfant, formée par la vessie convertie en une masse solide, sa paroi gauche était envahie par le cancer encéphaloïde qui s'était développé intérieurement suffisamment pour oblitérer la cavité vésicale.

Les *glandes iliaques étaient aussi cancéreuses* et les vésicules séminales et les parties adjacentes étaient agglutinées ensemble en une large tumeur supplé-

---

[1] RANKING. *Brit. med. Journ.*, 22 août 1863, II, p. 209. (Trad. personnelle.)

mentaire. La masse entière pesait trois livres et était composée de cancer médullaire.

L'explication de l'énorme dilatation de l'uretère fut trouvée dans l'obstruction de son orifice vésical par l'immense masse cancéreuse qui avait spécialement envahi cette partie de l'organe.

Sous le microscope on vit des noyaux de cellules cancéreuses abondants, mais pas de travées fibreuses.

OBS. **74.** — **Holmes** [1]. (Résumée.) *Néoplasme infiltré de la vessie.*

AUTOPSIE : *Envahissement des ganglions lombaires.*

Femme de 50 ans, admise à Saint-Georges Hospital en août 1862, pour hématurie. Elle accusait une vive douleur dans la région pubienne. L'urine était mêlée d'une grande quantité de sang et ne contenait pas de matières solides. A l'examen microscopique on reconnut quelques larges cellules d'aspect plutôt suspect, mais que néanmoins on ne put déterminer comme étant celles d'une tumeur maligne.

La surface de la vessie fut examinée avec soin à la sonde en deux occasions pendant le mois de septembre. Pas de calcul. La vessie était rugueuse, mais il n'existait point à ce moment de tumeur perceptible.

La malade baissa graduellement. Les quelques dernières semaines de sa vie il n'y avait plus de sang dans les urines ; pas de fréquence trop grande dans les mictions. La malade ne semblait pas souffrir beaucoup. Elle mourut le 24 janvier.

AUTOPSIE. — On trouva de larges masses cancéreuses molles occupant le fond et la partie supérieure de la *vessie;* de petits tubercules de même origine étaient disséminés sous le péritoine voisin. Une de ces masses était si proéminente qu'on l'avait sentie avec la sonde dont on s'était servi peu avant sa mort. La surface du néoplasme n'était pas ulcérée, mais on pouvait voir en deux ou trois endroits sur la muqueuse de petits écoulements de sang. Le vagin et l'utérus n'étaient pas pris. *Les ganglions lombaires étaient intéressés par le cancer.* L'*uretère* droit était très distendu. Les *reins* étaient granuleux à la surface et contenaient quelques petits kystes.

OBS. **75.** — **Casaubon**[2]. (Résumée.) *Tumeur infiltrée de la vessie.*

AUTOPSIE : *Ganglions périvésicaux.*

Homme âgé de 49 ans, mort le 20 février chez M. Demarquay, à la maison de santé, après avoir plusieurs fois offert certains signes de cancer de la vessie.

AUTOPSIE. — *Vessie :* Dans presque toute son étendue la muqueuse vésicale a disparu, et est remplacée par des excroissances [fongoïdes d'un aspect grisâtre.

---

[1] HOLMES. *Trans. of path*. *Soc.*, 1863, XIV, p. 182. (Trad. personnelle.)
[2] CASAUBON *Bull. Soc. anat.*, mars 1867, p. 144.

Sur un point même, on découvre une ulcération dont le fond est constitué par la tunique musculeuse. Cette altération fongueuse s'étend, mais avec des caractères moins tranchés, sur les deux tiers postérieurs de la muqueuse uréthrale. Sur un point de la surface interne de la vessie où la muqueuse est saine, on constate l'existence de petits mamelons dont la nature est évidemment cancéreuse, l'examen ayant été fait au microscope. Sur les bords de cette plaque les fongosités soulevaient la muqueuse, de sorte qu'on peut légitimement conclure que le cancer s'est primitivement développé dans la couche sous-muqueuse, et que cette dernière membrane a été détruite postérieurement. A la coupe, on constate que sur certains points la couche musculeuse est légèrement éraillée ; mais partout on trouve les fibres à peu près intactes.

Dans le voisinage on trouve deux ou trois ganglions augmentés de volume, et remplis en partie par de la sérosité citrine et en partie par une substance d'aspect lardacé dont la nature était probablement cancéreuse.

La *prostate* est saine, le rectum est intact, le péritoine paraît être resté étranger à l'affection.

Pendant la vie, le malade avait présenté comme particularités importantes : des envies fréquentes d'uriner, de la douleur pendant la miction, des urines tantôt pâles, tantôt chargées de muco-pus, tantôt sanglantes. Les hématuries ne furent pas fréquentes, mais à chaque fois abondantes. Le cathétérisme était des plus pénibles. Le malade était profondément anémique, cachectique ; il faisait remonter sa cystite à trois ans environ ; il était dans le service de M. Demarquay depuis quatre mois. Pour M. Demarquay toutes les probabilités étaient en faveur d'une lésion organique de la vessie.

OBS. **76.** — **Rendu**[1]. (Résumée.) *Néoplasme vésical.*

AUTOPSIE : *Ganglions lombaires et pelviens, pas de ganglions inguinaux.*

Homme, âgé de 69 ans.

Il y a 3 ans, hématurie spontanée et gêne de la miction. Cet accident se répéta assez souvent et, dans l'intervalle, les urines étaient assez troubles, bien que la vessie eût gardé sa contractilité.

Le 18 novembre 1869, le malade se présente à l'hôpital Necker. Depuis plusieurs jours il souffrait d'une rétention d'urine complète ; on le sonde alors régulièrement ; le 25 novembre, fièvre ; le 1er décembre, orchite gauche.

A partir de ce moment, accidents généraux marqués, langue sèche, fièvre permanente. Mort le 11 décembre.

AUTOPSIE. — La vessie très épaissie présente des parois atteignant plus de 1 centim. en certains points. La cavité est fort réduite. Par sa face externe, elle est doublée d'une enveloppe de tissu cellulaire épais, surtout sur les parties latérales, où viennent aboutir les artères vésicales. En ce point, si l'on presse sur les veines qui émergent de la vessie, on constate qu'elles sont remplies de pus.

---

1 RENDU. *Bull. Soc. anat.*, 1869, p. 543.

Cette paroi externe est, du reste, sans bosselures. La surface interne, au contraire, se trouve hérissée de saillies mamelonnées, fongueuses, développées surtout à la partie antérieure et sur les côtés ; la muqueuse est d'un blanc grisâtre à la coupe et donne un suc abondant. Elle offre tous les caractères extérieurs du cancer de la vessie.

A part les *ganglions lombaires et pelviens qui sont cancéreux comme la vessie,* il n'y a de cancer dans aucun organe. *Les ganglions inguinaux étaient sains.*

OBS. **77.** — **Byrom Bramwell** [1]. (Résumée.) *Cancer infiltré de la vessie.*

AUTOPSIE : *Généralisation aux ganglions mésentériques.*

J. B..., 34 ans, entre à l'hôpital le 16 décembre 1875, avec un œdème assez considérable de la jambe et de la cuisse droites.

Des phénomènes fébriles surviennent et s'accentuent : le malade meurt le 1er janvier.

AUTOPSIE. — La peau de l'aine droite et de la partie inférieure de l'abdomen était épaissie et couverte de noyaux durs, variant du volume d'une pomme de pin à celui d'un petit pois. L'abdomen contenait une quantité considérable de sérum jaunâtre. La terminaison de l'intestin grêle était très adhérente à la fosse iliaque droite. La cavité pelvienne était remplie par une masse épaisse néoplasique. Cette masse, plus dure que du cartilage, entourait la vessie et le rectum. Les parois vésicales étaient prises par le néoplasme et épaisses de trois quarts de pouce. Les vaisseaux du côté droit étaient comprimés et en partie obstrués.

La masse s'étendait en haut le long de la colonne vertébrale, entourant l'aorte. Les deux *uretères,* à leur passage au travers de cette masse, étaient en partie obstrués.

Le *rein* et la *capsule surrénale* gauches. le *pancréas.* le *duodénum* étaient envahis par le cancer. Le foie et le poumon droit étaient semés de noyaux cancéreux.

Les ganglions mésentériques et bronchiques étaient hypertrophiés.
Examen histologique. — Épithélioma.

OBS. **78.** — **Müller** [2]. (Résumée.) *Tumeur sessile de la vessie ;*
ganglions inguinaux.

AUTOPSIE : *Masse ganglionnaire en arrière et à droite de la vessie.*

Émilie M..., fut atteinte à l'âge de 19 ans en 1873, d'une tuméfaction de toute la jambe gauche, qui disparut par le repos.

En mars 1877, cette tuméfaction de la jambe reparut et la malade entra à l'hôpital, s'amaigrissant de jour en jour. Puis survinrent des tumeurs ganglion-

[1] BYROM BRAMWEL. *Med. Times and Gaz.*, 1877, II, p. 669. (Trad. personnelle.)
[2] MULLER. Inaug. dissert. Kiel, 1878, obs. II, p. 9. (Trad. personnelle.)

naires au niveau du cou et un œdème marqué de la paroi abdominale s'accompagnant de vives douleurs. La malade mourut en juin.

AUTOPSIE. — Cancer de la vessie. Nodules cancéreux dans le pancréas et les poumons. *Cancer étendu aux ganglions trachéaux, médiastinaux, rétropéritonéaux et inguinaux.*

Le tissu cellulaire de la moitié droite du bassin est tellement augmenté de volume qu'il remplit absolument toute la moitié droite du petit bassin et qu'il diminue notamment l'étendue du grand bassin. Il représente une masse néoplasique qui a presque le volume d'une tête d'enfant, assez compacte, de couleur grisâtre ou brune, en forme de pyramide à petite extrémité supérieure, qui est parsemée de noyaux nombreux, bien délimités, blanchâtres, également assez fermes, dont les plus petits sont du volume d'un noyau de cerise, blancs à la coupe et donnant à la pression un suc crémeux.

Les organes du petit bassin repoussés à gauche sont en partie en continuité directe avec la tumeur, entre autres la vessie dans sa paroi inférieure et dans la moitié inférieure de la face postérieure et de la paroi latérale droite aussi loin que s'étend la portion dépourvue de péritoine.

En regard on trouve dans la couche profonde de la *vessie*, saillant à l'intérieur de sa cavité sur la paroi droite, de petits noyaux isolés, du volume maximum d'un haricot, ayant tout à fait les mêmes caractères que ceux qui sont décrits plus haut; en outre, il existe sur la paroi inférieure et postérieure surtout au niveau du trigone, mais empiétant en dehors de ses limites en bas et en haut, une tumeur à large insertion, haute de 3 centim. en son milieu et diminuant graduellement sur les côtés. Légèrement crevassée à sa surface, elle ressemble à un chou-fleur. Dans les parties où elle a été épargnée par le processus de destruction, la paroi vésicale est hypertrophiée dans sa couche musculaire et épaisse de 3 à 4 centim.; la muqueuse est blanche, écailleuse. Les orifices des uretères sont couverts par la masse néoplasique. Le ligament large droit est en bas et en dehors transformé en une lame épaisse de 1 centim. et dans sa partie supérieure farci de nodules du volume d'un noyau de cerise.

Examen microscopique. — Toutes les coupes, aussi bien celles de la tumeur vésicale que celles des noyaux du tissu cellulaire, ont un même aspect : celui d'une dégénérescence cancéreuse typique.

OBS. 79. — **Philippart**[1]. (Résumée.) *Tumeur infiltrée de la vessie.*

Ganglions iliaques. (Constatation clinique.)

AUTOPSIE : *Propagation aux ganglions iliaques se continuant jusqu'aux ganglions inguinaux.*

M..., âgé de 48 ans, était atteint depuis 14 ou 15 mois de dysurie puis d'hématurie. Le sang augmenta de plus en plus dans l'urine qui contenait aussi des débris sphacélés. Au palper abdominal il existait de la résistance à la région

---

[1] PHILIPPART. *Bull. Acad. roy. méd. Belgique*, 1878, 3e série, XII, p. 251.

hypogastrique ; la percussion rendait un son clair partout, excepté à la région sus-pubienne et dans *la fosse iliaque droite, où le palper constatait une pléiade de ganglions durs, engorgés et douloureux.* Le cordon spermatique était volumineux et douloureux ; le testicule correspondant, aussi douloureux, était retracté vers l'anneau inguinal. Le membre inférieur droit était très œdématié depuis sa racine jusqu'au pied. Rien de pareil n'existait au côté gauche.

L'index gauche, introduit dans le rectum aussi profondément que possible, put constater, vers la cloison recto-vésicale, une tumeur dure, bosselée, irrégulièrement arrondie, de la grosseur d'un poing d'enfant, dont il ne pouvait atteindre la limite supérieure. Mort de cachexie 8 jours après l'examen.

AUTOPSIE. — *Vessie :* à son sommet, ulcération cancéreuse sur le point de la perforer ; sur les côtés de cette ulcération, à droite et à gauche, un petit bouquet de fongosités, en forme de stalactites, dont une, celle de gauche, incrustée de sels calcaires ; çà et là, des nodosités d'un blanc laiteux, faisant un léger relief, ayant le volume, les unes d'une graine de colza, les autres d'une moitié de pois, quelques autres de la largeur d'une pièce de cinquante centimes ; oblitération par le tissu cancéreux de l'embouchure de l'uretère gauche qui présente le volume d'un intestin d'enfant.

A droite, le corps squirrheux de la vessie se continue avec une *masse ganglionnaire dure, squirrheuse, volumineuse, très adhérente à la face postérieure de la branche horizontale du pubis droit, à l'aponévrose des muscles iliaque et psoas réunis, se propageant, au-dessous du ligament de Poupart, jusqu'aux ganglions de l'aine.* Ceux-ci *partageaient la même dégénérescence,* adhéraient au cordon spermatique, augmenté de volume, œdématié, hyperhémié, le comprimaient ainsi que les veines iliaques et fémorales. Le membre abdominal droit est infiltré de sérosité.

OBS. **80.** — **Voillemier** et **Le Dentu** [1]. *Tumeur infiltrée de la vessie.*

AUTOPSIE : *Ganglions dans le tissu cellulaire périvésical.*

Chez un homme mort à l'hôpital Lariboisière en 1857 et qui portait sur différents points du corps, principalement au cou, un certain nombre de tumeurs mélaniques, nous avons trouvé dans les parois de la vessie plusieurs masses offrant les dispositions suivantes :

L'une d'elles, du volume d'une grosse amande, située au sommet de l'organe, sur la ligne médiane, faisait une saillie considérable dans la cavité péritonéale et ne proéminait nullement dans la vessie. Brunâtre dans le tiers de son étendue, elle était grisâtre dans ses autres parties. Une deuxième tumeur, du volume d'un pois d'iris, d'une couleur noire très franche, se remarquait aussi sur la ligne médiane, à 1 centim. et demi au-dessus du col. Elle ne faisait non plus aucune saillie dans l'intérieur de l'organe. Une troisième masse, du volume

---

[1] VOILLEMIER et LE DENTU. *Traité des maladies des organes gén.-urin.,* II, 1881, p. 434.

d'une pomme d'Api, constituée par plusieurs tumeurs agglomérées, s'observait sur la moitié latérale gauche de la vessie, dans l'épaisseur de ses parois ; elle proéminait fortement sur ses deux faces. Elle était bosselée, molle et fluctuante ; elle avait beaucoup d'analogie comme consistance avec les deux précédentes. L'une de ses faces soulevait la muqueuse, l'autre la tunique musculeuse, dont les faisceaux dissociés permettaient dans certains points le contact direct de la masse mélanique avec la séreuse péritonéale. *Dans le tissu cellulaire périvésical on observait encore deux petites masses très noires et bien circonscrites.* Les renseignements fournis par le malade nous ont laissé dans le doute relativement au siège primitif de cette mélanose devenue générale.

OBS. **81**. — **Colley** [1]. *Tumeur sessile de la vessie.*

AUTOPSIE : *Ganglions lombaires oblitérant la veine cave.*

Homme soigné à Guy's-Hospital par le Dr Haberson et qui meurt à 47 ans. 24 ans auparavant on lui avait enlevé un gros calcul vésical, et depuis il avait toujours souffert d'une douleur cuisante à l'extrémité de la verge. 3 ans avant sa mort, il avait eu une hématurie, et M. Davies Colley l'avait sondé sans découvrir de calcul. Maintes fois ces hématuries s'étaient renouvelées.

En 1880, les jambes enflèrent, son état devint très grave et il mourut présentant tous les symptômes de la gangrène pulmonaire.

De petits grains de cancer furent trouvés dans le foie et dans les poumons ; dans ce dernier organe, entourant le nodule cancéreux, il y avait un foyer de pneumonie gangréneuse.

La vessie était occupée par une tumeur villeuse ayant une étendue large comme la main ; *cette tumeur avait gagné les ganglions lombaires* et oblitérait la veine cave.

Le rein droit était très dilaté et renfermait un gros calcul phosphatique.

La tumeur était un épithélioma.

OBS. **82**. — **Berkeley Hill**[2]. (Résumée.) *Épithélioma infiltré de la vessie.*

Pas de ganglions inguinaux ou iliaques. (Constatation clinique.)
AUTOPSIE : *Ganglions lombaires.*

Malade de 63 ans, sans antécédents, pris d'hématurie abondante avec caillots, douleurs hypogastriques et fréquence de la miction.

Urines sanglantes et purulentes. Prostate normale. *Pas d'hypertrophie des ganglions de la région inguino-iliaque.*

Traitement par des lavages de la vessie, n'arrête pas l'hématurie. Une taille périnéale permet de constater une tumeur vésicale dont on enlève une parcelle grosse comme une bille avec la pince à lithotritie.

[1] COLLEY. *Lancet*, 12 mars 1881, I, p. 419. (Trad. personnelle.)
[2] BERKELEY HILL. *Brit. med. Journ.*, 1881, I, 14 mai, p. 757. (Trad. personnelle.)

Autopsie. — Tumeur vésicale qui, née sur la surface interne au niveau des pubis, s'étend à droite jusqu'au sommet de la vessie empiétant à gauche, mais plus épaisse à droite. A gauche en effet sa limite est bien définie et ne s'étend pas en profondeur au voisinage du sommet à plus d'un quart de pouce en-dessous de la muqueuse.

La surface de la tumeur est rugueuse et très irrégulière, des végétations pendent de la paroi supérieure, et à droite il y a une végétation longue d'un pouce et large d'un quart de pouce. Partout ailleurs la muqueuse grise et pigmentée est le siège d'une inflammation chronique considérable. Les parois rugueuses présentent une hypertrophie assez modérée de la tunique musculaire.

Sur des coupes faites dans la tumeur on voit des amas de cellules épithéliales nucléées occupant les mailles de fins réseaux conjonctifs entremêlées de nombreux vaisseaux capillaires.

Les uretères sont dilatés, les reins sont congestionnés.

On trouve dans la région lombaire quelques ganglions lymphatiques hypertrophiés et grisâtres à la coupe, mais il n'y a pas en dehors de la vessie de points cancéreux.

Obs. 83. — Féré[1]. (Résumée.) Tumeur infiltrée de la vessie.

Autopsie : *Ganglions autour des uretères.*

Le nommé Paul-Aimé Hippolyte, âgé de 66 ans, entré le 9 juin 1874, salle Saint-Vincent, n° 9, à l'hôpital Necker.

Ce malade était venu à différentes reprises dans le service depuis une dizaine d'années. En présence de son état cachectique, de ses hématuries et surtout de la fétidité de ses urines, M. Guyon porta le diagnostic de cancer de la vessie.

Dans les derniers temps de sa vie, le malade avait des douleurs atroces dans l'hypogastre ; mort le 20 octobre.

Autopsie. — Tout le tissu cellulaire du petit bassin a subi la dégénérescence cancéreuse ; les divers organes qu'il renferme sont réunis en une seule masse ; on est obligé de les sculpter en quelque sorte pour pouvoir les détacher. Le promontoire, la partie antérieure des corps vertébraux et la région lombaire sont ramollis et infiltrés de substance cancéreuse.

La vessie est très épaisse, surtout à sa partie antérieure ; incisée sur la ligne médiane à ce niveau, elle présente une épaisseur de 4 centim. au moins, épaisseur qui diminue peu à peu à mesure qu'on remonte vers le sommet de l'organe.

La paroi postérieure et le bas-fond ne sont pas très épaissis. La *prostate,* quoique assez volumineuse, ne fait pas saillie en avant. La muqueuse est blanchâtre, grise en certains points. De nombreuses granulations, d'une teinte plus pâle, soulèvent la muqueuse du bas-fond et de la partie latérale gauche ; il en existe aussi sur la paroi postérieure et du côté droit, mais en bien moins grand nombre. On n'y voit point ces masses fougueuses,

____

[1] Féré. *Mémoire sur le cancer de la vessie,* 1881, obs. VI, p. 57.

végétantes, que l'on trouve d'habitude ; on a plutôt affaire à un cancer infiltré des parois vésicales.

Les *uretères* ne sont pas dilatés ; *ils sont entourés de nombreux ganglions* et de tissu cellulaire induré qui leur donne un aspect moniliforme.

Le *rein gauche*, très atrophié, est ramolli et friable au plus haut degré ; les bassinets et les calices sont dilatés ; la couche corticale est réduite à une mince coque. On y trouve quelques granulations analogues à celles de la vessie. Le *rein droit*, beaucoup plus gros, présente des lésions tout à fait analogues. Rien dans les autres organes.

Obs. **84.** — **Williams** [1] (Résumée.) *Tumeur infiltrée de la vessie.*

Autopsie : *Ganglions sacrés.*

Une femme âgée de 50 ans, fut reçue le 21 juillet 1881 dans le service de M. Bamish pour une maladie de vessie datant de 2 ans. Elle mourut le 30 juillet dans le collapsus.

Autopsie. — La *vessie* renfermait une tumeur charnue d'un rouge brun, fongueuse, de la dimension d'un œuf de poule, reliée à la paroi par un pédicule court et épais, au voisinage de l'uretère gauche. La base d'implantation présentait une étendue supérieure à celle d'une pièce d'une demi-couronne. Plusieurs petites tumeurs analogues furent trouvées près de la principale, mais entièrement indépendantes. Le point d'implantation de cette dernière correspondait immédiatement au vagin et au col de l'utérus, mais la maladie n'avait envahi ni l'un ni l'autre de ces organes et n'avait pas infiltré toute l'épaisseur de la paroi vésicale.

Quelques-uns des ganglions lymphatiques situés en avant du sacrum, étaient légèrement augmentés de volume; l'examen microscopique révéla une simple hyperplasie.

Autant que l'on peut l'affirmer après l'ouverture de l'abdomen, il n'y avait pas d'envahissement des autres parties par la maladie. L'autopsie complète n'avait pas été autorisée.

Obs. **85.** — **Williams** [2]. *Tumeurs multiples de la vessie.*

Autopsie : *Ganglions sacrés.*

Homme âgé de 66 ans, reçu à l'hôpital de Middlesex, le 2 mars 1882, dans le service de M. Lawson, présentant des symptômes d'une maladie de la vessie datant de 1 an et demi.

Il avait une tumeur ferme, non ulcérée, de la dimension d'une grosse noix, au niveau de l'anneau inguinal externe droit ; *il n'y avait pas de ganglions hypertrophiés dans le voisinage.*

---

[1] Williams. *Brit. med. Journ.*, 1882, II, p. 780, obs. I. (Trad. personnelle.)
[2] Williams. *Ibid.*, obs. II. (Trad. personnelle.)

Le malade perdit rapidement ses forces et était en danger de mourir d'épuisement, quand on lui fit, le 3 mai, la cystotomie médiane. Le lendemain, il mourut du choc opératoire.

Autopsie. — La vessie était de capacité moyenne mais hypertrophiée. A l'exception de la région prostatique et d'un petit espace près du sommet, la totalité de la muqueuse était envahie par une tumeur plate, molle, d'un rouge brun, faisant saillie d'un demi-pouce environ au-dessus du niveau normal de la muqueuse. Cette élévation mamelonnée et rugueuse, paraissait au premier abord assez analogue à une ulcération épithéliomateuse, mais un examen plus attentif permettait d'écarter cette opinion qui semblait justifiée par la présence de nombreuses excroissances fongueuses, pyriformes et rugueuses, intimement juxtaposées et en partie adhérentes ensemble en certains endroits. On découvrait entre elles de petits îlots où la muqueuse était absolument normale. Quelques-uns des points les plus exposés de ces excroissances étaient superficiellement érodés, mais autrement, il n'y avait pas d'ulcérations ; leur implantation à la paroi vésicale était tout à fait superficielle.

Ni le rectum, ni le péritoine, ni autres tissus n'étaient envahis. La prostate était légèrement hypertrophiée, son lobe moyen faisant saillie en avant, autrement elle était normale.

Quelques-uns des ganglions lymphatiques situés en avant du sacrum, étaient un peu augmentés de volume.

Obs. 86. — Hadden [1]. Tumeur de la vessie.

Autopsie : *Ganglions en arrière de la vessie.*

Homme âgé de 63 ans, dans le service du Dr Mac Cormac à St-Thomas's Hospital. Les symptômes dominants remarqués par lui, 3 mois avant son entrée, étaient les suivants : hématurie, douleurs vives et dysurie.

Par le toucher rectal on sentait une large masse ferme au niveau de la prostate.

Il existait une excroissance lisse, d'aspect verruqueux, constituée par du tissu granuleux sur la muqueuse vésicale à droite, juste en arrière du col. La paroi vésicale antérieure était très épaissie, blanche et dure. La prostate n'était pas intéressée.

Il y avait deux ou trois ganglions en arrière de la vessie et pas d'autres dépôts secondaires.

La tumeur était un squirrhe.

Obs. 87. — Hofmokl [2]. Tumeur pédiculée de la vessie.

Ganglions inguinaux. (Constatation clinique.)

R. A..., 66 ans, entré le 6 décembre 1884 à l'hôpital Rodolphe.

---

[1] Hadden. *Lancet*, 20 octobre 1883, II, p. 684. (Trad. personnelle.)
[2] Hofmokl. *Mediz. Jahrbücher*, Wien. 1885, p. 259. (Trad. personnelle

Il dit, avoir souffert depuis 3 ans de douleur en urinant, et avoir eu des hématuries.

Depuis 3 mois ces douleurs ont beaucoup augmenté.

A l'entrée à l'hôpital: Région vésicale douloureuse à la pression, au-dessus de la symphyse. Urine brun foncé, trouble, d'odeur ammoniacale. La prostate n'est pas augmentée de volume; par le rectum, on ne sent pas de tumeur ou de calcul. L'examen de la vessie avec une sonde métallique fait sentir à droite et en haut une saillie assez grande et flottante ; pas de calcul. Après chaque introduction de la sonde, il sort du sang rouge.

Dans la région inguinale droite deux ganglions lymphatiques hypertrophiés et mobiles.

Le diagnostic de tumeur de la vessie était assez clair; d'un autre côté on n'avait pas pu préciser le diagnostic par l'endoscope à cause des hémorrhagies. On se décida, sur le désir du malade, à enlever le néoplasme. L'opération fut exécutée sous l'anesthésie le 12 octobre 1884, par la méthode de Thompson.

A l'examen de la vessie fait avec le doigt, on put immédiatement sentir une tumeur frangée, très molle, pédiculée, grosse comme un œuf de pigeon. Le pédicule était gros comme le petit doigt, plus dur que le restant de la tumeur. La tumeur entière fut enlevée jusqu'à 2 ou 3 millim. du pédicule avec des pinces, avec le lithotriteur, avec la cuiller tranchante.

Le 1er janvier 1885, il arriva spontanément la nuit une forte hémorrhagie par le rectum ; mort.

AUTOPSIE. — *Vessie* : A l'union de la paroi latérale et de la paroi postérieure, à 2 centim. et demi au-dessus de l'embouchure de l'uretère droit, on voit sur la face interne de la vessie une place ronde de un demi-centim. de diamètre, au niveau de laquelle la muqueuse est remplacée par un tissu lisse, assez dur; aux environs, on voit des excroissances rougeâtres d'une largeur de 2 à 3 millim. L'ablation du papillome avait été complète.

Examen microscopique (Dr Weichselbaum) : Papillome vésical.

OBS. **88**. — **Jaccoud**[1]. *Tumeur vésicale.*

AUTOPSIE : *Ganglions pelviens et abdominaux.*

Homme de 66 ans, n° 4, salle Jenner, tuberculeux pulmonaire avec hémoptysies, hématuries abondantes, cachexie. On sent dans la région sus-pubienne droite une tumeur mobile avec la vessie, et des cordons noueux sur le trajet des uretères.

AUTOPSIE. — Gros cancer de la vessie avec *lésions secondaires des ganglions pelviens et abdominaux.*

Vessie : Épaississement notable de la paroi dans toute son étendue. A droite, à l'union du bas-fond et de la paroi antéro-externe, tumeur du volume d'un œuf de poule, irrégulière et friable, saillante dans la cavité en forme de champignon; végétation de même aspect autour de la tumeur principale.

[1] JACCOUD. *Clin. méd. de la Pitié*, 1885-1886. Paris, 1887.

Examen microscopique : Cas type d'épithélioma lobulé. Même structure des tumeurs ganglionnaires (Bourcy).

Obs. 89. — C. Zausch[1]. *Tumeur de la vessie.*

AUTOPSIE : *Ganglions inguinaux.*

Homme de 74 ans.

Fongus médullaire de la vessie. Hypertrophie de la prostate. Cystite chronique et pyélo-néphrite. Hypertrophie de la couche musculeuse de la vessie.

Infiltration secondaire cancéreuse des deux reins et des ganglions lymphatiques inguinaux.

Obs. 90. — Dittrich[2]. (Résumée.) *Tumeur infiltrée de la vessie.*

AUTOPSIE : *Ganglions sacrés.*

Femme de 25 ans.

La vessie était fortement contractée ; la partie qui avoisine la voûte vaginale antérieure et le col de l'utérus était envahie par une masse fongueuse blanche et dure, qui s'étendait de la paroi postérieure jusqu'au sommet de la vessie, et dans les parois latérales.

Les ganglions lymphatiques du sacrum étaient assez hypertrophiés et envahis par un tissu semblable à la tumeur vésicale.

Sur la face interne de la vessie l'infiltration qui partait du tissu sous-muqueux formait de nombreuses bosselures grosses comme une lentille, plates et confluentes pour la plupart ; à leur niveau la muqueuse était en partie ulcérée ; sur la paroi postérieure immédiatement au-dessus et dans l'intervalle des orifices urétérins, on trouvait de nombreuses villosités, fines et courtes, flottantes.

Sur une coupe de la paroi vésicale, au niveau de la zone malade, on remarqua que le néoplasme avait principalement son siège dans la musculaire et dans la sous-muqueuse, mais avait pénétré ça et là dans la muqueuse. On put distinctement suivre comment elle s'avançait entre les faisceaux musculaires dans le tissu conjonctif intermusculaire et jusque dans la couche externe de la vessie. Les fibres musculaires de moins en moins nombreuses sous la pression de la masse cancéreuse, allaient jusqu'à disparaître complètement aux endroits où l'altération était le plus prononcée ; les fibres paraissaient entièrement remplacées par du tissu sarcomateux. Les couches superficielles de la tumeur du côté de la cavité vésicale étaient déjà en dégénérescence.

Dans ce cas on ne pouvait douter d'un *sarcome primitif de la vessie.* D'après la répartition de la tumeur dans la paroi vésicale on peut affirmer que l'infiltra-

---

[1] C. ZAUSCH. Th. Munich, 1887, p. 22. (Trad. personnelle.)
[2] DITTRICH. *Prag. med. Woch.*, 1889-1890, p. 558, obs. II. (Trad. personnelle.)

tion sarcomateuse avait été localisée primitivement dans le tissu sous-muqueux.

OBS. **91.** — **Perregaux** [1]. *Tumeur infiltrée de la vessie.*

AUTOPSIE : *Ganglion à la terminaison de l'uretère droit accolé à la vessie.*

Le nommé Étienne B..., 53 ans, entre à l'hôpital Saint-Antoine, dans le service de M. Blum, le 9 mars 1892.

Il y a un an environ, les urines devinrent troubles avec dépôt blanchâtre. Il y a un mois, hématuries abondantes qui auraient duré trois jours et depuis l'état général a décliné beaucoup.

14 mars 1892. L'état général du malade s'aggrave encore ; la langue se sèche ; il y a, de temps à autre, dans la journée, des frissons. La température s'abaisse au-dessous de la moyenne pendant le jour pour présenter une légère exacerbation le soir.

L'état local est de plus en plus mauvais.

17 mars. Taille hypogastrique. Le malade succombe dans la journée.

AUTOPSIE. — La vessie, dans sa moitié inférieure, est à peu près saine, elle offre à cet endroit le type des vessies à colonnes ; son bas-fond est augmenté de profondeur par suite d'une légère hypertrophie de la prostate. Dans la moitié supérieure, la paroi en avant est dure, infiltrée, épaissie. En arrière, elle est occupée par un noyau brun jaunâtre, faisant saillie dans la cavité vésicale. Ce noyau a une largeur de 5 centim. et une épaisseur de 3 centim. Il occupe toute l'épaisseur elle-même de la paroi vésicale et se retrouve avec ses mêmes caractères sur la face postérieure de la vessie, dans le cul-de-sac recto-vésical, dont le feuillet péritonéal antérieur est d'ailleurs altéré sur toute la surface correspondante à la tumeur.

Un petit ganglion, de la grosseur d'une noisette, se trouve accolé à la terminaison de l'uretère droit, sur la face externe de la vessie.

L'examen microscopique de la tumeur et du petit ganglion a révélé qu'il s'agissait d'un processus épithéliomateux.

OBS. **92.** — **Audry** [2]. (Résumée.) *Tumeur infiltrée de la vessie.*

AUTOPSIE : *Chaîne de ganglions allant de la vessie jusqu'aux reins.*

Un serrurier, âgé de 56 ans, se présente à la policlinique de l'Hôtel-Dieu, le 3 septembre 1893.

Les accidents qui l'amènent à la consultation ont commencé à se manifester il y a trois ans et demi ; le malade éprouva alors quelques douleurs de reins, des

---

[1] PERREGAUX. *Arch. gén. de méd.*, I, 1893, p. 74.

[2] AUDRY. *Mercredi méd.*, 1893, p. 525.

La fin de l'obs. a été publiée dans le même journal, 1894, p. 321.

besoins fréquents d'uriner, et il se mit à pisser du sang, d'une manière intermittente. Les phénomènes devinrent progressivement plus intenses, les mictions sanglantes plus nombreuses et plus abondantes.

Actuellement l'état général est assez misérable. Nous décidons le malade à entrer dans le service, et le 6 décembre une exploration est pratiquée sous le chloroforme ; on arrive à poser le diagnostic de néoplasme infiltré et pour soulager le malade on décide une taille sus-pubienne.

OPÉRATION. — La cavité vésicale est presque complètement remplie par des masses molles, court-pédiculées, qui siègent surtout au niveau du segment postéro-supérieur et du segment latéral. Le trigone est relativement respecté, et cette intégrité est confirmée par le palper bimanuel qui ne peut pas percevoir de rapport assuré entre la prostate et les bourgeons néoplasiques intra-vésicaux.

La tumeur était un adénome cylindrique remarquable au point de vue histologique.

Le fonctionnement du méat sus-pubien fut parfait jusqu'à la fin. La contention de l'urine était complète, les hémorrhagies ne reparurent jamais, enfin les douleurs furent calmées pour longtemps. Cependant, trois semaines environ avant la mort, le méat hypogastrique devint un peu douloureux, et il fut facile de constater son envahissement par l'épithélium. *Des masses dures englobaient latéralement la vessie et gagnaient la fosse iliaque gauche.* Enfin des vomissements apparurent, le malade cessa de se nourrir, s'anémia et mourut le 12 mai 1894 ; il avait été opéré le 3 septembre 1893.

AUTOPSIE. — Énormes lésions de péri-cystite ; la *vessie* était perdue dans des masses grises, dures, qui s'étendaient jusque dans la fosse iliaque, soulevant le péritoine intact, ainsi que les viscères intra-péritonéaux. Les *uretères* étaient dilatés et pleins de pus.

Une chaîne de ganglions envahis par la substance blanche et molle du néoplasme remontait jusqu'aux deux reins : on les retrouvait jusque dans le tissu cellulaire péri-néphrétique.

Les *reins* présentaient des lésions intenses, tous les calices étaient dilatés et pleins de pus.

Nous avons retrouvé de très belles préparations d'épithélioma cylindrique soit dans les masses péri-vésicales, soit dans les ganglions développés dans l'atmosphère celluleuse du rein.

Cet épithélioma, même *dans les ganglions,* avait conservé une disposition tubuleuse, presque acineuse, extrêmement élégante ; il présentait encore de belles cellules, hautes, claires d'apparence, presque mucipares, rangées sur un rang, en palissades régulières et tout à fait comparables au plus bel adénome du rectum. En résumé, *l'adénome cylindrique s'est étendu à toute l'atmosphère lymphatique de la vessie, puis du rein, et de là, jusque dans les lymphatiques souspleuraux : il ne semble pas qu'il y ait eu autre chose que de la propagation par les vaisseaux blancs.*

Les organes voisins (prostate, rectum, péritoine et viscères intra-péritonéaux) ont été respectés par le néoplasme.

Obs. **93**. — **Weber** [1]. (Résumée.) *Tumeur infiltrée de la vessie.*

Autopsie : *Ganglions péri-vésicaux et rétro-péritonéaux.*

Homme, âgé de 42 ans.

Autopsie. — Uretère gauche et bassinet dilatés; rein atteint de pyoné-phrose. De la vessie sort un liquide trouble, jaunâtre ; sur la partie antérieure de la paroi latérale gauche, tumeur de coloration gris jaunâtre, ramollie à la périphérie, de structure irrégulière, plus dure au centre. Le néoplasme traverse complètement la paroi vésicale antérieure. La muqueuse des parties saines est injectée ; en bas le néoplasme présence des limites irrégulières.

Ganglions du voisinage de la vessie et ganglions rétropéritonéaux hypertrophiés, contiennent des noyaux néoplasiques et sont en partie convertis en une masse purulente.

Diagnostic : Carcinome de la vessie et de la prostate, calcul de la vessie, hydronéphrose et néphrite purulente interstitielle.

Obs. **94**. — **Weber** [2]. (Résumée.) *Tumeur de la vessie.*

Autopsie : *Ganglions pelviens.*

Femme, âgée de 60 ans.

Autopsie. — Uretère gauche très dilaté, rempli de nodules d'un gris blanchâtre, laissant sourdre un liquide laiteux par le raclage. Uretère droit peu dilaté; *quelques ganglions lymphatiques du bassin très hypertrophiés, gros.* Muqueuse rectale immobile, tuméfiée, formant une saillie à la partie antérieure de l'anus. Vessie petite, du volume d'un œuf d'oie. Muqueuse de couleur gris foncé, avec des noyaux recouverts d'un enduit villeux.

Diagnostic : Carcinome de la vessie ; noyaux métastatiques dans les ganglions péritonéaux et dans le foie.

Hydronéphrose à gauche.

Obs. **95**. — **Weber** [3]. (Résumée.) *Tumeur de la vessie. Cystite purulente.*

Autopsie : *Ganglions rétropéritonéaux.*

Homme, âgé de 67 ans.

Autopsie. — *Vessie* de la grosseur d'une tête d'enfant; sur la séreuse plusieurs nodules aplatis, jaunâtres et mollasses. Dans la vessie, pus trouble. Parois épaissies. Entrée de l'urèthre laisse passer une grosse sonde.

Près de l'entrée : 2 noyaux de la grosseur d'un petit pois et d'une noisette ;

[1] WEBER. Th. Munich, obs. I, p. 13. (Trad. personnelle.)
[2] WEBER. *Ibid.*, obs. II. (Trad. personnelle.)
[3] WEBER. *Ibid.*, obs. III, p. 16. (Trad. personnelle.)

plusieurs nodules purulents sous-séreux dans la paroi vésicale et nodules jaunâtres dans le rein droit.

Diagnostic : Carcinome de la vessie, cystite purulente. Métastase dans le rein ; pyélite purulente et pyélonéphrite. *Noyaux métastatiques dans les ganglions rétro-péritonéaux.*

OBS. 96. — Weber [1]. (Résumée.) Tumeur de la vessie.

AUTOPSIE : *Ganglions rétro-péritonéaux.*

Homme, âgé de 61 ans.

AUTOPSIE. — *Vessie* adhérente en arrière du rectum ; de même qu'au petit bassin ; uretère gauche assez dilaté ; le droit très dilaté. *Ganglions rétro-péritonéaux à peine tuméfiés et infiltrés*

La vessie adhère de tous côtés au bassin, surtout à gauche. Muqueuse rectale très peu mobile au niveau de l'anus ; se laisse difficilement plisser. Dans la vessie urine trouble, fétide ; vessie de la grosseur du poing ; plis très accentués Muqueuse foncée, livide. Près de l'embouchure de l'uretère droit, tumeur avec des bords saillants, de coloration grisâtre et présentant une dépression au centre.

Tunique musculaire intacte.

La tumeur présente en bas un prolongement du volume d'un haricot.

Dans le voisinage de la tumeur, muqueuse moins mobile. Prostate un peu tuméfiée. *On ne trouve pas de ganglions lymphatiques très ramollis et tuméfiés.*

Diagnostic : Carcinome primitif de la vessie. Cystite purulente, hydronéphrose à droite. Pyonéphrose à gauche.

OBS. 97. — Colley [2]. (Résumée.) Épithélioma infiltré de la vessie.

AUTOPSIE : *Ganglions au voisinage de la vessie et du rectum.*

Moïse Pl..., âgé de 51 ans.

En octobre 1889, ainsi environ 2 ans 1/4 avant l'opération, survint, sans cause apparente une hématurie qui dura environ pendant 8 jours.

En novembre 1891, survinrent d'intolérables douleurs dans la région de la vessie et des reins. A cela s'ajoutait un besoin d'uriner plus pressant, avec une nouvelle hématurie très forte et le malade se décide à entrer à la clinique pour être opéré.

Le 7 décembre, taille hypogastrique, dans la position de Trendelenbourg. La muqueuse du fond de la vessie et de la paroi latérale gauche jusque près du bord de l'incision est revêtue de nombreux polypes villeux ; tantôt réunis les uns contre les autres tantôt mieux isolés, ils recouvrent la muqueuse et ont un pé-

---

[1] WEBER. *Ibid.*, obs. IV, p. 16. (Trad. personnelle.)

[2] COLLEY. *Deut. Zeitsch. f. Ch.*, 1894, XXXIX, 5 et 6, p. 535 Obs. II (Trad. personnelle.)

dicule assez épais. Les tumeurs isolées sont enlevées au pédicule avec les ciseaux et une pince, et puis la plaie est cautérisée au thermo-cautère.

Le malade ne se releva pas après l'opération. La mort survint 3 heures après.

AUTOPSIE (Prof. MARCHAND). — Carcinome de la vessie extirpé, infiltration carcinomateuse de la tunique musculaire de la vessie. Hydronéphrose double. Pyélite. Pyélonéphrite. Dans les environs des reins, se trouvent de riches amas graisseux ; le mésentère est également chargé de graisse.

Les ganglions rétro-péritonéaux du pourtour de l'aorte sont engorgés ; blanchâtres à la coupe et en grande partie ramollis.

La *vessie* est assez petite, rétractée, à parois épaissies. La musculaire fortement développée. La surface interne est très rugueuse, raboteuse ; la paroi postérieure et la partie supérieure sont encore recouvertes d'une muqueuse unie qui est cependant assez fortement ridée et rouge sur le sommet des plis. On peut voir entre les saillies trabéculaires de la paroi, de multiples petites excavations festonnées. Une plus grosse saillie environ de la grosseur d'une noix se trouve sous le sommet, un peu à droite ; celle-ci est formée par une sinuosité de la paroi vésicale. La partie inférieure jusque tout près de la prostate, ainsi que les parois latérale gauche et antérieure, est, dans sa plus grande partie, rugueuse, raboteuse et laisse reconnaître de nombreuses pertes de substance assez plates, qui par places semblent des cicatrices de section encore fraîches, mais pour la plus grande partie mortifiées à la face supérieure, et colorées en brun. Au milieu sont, surtout en bas à gauche, de nombreuses irrégulières saillies bosselées, de couleur brunâtre, qui sont également couvertes à la partie supérieure d'eschares. A une seule place, du côté gauche, sortent par pression sur la surface de coupe entre les faisceaux musculaires, des gouttelettes rares et blanches, qui au microscope se composent de cellules épithéliales.

Les ganglions au voisinage de la vessie et du rectum sont par places un peu gros, blanc jaunâtre.

OBS. **98.** — **Audry**[1]. (Résumée.) *Tumeur sessile de la vessie.*

Ganglions inguinaux. (Constatation clinique.)

Or..., âgé de 48 ans.

Au mois de janvier 1895, les premiers symptômes de la maladie se sont manifestés par une hématurie inopinée qui dura environ huit jours.

En octobre les urines étaient extraordinairement troubles, colorées légèrement en rouge-brun ; a l'examen direct, on constatait une épiplocèle droite peu volumineuse et *quelques grains ganglionnaires inguinaux à droite.*

L'explorateur de Guyon Thompson ne découvrit pas de calcul, mais fit percevoir une sensation de ressaut. L'œil de la sonde ramena quelques débris épithéliaux mal caractérisés ; l'urine fourmillait de bactéries de toutes espèces. Prostate normale.

[1] AUDRY. *Gaz. hebd.*, 14 décembre 1895, p. 595.

Diagnostic : Tumeur vésicale, probablement carcinome.

Le 27 octobre 1895, résection très facile avec le couteau du thermo-cautère, de tout le fragment suspect et de la paroi vésicale correspondante, résection en partie totale, en partie intrapariétale. Suture de la seule incision latérale droite vésicale musculaire et cutanée ; large drainage par deux tubes adossés.

Suites opératoires d'une simplicité parfaite, apyrexie continue et totale. Relèvement de l'état général. Trente jours plus tard, il restait une petite fistule qui s'oblitéra bientôt.

Description macroscopique : La tumeur était à peu près grosse comme un poing de femme adulte ; elle pesait cent trente-cinq grammes sans la zone d'excision pédiculaire ; elle était à peu près circulaire, d'un diamètre de cinq centimètres environ, d'apparence fongueuse, rosée, modérément saignante ; la muqueuse qui la circonscrivait était rose vif comme le reste de la vessie et paraissait saine.

A la coupe, on vit que la masse était généralement formée par une épaisse écorce d'un blanc jaunâtre, ferme, de densité égale, qui, çà et là, criait sous le scalpel sans trop résister. Le centre et la base présentaient l'aspect d'un noyau rougeâtre, compact, assez ferme. Pas de suc, pas de fibres.

Au microscope. La partie blanche est constituée par un tissu conjonctif adulte à différents âges de développement.

Les territoires rouges sont constitués par un tissu vaguement fibrineux et cloisonné, semé parfois de débris de globules rouges et où l'on voit la coupe de nombreux capillaires. Dans cette nappe sont disséminées des cellules rondes isolées, dispersées, de dimensions tont à fait variables, munies d'un noyau également indéfinissable ; beaucoup de ces noyaux ne sont plus représentés que par des gouttes noires qui accusent la dégénérescence.

Enfin çà et là, des fibres musculaires lisses, quelquefois nombreuses, souvent absentes.

OBS. **99.** — **N. Hallé** [1]. *Tumeur infiltrée de la vessie.*

AUTOPSIE : *Masse ganglionnaire dans le petit bassin à l'embouchure de l'uretère droit.*

For..., 59 ans, entré le 19 novembre 1895, salle Velpeau, n° 4, à l'hôpital Necker, service de M. le professeur Guyon.

Deux blennorrhagies à 22 et 25 ans, toutes deux rapidement guéries.

Depuis 4 ans, le malade urine un peu fréquemment, avec des efforts douloureux, 3 ou 4 fois la nuit, 7 ou 8 fois le jour. Il y a trois ans il a rendu un petit gravier dur, jaune, rugueux.

Vers la même époque il est pris sans cause appréciable, d'une hématurie abondante, qui dure 4 à 5 jours avec fréquence et douleurs des mictions, et cesse

<hr>

[1] N. HALLÉ. *Ann. gén.-urin.,* 1896, p. 596.
[2] Musée de Necker, pièce n° 441.

brusquement. Depuis lors l'hématurie reparaît tous les trois ou quatre mois avec les mêmes caractères et la même durée.

Il entre dans le service au cours d'une hématurie plus sérieuse qui persiste depuis trois semaines. La vessie est très sensible, pas de calcul. La prostate est énorme, on ne peut atteindre sa limite avec le doigt. Mictions fréquentes et douloureuses, toutes les heures; urines chargées de pus et de sang.

Le malade a maigri notablement et se plaint de douleurs lombaires. A la suite de repos et d'instillations argentiques, la fréquence diminue et l'hématurie cesse. L'examen endoscopique ne donne aucun résultat à cause de la sensibilité de la vessie qui saigne au moindre contact.

Le malade porte, depuis 5 ans, une volumineuse hydrocèle qui gêne l'examen. Cure radicale comme opération préliminaire le 28 décembre, hématome assez volumineux à la suite.

L'état général continue à s'aggraver rapidement. Les urines sont de plus en plus sales, fétides, purulentes, toujours ammoniacales. Le 19 janvier on découvre dans le sédiment urinaire des grumeaux blancs caséeux qui, à l'examen histologique, donnent le diagnostic de néoplasme : épithélioma pavimenteux à cellules plates cornées. Accès fébriles répétés du 15 au 18 janvier, mort le 21 janvier.

AUTOPSIE. — La *prostate* n'est pas hypertrophiée. La *vessie* est grande : sa capacité est augmentée, ses parois sont partout notablement épaissies. Elle contient des fragments mous, caséeux, multiples. Il existe un volumineux néoplasme occupant toute la paroi latérale gauche de la vessie et empiétant sur le bas-fond pour s'avancer jusqu'au voisinage du col. La surface est profondément ulcérée, anfractueuse, déchiquetée et des fragments volumineux, à demi détachés, font saillie dans la cavité vésicale. A la coupe, on constate que la tumeur est infiltrée dans la paroi vésicale, elle la pénètre entièrement et la dépasse pour se continuer dans l'excavation pelvienne avec une masse néoplasique du volume du poing. A cette *masse viennent s'adjoindre plusieurs ganglions volumineux qui lui donnent un aspect lobulé.*

Il n'y a plus de ligne de démarcation entre les parties vésicales et extra-vésicales du néoplasme. Sur la coupe c'est un tissu blanc jaunâtre, mou, très friable, comme feuilleté, gras au toucher ; il est divisé en gros alvéoles par des cloisons minces, *il existe quelques ganglions isolés du même aspect, dans le tissu cellulaire pelvien et le long des vaisseaux iliaques.*

La muqueuse vésicale, dans le reste de la surface, est d'un gris verdâtre, avec des zones rouge brun granuleuses : autour de la tumeur existent plusieurs petites végétations molles blanchâtres qui semblent des productions néoplasiques au début.

L'*uretère gauche* traverse la masse néoplasique qui l'englobe, le comprime, le rétrécit sans l'oblitérer cependant.

Rein gauche : pyélonéphrite avec grande dilatation et atrophie corticale avancée.

Hypertrophie et congestion *du rein droit. On trouve quelques ganglions au niveau de l'abouchement de l'uretère droit.*

Examen histologique. — Le fragment rendu pendant la vie, étudié par dissociation, donne des amas de cellules épithéliales polymorphes, plates, minces, sans noyau, d'aspect corné avec quelques formations en globes épidermiques. Même structure des fragments caséeux que contient la vessie à l'autopsie.

Une coupe étendue, portant sur la masse épaisse centrale du néoplasme, présente l'aspect suivant : il n'y a plus trace de tissu vésical, on voit de grands alvéoles irréguliers, limités par des travées conjonctives peu épaisses, où se distinguent de petits faisceaux de fibres musculaires lisses. Ces alvéoles contiennent des cellules polymorphes plates, rondes, polygonales, disposées sans ordre, peu cohérentes et séparées çà et là par des espaces libres, remplis d'un exsudat amorphe, finement granuleux. Chaque alvéole contient des formations en globes multiples. Tantôt, ce sont des globes épidermiques simples avec leur structure concentrique ordinaire, tantôt des formations cellulaires singulières, sortes de globes composés et compliqués, où les cellules plates se. disposent concentriquement autour de plusieurs points centraux. A la périphérie des globes quelques grandes cellules polygonales montrent des filaments d'union. Au centre des globes, grandes vacuoles remplies de détritus granuleux. Quelques cellules périphériques finement granuleuses, prennent vivement le carmin sans qu'on puisse affirmer la présence de vrais grains d'éléidine.

Cette coupe d'aspect particulier, diffère assez notablement des autres épithéliomas pavimenteux lobulés que nous avons étudiés ; les caractères épidermoïdaux des cellules y sont cependant très manifestes.

Une des petites végétations voisines de la tumeur principale a été examinée ; bien que la lésion soit à son début elle a déjà les mêmes caractères bien accentués. Le noyau néoplasique est limité à la muqueuse : il est constitué par des alvéoles à cellules plates, les plus superficiels déjà ouverts et ulcérés contiennent des globes épidermiques bien développés.

Il existe des lésions inflammatoires anciennes et profondes de la paroi vésicale, derme muqueux épaissi et induré, très vasculaire, avec végétations papillaires bien développées de la surface ; zones d'infiltration embryonnaire et de nécrose superficielle ; pas de revêtement épithélial.

Les ganglions, choisis parmi les plus indépendants de la masse néoplasique présentent la même structure que la tumeur principale ; cancer alvéolaire à cellules polymorphes aplaties avec de nombreux globes épidermiques.

OBS. **100.** — **Helferich** [1]. (Résumée.) *Sarcome infiltré de la vessie.*

AUTOPSIE : *Ganglions rétro-péritonéaux.*

Femme, 36 ans, éprouve depuis 11 mois des difficultés en urinant.

La tumeur (sarcome) adhère à la vessie, au vagin, à la symphyse et à l'os iliaque.

Incision oblique contre le bord inférieur de la symphyse ; de celle-ci partent 2 incisions divergentes et parallèles aux grandes lèvres, la gauche se prolongeant

---

[1] HELFERICH, in DIBBERN. Inaug. diss. Greifsvald, 1897, p. 10.

jusqu'à la pointe du coccyx. Isolement de la tumeur par en bas. Puis incision transversale au-dessus de la symphyse. En isolant, le péritoine se déchire en un endroit ; on suture immédiatement. Suture de l'uretère gauche, suture de la vessie excepté en une place pour la place d'une mèche de gaze iodoformée : 5 jours après, mort dans le collapsus.

AUTOPSIE. — Dilatation des 2 uretères et des bassinets, abcès dans le rein, *noyaux métastatiques dans les ganglions rétro-péritonéaux.*

OBS. **101.** (**Inédite.**) — *Tumeur infiltrée de la vessie.*

Ganglions iliaques. (Constatation clinique.)

AUTOPSIE [1] : *Ganglions iliaques externes et internes jusqu'à la bifurcation de l'iliaque primitive. Ganglions le long de l'uretère.*

La nommée Pauline L..., dentelière, âgée de 62 ans, entrée le 28 septembre 1869, à l'hôpital Necker, salle Sainte-Pauline, n° 8, service de M. Guyon.

Cette femme arrive à l'hôpital, pouvant à peine marcher ; elle dit avoir les jambes enflées et souffrir beaucoup en urinant. Elle nous montre un petit calcul qu'elle a rendu en 1847 spontanément à la suite d'une colique néphrétique. A partir de cette époque, elle a eu plusieurs accès de colique. Depuis quelque temps seulement, elle éprouve des difficultés de plus en plus grandes et des douleurs vives en urinant. Elle a beaucoup maigri, ses jambes ont enflé, et elle se plaint de douleurs du côté de la hanche gauche surtout. Les urines renferment un dépôt de pus abondant.

On sent dans les flancs deux tumeurs sensibles à la pression, celle de gauche paraît plus volumineuse que celle de droite, qui donne la sensation d'un rein flottant. *En outre dans la fosse iliaque gauche on sent une tumeur assez volumineuse.* Par le toucher vaginal, on trouve le col de l'utérus refoulé à droite et en haut et paraissant sain du reste. Au niveau du col de la vessie, le doigt rencontre une tumeur volumineuse qui s'étend en arrière et à gauche dans la direction de la fosse iliaque ; les pressions se communiquent de la fosse iliaque au doigt qui touche. L'exploration de la vessie n'y fait rencontrer aucun calcul.

Pas d'engorgement des ganglions inguinaux.

La malade reste dans le même état les jours suivants ; fièvre tous les soirs, amaigrissement extrême, mictions accompagnées de vives douleurs. Elle meurt le 10 octobre.

AUTOPSIE. — Les poumons, le foie, la rate, les intestins, le cœur, ne présentent rien de particulier, si ce n'est quelques phlébites le long de la petite courbure de l'estomac et dans le tissu de la rate. Les deux *reins* sont convertis en deux tumeurs volumineuses.

Le *rein gauche* est transformé en poche purulente et adhère aux organes voisins.

L'uretère gauche est très dilaté, du volume d'un doigt et renferme dans sa

[1] Musée de Necker, pièce n° 34.

partie initiale de gros calculs contournés qui paraissent provenir du bassin et *cet uretère arrivé à la fosse iliaque, longe une grosse tumeur arrondie, dure, blanchâtre, occupant la fosse iliaque et soulevant le péritoine ; l'uretère pénètre dans la partie latérale interne de cette tumeur où il est comprimé de façon qu'on ne peut faire un stylet dans la vessie.* Un peu au-dessus de la tumeur, l'uretère est contourné en *S* italique. Le *rein droit* est complètement rempli par de gros calculs brunâtres qui se ramifient dans le bassinet, les calices et la substance même du rein ; ils ne formaient probablement qu'un seul et même calcul qui s'est brisé en plusieurs points. L'uretère droit est gros, mais peu dilaté et s'ouvre librement dans la vessie.

La *vessie* ouverte est petite, remplie de liquide puriforme. Son bas-fond et une grande partie de sa face postérieure sont occupés par une grosse tumeur végétante, mamelonnée, recouverte en partie par la muqueuse qui présente des ulcérations anfractueuses à son niveau. A gauche de la tumeur principale, il en existe une autre sur les confins de la paroi latérale, aplatie transversalement comme une crête de coq, la muqueuse couvre ses parties latérales, mais est ulcérée sur son sommet.

La tumeur principale se continue avec une masse volumineuse, haute de 5 centim., large de 6, blanchâtre, qui la relie avec celle de la fosse iliaque gauche, qui mesure 8 centim. environ dans toutes ses dimensions et est formée de ganglions dégénérés et logés dans l'angle du psoas, à la bifurcation de l'iliaque primitive ou iliaque interne et externe. L'artère iliaque externe traverse la tumeur qui l'entoure de toutes parts, ses parois sont intactes, mais sa face interne présente des plis longitudinaux.

La veine est volumineuse, nettement séparée de l'artère, elle sort de la tumeur à 1 centim. et demi en dehors d'elle et elle est remplie de caillots adhérents, noirâtres ; dans la tumeur elle se réduit à un petit cordon assez difficile à différencier.

Le péritoine du cul-de-sac vésico-vaginal présente quelques noyaux blanchâtres et des adhérences nombreuses. Les trompes, l'utérus et les ovaires sont sains. La tumeur est contenue dans un dédoublement du ligament large en dehors de l'ovaire et de la trompe. Elle est arrondie : *sur la coupe on distingue les lignes de séparation de quelques ganglions,* elle a le volume d'une pomme et n'adhère pas aux os.

L'examen microscopique de la tumeur iliaque et du fongus de la vessie démontre qu'ils sont composés du même tissu, c'est un épithélioma pavimenteux lobulé, formé de grandes cellules pavimenteuses, larges et aplaties, polyèdriques, présentant un noyau et de nombreuses granulations graisseuses. On rencontre çà et là de beaux globules épidermiques (Reverdin) avec semi-cornéification sans éléidine, la plupart des globules ont à la périphérie des cellules aplaties et vers le centre des éléments plus distincts avec gros noyau; plusieurs de ces formes cellulaires ont des dentelures (Albarran). Dans cette tumeur, il n'y a pas de trame fibreuse, les masses épithéliales semi-cornées figurent des lobes dont le stroma est constitué par d'autres cellules épithéliales. La muqueuse vésicale dans le reste de son étendue est chroniquement enflammée, le derme muqueux est épaissi et vasculaire, le revêtement épithélial a disparu [1].

OBS. **102**. (**Inédite.**) — *Tumeur infiltrée de la vessie.*

AUTOPSIE [2] : *Ganglions iliaques internes, externes, primitifs et ganglions lombaires remontant jusqu'aux reins.*

Le nommé Pierre J..., emballeur, âgé de 63 ans, entre le 22 octobre 1886 à l'hôpital Necker, dans le service de M. le professeur Guyon, salle Saint-Vincent, n° 11.

Pas d'*antécédents* du côté des voies urinaires.

Maladie actuelle. Il y a trois ans, à la suite de fatigues, hématurie qui dure deux jours. Depuis, l'hématurie revient périodiquement tous les quinze jours et dure trois ou quatre jours, non influencée par le repos. En même temps, fréquentes envies d'uriner de plus en plus nombreuses. Dans les intervalles des hématuries, l'urine est colorée par le sang.

Douleurs dans la verge, surtout la nuit, et surtout au moment des mictions. Amaigrissement notable depuis un an.

Etat actuel. — Teinte jaune paille de la peau. Amaigrissement très prononcé. Au toucher : prostate volumineuse; indurée également dans ses lobes. Derrière elle, on sent au niveau du bas-fond de la partie latérale gauche de la vessie, une tumeur irrégulière du volume d'un citron, s'élevant de 3 travers de doigt au-dessus du pubis.

Un cathétérisme amène du sang à la fin. Urèthre libre ; région prostatique allongée et irrégulière. Rien aux reins. Foie petit. Rate normale. Poumons sains. Athérome cardio-vasculaire.

Taille hypogastrique. Guérison complète en quinze jours. Le malade sort de l'hôpital le 18 décembre.

Il rentre le 27 décembre avec une fistule hypogastrique et meurt le 19 février 1887.

AUTOPSIE. — A l'ouverture du ventre, on est frappé tout d'abord par l'existence de *ganglions remplissant le petit bassin et remontant dans le mésentère jusqu'au pancréas.*

La *vessie* du volume d'une tête de fœtus, remplit toute l'excavation pelvienne. A la coupe, les parois sont très épaissies et mesurent 3 à 4 centim. dans tous les points ; il existe à peine une portion de la paroi latérale droite indemne. Elle est friable, blanchâtre, la surface interne est recouverte d'un nombre considérable de villosités.

Il n'y a pas de propagation à la prostate ni aux vésicules séminales, mais à droite, la tumeur dépasse la vessie et en arrière et à droite, elle est reliée à une *masse du volume d'un gros œuf, bosselée, formée nettement de ganglions hyper-*

[1] N. HALLÉ. *Ann. génit.-urin.*, 1896, p. 585.
[2] Musée de Necker, pièce n° 219.

trophiés et qui va en arrière jusqu'au niveau de l'iliaque interne, dont les branches sont impossibles à disséquer au milieu des ganglions qui les entourent ; ce paquet ganglionnaire mesure 5 centim. transversalement et 6 centim. et demi dans le sens de sa hauteur.

Continuant ce groupe ganglionnaire, on trouve d'autres ganglions qui englobent l'artère iliaque primitive et dépassant son bord supérieur pour aller derrière la veine cave rejoindre par la face postérieure une grosse masse ganglionnaire que nous trouverons dans un instant en avant de la colonne vertébrale dans l'angle postérieur formé par l'aorte et la veine cave.

Au niveau supérieur de l'iliaque externe gauche, il existe aussi quelques ganglions du volume d'une noisette ; ceux qui sont situés le long de son bord inférieur atteignent le volume d'une petite noix.

Du côté gauche il existe un ganglion au niveau du bord supérieur de l'artère iliaque externe, un peu en avant de sa naissance et une traînée de ganglions plus petits entre l'artère et la veine, à peu près sur toute leur longueur en dehors.

Plus loin au niveau de l'artère iliaque primitive, on trouve une grosse masse ganglionnaire, quelques noyaux atteignent le volume d'une noix ; cette masse recouvre l'artère et la veine complètement. A l'angle de bifurcation de l'artère en iliaques interne et externe, par devant elle, passe l'uretère gauche volumineux.

Dans l'abdomen on trouve un gros paquet ganglionnaire le long de l'aorte et de la veine cave ; dans le sinus postérieur formé par ces deux vaisseaux, la couche ganglionnaire atteint le volume du petit doigt et se prolonge en haut jusqu'à l'angle formé par l'artère rénale droite à l'aorte. Du côté postérieur on voit aussi déborder à gauche de l'aorte des ganglions qui forment une chaîne en dehors du tronc artériel, chaîne qui se termine à la partie supérieure par un ganglion isolé du volume d'une grosse noisette, qui est situé dans l'angle formé par l'artère rénale gauche et l'aorte.

Vue par la face antérieure, la masse antérieure qui mesure 10 centim. de longueur sur 4 centim. 1/2 de largeur à son plus grand diamètre, recouvre les vaisseaux en partie et surtout l'aorte ; elle s'insinue dans l'angle formé par ces deux vaisseaux et se continue là avec les ganglions situés en arrière, que nous avons décrits précédemment.

L'uretère droit presque du volume du petit doigt ne peut se disséquer des ganglions au niveau des vaisseaux iliaques primitifs. *L'uretère gauche* est sinueux, atteint le volume de l'index, il est adhérent au-devant de la veine iliaque primitive à la masse ganglionnaire qui est située en arrière et en dedans de lui et qui de l'autre côté adhère à la veine cave. Il ne laisse pas passer une fine bougie.

Le *rein droit* est volumineux. Ses dimensions sont : verticale, 11 centim., transversale, 7 centim., antéro-postérieure, 5 centim., il présente des abcès miliaires en grand nombre. Le rein gauche est transformé en une poche kystique contenant un liquide limpide, ses dimensions sont : verticale, 7 centim., transversale, 4 centim., antéro-postérieure, 2 centim. et demi.

Examen histologique (ALBARRAN). — Dans la tumeur, épithélioma alvéolaire à rame musculo-conjonctive. *Des fragments de ganglions ont été pris à droite dans le petit bassin et au-devant de l'aorte, à la partie inférieure et à la partie supérieure du paquet ganglionnaire; on y trouve la même structure histologique.*

OBS. **103**. (**Inédite.**) — *Tumeur sessile de la vessie.*

Ganglions dans le petit bassin et au voisinage de l'uretère. (Constatation clinique.)

La nommée Joséphine D..., domestique, âgée de 45 ans, entrée le 28 novembre 1887 à l'hôpital Necker, salle Sainte-Cécile, n° 16, service de M. le professeur Guyon.

Antécédents personnels. — Pas de maladie dans l'enfance. La malade a été réglée à 13 ans sans douleur et régulièrement. Mariée à 20 ans elle a eu un enfant à 22 ans. Sa couche a été normale. Elle eut il y a 4 ans une métrite qui fut soignée par M. Pinard et dont elle est bien guérie. Pas d'autre maladie antérieure.

Il y a 18 mois, la malade s'aperçut qu'elle urinait du sang. Les mictions n'étaient ni douloureuses ni fréquentes. Les mictions devenaient sanglantes sans raison pendant 2 ou 3 jours, puis redevenaient non sanglantes pendant 2 ou 3 mois pour reparaître sanglantes ensuite. Cet état dura jusqu'au mois de septembre dernier, époque à laquelle apparut une hématurie qui dure encore. En même temps les mictions devinrent douloureuses surtout à la fin.

L'état général est actuellement bon, la malade n'a pas maigri ; son appétit est conservé. M. Guyon fait l'examen de la malade et par le toucher vaginal combiné à la palpation hypogastrique il constate dans la partie droite de la vessie une petite masse roulant sous le doigt. Il fait le diagnostic de tumeur vésicale pédiculée, de la grosseur d'une amande implantée à la partie latérale droite du col. A cause de cette pédiculisation, M. Guyon choisit la voie uréthrale pour extraire la tumeur.

L'opération a lieu le 30 décembre. Après un lavage du vagin au sublimé et de la vessie à la solution boriquée, la dilatation de l'urèthre est faite facilement avec le dilatateur de Guyon. Elle est précédée de deux petits débridements faits avec les ciseaux sur les parties latérales du méat. L'index introduit par l'urèthre dilaté fait reconnaître dans la vessie une tumeur telle que le palper hypogastrique combiné au toucher vaginal l'avait décelée. Le diagnostic porté était d'une remarquable précision. Cette tumeur est saisie par une pince prenante courbe dont la convexité est tournée vers la muqueuse et est amenée au méat. Une anse galvanique est placée au-dessus de la pince. Puis on s'assure que la tumeur seule est saisie et non la vessie. En somme cette première tumeur est saisie et enlevée facilement.

Le doigt introduit dans la vessie reconnaît d'autres tumeurs plus petites siégeant plus en arrière, sur la face postérieure de la vessie. Une pince à polypes est introduite mais la saisie est très difficile. Neuf fois sur dix on ramène la muqueuse vésicale et non la tumeur car il est impossible d'introduire en même temps dans l'urèthre et le doigt conducteur et l'instrument. La vessie saigne abondamment. Quelques petites tumeurs sont complètement détruites avec le doigt. Pour l'une d'elles en particulier, le pédicule est comprimé et détruit entre deux doigts, l'un placé dans la vessie, l'autre dans le vagin.

On lave la vessie à l'aide du tube évacuateur de la lithotritie. Il est impossible de fixer un siphon. On fait un pansement avec des tampons de gaze iodoformée, introduits dans le vagin et garnissant toute la vulve. Lavage à l'eau boriquée matin et soir. Au bout de 4 jours la malade ne perd plus ses urines. Au bout de 15 jours la malade se lève et sort le 22 février 1898.

La malade recommence à travailler une quinzaine de jours après sa sortie. Pendant 14 mois elle eut une santé parfaite, quand au mois de juin 1889 elle vit apparaître quelques gouttes de sang dans ses urines. Ces hématuries, du reste légères, se reproduirent de temps à autre, durant environ une journée. Vers le milieu du mois d'août, elle recommença à souffrir beaucoup et entra dans le service de M. Le Fort (remplacé par M. Campenon), le 6 septembre. Deux jours après son entrée à l'hôpital elle eut une hématurie très abondante qui durait encore le 14 septembre, époque à laquelle elle fut admise dans le service de M. Guyon (salle Laugier, n° 12).

La malade a un très mauvais état général et est très affaiblie par le fait de son hématurie. La température oscille autour de 39°.

Par le toucher vaginal on trouve un épaississement de toute la portion droite de la vessie. L'orifice uréthral et l'uretère semblent également pris. L'exploration du rein est assez difficile en raison d'une hyperesthésie limitée à la moitié droite de la paroi abdominale. Un simple frôlement suffit pour en déterminer la contraction. Cependant en prolongeant le contact de la main placée sur la paroi abdominale on parvient à l'enfoncer dans l'hypocondre droit et on arrive alors sur le rein très volumineux que l'on peut sentir sans avoir recours pour cela au ballottement. Cette exploration est en outre assez douloureuse.

En présence des hématuries de plus en plus abondantes M. Tuffier a recours à la taille hypogastrique. Après ouverture de la vessie, on trouve une tumeur sessile, volumineuse, multi-lobulée qui occupe, ainsi que l'avait montré le toucher vaginal, la moitié droite du bas-fond vésical. L'uretère est entouré par le prolongement supérieur de la tumeur qui semble oblitérer son orifice vésical. Le doigt introduit dans la plaie permet de sentir le cordon urétéral volumineux, sinueux, et paraissant se perdre dans une masse de tissus empâtés. En raison de la généralisation de la tumeur il est impossible de tenter une opération radicale et M. Tuffier se contente d'enlever à la curette les différentes portions de la tumeur. Ce grattage est poursuivi aussi loin que possible et seulement quand la paroi vésico-vaginale est réduite à une extrême minceur. On arrête les hémorrhagies par des cautérisations au thermo-cautère. La vessie dans ses autres régions ne semble pas atteinte de cystite.

On referme la plaie et on draine la vessie. La malade paraît très affaiblie le soir de l'opération et est prise de frissons violents. La température atteint 39°,4 et se maintient à ce niveau jusqu'au 30 septembre où elle dépasse 40°. Puis après quelques grandes oscillations, elle descend insensiblement à 38° et au-dessous (le 20 octobre).

Pendant cette période, le sang qui a disparu des urines pendant quelques jours reparaît à deux reprises, le 5 et le 16 octobre.

La plaie se réunit en 6 jours, dans sa portion suturée. Les tubes sont enlevés le 14 octobre. Malgré la fixation d'une sonde à demeure pendant 4 à 5 jours, l'urine passe par la plaie. Une injection d'acide borique sort au fur et à mesure par l'orifice abdominal. La sonde à demeure est enlevée le 26 octobre. Depuis le 22 octobre l'urine s'écoulait très librement par elle et la malade était à peine mouillée.

A dater du jour où l'on enlève les tubes, le sang reparaît dans les urines de temps à autre, mais en moins grande quantité qu'avant l'opération. Le 26 octobre, l'état général est assez satisfaisant malgré une légère hématurie. Cependant la malade a encore un aspect cachectique. Quand elle quitta l'hôpital, on constata que l'uretère et les *ganglions du bassin étaient envahis.*

L'*examen histologique* de la tumeur montra qu'il s'agissait d'un épithélioma lobulé type.

OBS. 104. [1] (Inédite.) Tumeur infiltrée de la vessie.

Ganglions inguinaux. (Constatation clinique.)

Le nommé Jules Gan..., âgé de 59 ans, profession de journalier, entre le 2 février 1888, salle St-Vincent, lit n° 25. Pas d'antécédents urinaires. Début, il y a 8 mois, par hématurie, de sang clair qui venait pendant toute la miction.

Cette hématurie dure cinq mois sans discontinuer. Depuis trois mois l'hématurie est moins abondante et des symptômes de cystite sont survenus, mictions douloureuses, fréquentes surtout.

A son entrée, le malade est un homme maigre, de teint jaunâtre, cachectique ; il se plaint surtout des symptômes de cystite mentionnés ci-dessus. Depuis quelques mois, il est très constipé et dit sentir un peu d'engourdissement des membres inférieurs sans douleurs véritables.

Les urines, dont la quantité est de deux litres par jour, déposent un mélange de sang et de pus, la partie qui surnage restant trouble ; elles sont légèrement albumineuses.

L'urèthre est libre et laisse passer un explorateur n° 20 ; dans la région prostatique, on sent la bougie serrée, et cette position du canal saigne à l'exploration.

La vessie se vide bien, elle est douloureuse à la distension, insensible au palper hypogastrique. La prostate apparaît, au toucher, grosse et dure. Les reins

---

[1] Cette observation a été publiée en partie in ALBARRAN, thèse Paris, 1889, obs. I, p. 111.

sont sensibles à la pression, surtout celui du côté gauche, ils ne paraissent pas augmentés de volume. Le malade dit avoir eu à plusieurs reprises des douleurs lombaires. Les testicules sont sains.

Dans l'aine droite, on constate quelques petits ganglions inguinaux.

L'état général est mauvais, l'appétit presque nul, l'estomac intolérant, la langue sèche et sale et le malade nous dit avoir beaucoup maigri depuis quelques mois.

Sous l'influence du repos, l'hématurie diminua pendant le séjour du malade à l'hôpital, et quinze jours après son entrée, ce phénomène avait cessé. Les urines étaient ammoniacales, elles déposaient une assez abondante couche de pus et restaient troubles au-dessus. Les lavages boriqués à 8 p. 100 ne modifiaient guère le caractère des urines, mais ils amenèrent une grande amélioration des symptômes de cystite.

Pendant quelques jours, le malade se plaignit de douleurs lointaines, apaisées par les ventouses et sans avoir eu de fièvre, s'affaiblissant de plus en plus, il mourut dans le dernier degré de l'amaigrissement le 26 mars.

Autopsie. — Au niveau du bas-fond de la vessie, se développant surtout du côté droit, un épithélioma papillaire qui envahit toute l'épaisseur de la paroi vésicale.

L'uretère droit se trouve compris dans la tumeur qui envahit ses parois et a produit une oblitération complète du conduit. Au-dessus l'uretère apparaît plus haut que le petit doigt, ses parois très minces laissent voir par transparence son contenu clair et limpide.

Le rein et le *bassinet* forment une petite tumeur ovalaire longue de 6 centim. et demi et large de 4 centim. Comme l'uretère, le bassinet, présente des parois très amincies. Il contient un liquide clair de réaction acide, dans lequel l'urée existe en petite quantité.

Le rein droit, dont la capsule se détache avec facilité, ne pèse que 38 grammes ; sa surface est lisse et on y voit un petit kyste transparent. A la coupe, il apparaît formé comme une coque creusée d'une série de dépressions qui surmontent les calices dilatés ; l'épaisseur de la substance rénale varie de 3 millim. à un centim. On ne distingue plus les papilles qui sont représentées par des dépressions et c'est à peine si quelques petits vaisseaux béants à la coupe montrent la voûte sus-pyramidale.

L'uretère gauche est plus gros que celui du côté droit et, contraste frappant, ses parois sont épaissies, arborisées. Il en est de même du bassinet qui est dilaté et dont les parois épaissies, arborisées, présentent quelques ecchymoses. *Le rein gauche* forme contraste avec le rein droit : il est atteint de néphrite suppurée. Il pèse 130 grammes, la capsule très épaissie est fibro-lipomateuse, elle se sépare sans grande difficulté. La surface du rein est légèrement bosselée, de couleur rouge sombre avec des taches ecchymotiques : on y distingue deux petits abcès miliaires et quelques rares kystes à contenu limpide ou puriforme. Au microscope le liquide de ces derniers est formé par des cellules épithéliales en dégénérescence, il ne contient pas de microbes.

A la coupe, on constate que le rein est mou, la substance rénale apparaît
creusée de quelques dépressions correspondant aux calices dilatés : son épaisseur n'est à ce niveau que de 8 à 10 millim., tandis qu'ailleurs elle atteint jusqu'à 3 centim. Les deux substances sont absolument confondues presque partout. Mais dans certains endroits on les distingue encore assez bien. Les papilles
présentent leur sommet érodé irrégulièrement, quelques-unes ont une extrémité
mortifiée, noirâtre, détachée en partie. Le bassinet et les calices sont fort dilatés, à parois épaissies, arborisées, ecchymotiques et dépouillées en partie de
leur épithélium.

Quelques vaisseaux de la voûte sus-pyramidale restent béants à la coupe.

Pas d'autres lésions dans les différents viscères.

OBS. **105**. (**Inédite**.) — *Épithélioma infiltré de la vessie.*

AUTOPSIE [1] : *Ganglions hypogastriques.*

Le nommé J..., âgé de 71 ans, entre à l'hôpital Necker, salle Civiale, n° 8,
service de M. le professeur Guyon, le 8 juin 1889.

Début de la maladie : quinze mois auparavant par de l'hématurie.

À L'AUTOPSIE, 21 juin, *toute la moitié gauche de la vessie est envahie dans sa
paroi postérieure latérale,* par un *gros cancer* saillant, cérébriforme, ulcéré, déchiqueté par places, ayant encore quelques lobules arrondis.

Presque toute la paroi antérieure est prise dans sa moitié inférieure et jusqu'à 3 centim. et demi du col ; la néoplasie empiète même sur la paroi latérale
droite. Le trigone n'est pas envahi, sauf au niveau et un peu en deçà de l'uretère
gauche qui s'ouvre en plein néoplasme.

Compression. Oblitération de l'uretère ; rétention séro-purulente du rein.

Ganglions hypogastriques.

Examen histologique (ALBARRAN). — Épithélioma lobulé. Un grand nombre
de cellules sont cylindriques à la périphérie des lobes ; les portions superficielles
de la tumeur sont enflammées ; le stroma conjonctif y devient réticulé, plein de
cellules rondes, plus profondément il est plus dense.

La vessie est nettement sclérosée.

Dans les ganglions on trouve un magnifique épithélioma alvéolaire.

OBS. **106**. (**Inédite**.) — *Tumeur infiltrée de la vessie.*

AUTOPSIE [2] : *Ganglions iliaques.*

Le nommé M..., Louis, dessinateur, âgé de 64 ans, entre le 17 janvier 1890
dans le service de M. le professeur Guyon, salle Civiale, n° 28.

Début de la maladie par des hématuries.

1 Musée de Necker, pièce n° 255.
2 Musée de Necker, pièce n° 278.

La taille hypogastrique pratiquée le 26 janvier par M. le professeur Guyon permet de découvrir une énorme masse fongueuse très largement implantée, extirpation partielle au galvano-cautère ; grattage, cautérisation au thermo-cautère.

Le malade guérit en gardant une petite fistule, il reprend des forces, ne souffre plus et ses hématuries cessent ; mais peu à peu son état général s'altère, un gros abcès fait saillie à la racine de la cuisse, on l'incise, la plaie se cicatrise mais bientôt il devient évident qu'il existe à ce niveau une propagation du cancer.

Le malade meurt cachectique le 31 décembre 1890.

A l'AUTOPSIE, la vessie est petite ; elle s'ouvre à la paroi abdominale par la fistule de la taille qui n'est pas envahie par le néoplasme. La tumeur est en plaque non saillante, ulcérée.

Du côté gauche de la vessie et en dehors d'elle, on trouve une masse énorme qui remplit le petit bassin, qui envahit le corps du pubis et l'os iliaque au niveau de l'arrière-fond de la cavité cotyloïde ; cette masse énorme, haute de 17 centim., large de 11 dans le sens transversal et épaisse de 13 centim. dans le sens antéro-postérieur va en arrière jusqu'au rectum auquel elle adhère ; elle s'étend vers la racine de la cuisse au niveau de laquelle elle fait une forte saillie. L'uretère est englobé dans la tumeur.

Il existe de plus, du côté gauche, *plusieurs ganglions lymphatiques séparés de la masse principale et présentant à la coupe le même aspect*, d'un volume variant de celui d'un pois à celui d'une grosse noisette ; ils sont situés le long de la veine iliaque externe.

A droite il existe une petite masse ganglionnaire du volume d'un œuf qui englobe l'extrémité de l'uretère et siège au niveau du bord antérieur de l'artère iliaque interne ; les ganglions qui la forment sont du volume d'une noisette.

L'examen histologique (ALBARRAN) montre qu'il s'agit d'un épithélioma polymorphe lobulé, avec un stroma conjonctif net au milieu duquel on trouve quelques rares fibres musculaires.

A la cuisse on trouve la même tumeur, mais presque partout en dégénérescence granulo-graisseuse, le stroma conjonctif est très peu développé ; les cellules épithéliales sont pour la plupart allongées.

Les ganglions revêtent le type de carcinome alvéolaire.

OBS. **108.** (**Inédite**). — *Cancer infiltré de la vessie.*

Ganglions iliaques. (Constatation clinique.)

Le nommé D..., Henri, fondeur en cristaux, âgé de 68 ans, entre le 11 avril 1890, à l'hôpital Necker, salle Velpeau, n° 18, service de M. le professeur Guyon.

En octobre 1889, sans cause appréciable, apparaît une hématurie assez abondante ; le malade, qui avait de la fréquence des mictions depuis quelque temps, pisse du sang pur. Cette hématurie se prolonge pendant huit jours ; alors le sang arrive plus ou moins mélangé à l'urine ; il y a quelques caillots, mais pas de rétention ; enfin l'hématurie] devient nettement terminale. Les mictions, qui n'étaient pas très fréquentes, s'améliorent encore, et les phénomènes morbides disparaissent pendant cinq mois.

Vers le 20 mars 1890, l'hématurie reparaît, toujours sans cause appréciable ; le malade entre à l'hôpital Lariboisière où il est sondé pour la première fois à cause de la difficulté des mictions ; alors apparaît de la fièvre qui dure pendant quatre jours. A partir de ce moment des troubles de cystite s'installent et persistent en s'aggravant et le malade vient consulter à l'hôpital Necker. Les mictions sont fréquentes ; elles sont douloureuses ; les urines sont troubles, laiteuses ; l'hématurie a disparu à nouveau complètement. Le malade a beaucoup maigri, néanmoins l'appétit est conservé et l'état général se maintient encore assez bon.

L'urèthre laisse passer un explorateur n° 12 qui ramène un peu de sang ; l'urine est trouble, il y a de la polyurie. Les reins ne sont pas douloureux ; il n'y a pas de ballottement. Au toucher rectal, on touche une prostate peu volumineuse, l'exploration est d'ailleurs assez difficile et le palper abdominal combiné au toucher ne permet pas de sentir d'induration ou d'épaississement de la paroi vésicale.

Avec l'emploi de la cocaïne, la vessie irritable laisse pénétrer plus du double de liquide et le malade est examiné à l'endoscope de Leiter qui permet de constater la présence d'une surface néoplasique assez étendue.

Le malade quitte le service sur sa demande le 2 juin, il se trouve d'ailleurs sensiblement amélioré.

Il revient à l'hôpital le 2 février 1891.

Depuis son départ il n'avait eu aucune douleur, aucune hématurie et se considérait comme complètement guéri, quand il y a huit jours est apparue, à la fin de la miction, une sensation de brûlure qui a persisté depuis. Les mictions sont fréquentes. Il n'y a pas de sang dans les urines, mais elles sont très fétides.

Les 3 et 4 février, apparaît sans cause une hématurie assez abondante.

Le 14, M. Guyon constate que les deux reins sont volumineux et qu'il existe *des ganglions très nettement appréciables dans la fosse iliaque gauche*. Le toucher rectal permet de sentir du côté gauche un néoplasme qui arrive jusqu'à la ligne médiane.

Le malade est traité dans le service par des lavages boriqués et des instillations intra-vésicales ; l'état des urines s'améliore beaucoup ; son état général est très satisfaisant et il reprend de l'embonpoint : il demande à quitter l'hôpital le 1er mai 1891 ; à ce moment les urines sont claires et le malade ne souffre plus,

Obs. **109**. (**Inédite**.) — *Tumeur de la vessie*.

Autopsie [1] : *Ganglions iliaques externes, et à la bifurcation de l'iliaque primitive. Ganglions lombaires.*

Salle Velpeau, n° 8.
Autopsie, le 18 juillet 1890. — *Tumeur de la vessie*.

[1] Musée de Necker, pièce n° 117.

Adénopathie iliaque droite. Sous l'artère iliaque externe quatre ganglions, dont le plus volumineux comme un gros haricot, un autre plus allongé va jusqu'à l'angle de bifurcation de l'iliaque.

Sur le bord supérieur externe de l'iliaque primitive plusieurs ganglions qui remontent au-devant de la veine cave.

Adénopathie iliaque gauche. Un ou deux ganglions au niveau du bord inférieur de l'iliaque externe. Deux ganglions au bord postérieur; quelques-autres bien plus petits le long de l'iliaque primitive vont retrouver les ganglions de droite pour se jeter dans la masse ganglionnaire lombaire.

Adénopathie lombaire. Paquet ganglionnaire en avant de l'aorte, au niveau et au-dessus du ganglion rénal, plusieurs ganglions s'insinuent entre le tronc artériel et la veine cave ; il existe de plus comme un semis ganglionnaire en avant et sur le bord externe de la veine cave dans la même région.

OBS. **110**. (**Inédite.**) *Tumeur infiltrée de la vessie.*

AUTOPSIE [1] : *Ganglions le long des vaisseaux hypogastriques.*

Le nommé D..., Charles, âgé de 47 ans, décédé le 4 décembre 1890 à l'hôpital Necker, salle Velpeau, n° 12, service de M. le professeur Guyon. Début, trois mois auparavant, par la dysurie et hématuries légères. Mort le 4 décembre 1890 sans avoir été opéré.

AUTOPSIE. — Tumeur implantée sur la paroi latérale droite de la vessie depuis le col jusqu'à 10 centim. plus haut (plus de la moitié de la hauteur) et sur la paroi antérieure, elle passe comme un pont sur le col vésical et gagne à gauche la paroi antérieure sans entamer la paroi postérieure. Pour pénétrer dans la vessie il faut passer sous le tunnel.

La surface est framboisée et non villeuse. Près de la tumeur la surface de la vessie présente des granulations fines.

L'uretère droit débouche en pleine tumeur, aussi est-il dilaté. Prostate légèrement hypertrophiée non envahie.

Il existe des ganglions le long des vaisseaux hypogastriques.

Examen histologique (ALBARRAN). — Carcinome alvéolaire sous-muqueux, l'épithélium de la muqueuse conserve ses caractères ordinaires mais prolifèrés. Les petites granulations sont formées par des espèces de plis recouverts d'épithélium, le stroma est très cellulaire, l'aspect est celui de petits polypes.

OBS. **111**. (**Inédite.**) — *Tumeur infiltrée de la vessie.*

AUTOPSIE [2] : *Ganglions à la bifurcation des iliaques.*

Le nommé V..., commerçant, âgé de 59 ans, entré le 4 mars 1891 à l'hôpital Necker, salle Velpeau, n° 32, service de M. le professeur Guyon.

---

[1] Musée de Necker, pièce n° 266.
[2] Musée de Necker, pièce n° 299.

Santé parfaite dans sa jeunesse ; deux blennorrhagies ; ne se levait jamais la nuit pour pisser. Il y a quatorze mois, sans motifs, hématurie abondante avec des caillots. Ces hématuries ont été constatées pendant un mois ; le malade est très affirmatif sur ce point.

Depuis ce moment n'a plus pissé de sang qu'à la suite de nombreux cathétérismes qui lui ont été faits, soit avec la sonde métallique, soit avec la sonde en gomme.

Depuis deux ou trois mois les mictions sont devenues très fréquentes mais non douloureuses et le malade pisse de 30 à 40 fois par jour ; urines peu troubles, non fétides.

Le 7 février, à Odessa, sondage et lavage et peut-être bien électrolyse ; à la suite de cette opération, mictions fréquentes et très douloureuses pendant toute la durée. Les urines sont d'une fétidité extrême. Voyage très pénible, le malade est arrivé avec une verge énorme.

Actuellement bonne santé sauf troubles gastriques. Reins non augmentés de volume. La contractilité de la vessie est forte, urine 12 fois la nuit, 10 fois le jour. Prostate peu volumineuse, au toucher bimanuel on sent une grosse tumeur surtout développée à droite.

Le 16. Dernière opération par M. Guyon. Précautions habituelles. Chloroformisation dans l'attitude horizontale, distension de la vessie et introduction du ballon. Le lit est baissé et la position déclive donnée au malade. Incision médiane : la vessie est facilement découverte, sa surface est tapissée de grosses veines distendues. Ponction et incision, deux fils sont passés à l'angle supérieur et inférieur de la plaie, et fixés à la peau ; deux fils latéraux simplement passés dans la vessie. La section de la paroi vésicale saigne abondamment. M. Guyon met son doigt, trouve une cavité très petite, obstruée en partie par des masses néoplasiques : on est en présence de néoplasme diffus et l'on ne pourra procéder qu'à une opération palliative. La surface interne de la vessie est grattée avec la curette vésicale peu tranchante : issue d'une énorme quantité de fongosités, mais en même temps hémorragie abondante ; le sang coule en nappe sur toute la surface interne de la vessie et des bords de l'incision vésicale. Pour l'arrêter M. Guyon tamponne l'intérieur de la vessie avec des éponges trempées dans du perchlorure de fer. Au bout d'un instant le sang est en partie arrêté ; nouveau grattage et nouvelle hémorragie arrêtée comme la première. La surface vésicale est touchée sur toute son étendue avec la plaque du thermo-cautère. Suture habituelle de la vessie. Drains parallèles. Sutures des muscles. Il reste un décollement assez étendu entre la vessie et la cavité de Retzius ; suture, pansement habituel.

Le soir rien de particulier, détritus et lambeaux sphacélés sortant en abondance ; langue sèche, pas de température.

Le 17 mars le pansement est défait, pas d'infiltration, paroi abdominale souple, bon aspect, pas de température. Le soir 38°, malade agité, subdélirium ; de plus, nous constatons un certain degré de parésie dans le côté gauche. Commissure labiale légèrement déviée à droite. Nous pensons à une hémorragie cérébrale, bien que les caractères cliniques ne soient pas assez nets pour qu'on puisse l'affirmer.

Le lendemain la température tombe à 37° mais l'état général reste mauvais et le malade succombe dans la nuit.

AUTOPSIE. — Légère infiltration séreuse dans les muscles abdominaux de chaque côté de la paroi. Grosse infiltration d'aspect urineux dans le cul-de-sac rétro-pubien.

Vessie, petite, paroi très épaisse, surface rouge-brun, très altérée ; fongueuse dans toute son étendue. *Uretère* dilaté moyennement, mince, transparent, avec urines claires, pas d'urétérite. *Reins.* Volume normal, capsule adhérente avec graisse adhérente, le droit présente des parties de substance corticale blanche d'aspect cireux ; dans tous les deux, dilatation des bassinets sans inflammation, substance corticale assez réduite d'épaisseur ; en somme, lésions interstitielles de dilatation aseptique.

Dans le bassin, de chaque côté de la bifurcation des iliaques, un ou deux ganglions gros, mous, rosés semblent malades.

Uretère et prostate sains. Poumons : double congestion très étendue. Cœur : gros, hypertrophie du ventricule gauche. Aorte : très athéromateuse. Cerveau : artères de la base très athéromateuses, sans oblitération ; aucun foyer d'hémorrhagie dans la substance cérébrale.

Examen histologique (ALBARRAN).—Épithélioma lobulé à cellules cylindriques

OBS. **112.** (**Inédite.**) — *Tumeur infiltrée de la vessie.*

AUTOPSIE [1] : *Ganglions hypogastriques jusqu'à la bifurcation de l'iliaque primitive.*

Le nommé Ch. D..., âgé de 25 ans, entré le 6 mai 1891 à l'hôpital Necker, salle Velpeau, n° 3, service de M. le professeur Guyon.

En 1883, blennorrhagie avec cystite sans hématurie : le malade conserve une goutte militaire. En 1890, syphilis.

Maladie actuelle. — En novembre 1888, première hématurie abondante avec caillots. Depuis cette époque il y a presque chaque mois une hématurie durant trois ou quatre mictions, peu abondante, revenant parfois à la suite de fatigue.

En septembre 1890, phénomènes de cystite, le malade est sondé ; pyurie fréquente. A son entrée à l'hôpital (6 mai 1891), malgré une défense musculaire très accentuée à droite, on sent cependant le rein ; on ne sent pas le rein gauche.

Au toucher rectal, en haut, un gros néoplasme vésical à droite, dépassant la ligne médiane, remontant à moitié de la distance du pubis à l'ombilic, saillant dans le rectum à droite ; cependant on sent nettement la limite supérieure de la prostate.

L'état général s'aggrave, hématuries abondantes, anémie profonde, urines

[1] Musée de Necker, pièce n° 177.

infectes avec débris de néoplasme sphacélé. Évacuation de la vessie avec aspiration. Grande difficulté de cathétérisme, puis œdème, diarrhée, délire et mort le 18 juin.

AUTOPSIE. — La vessie est plus volumineuse que les deux poings réunis, elle est remplie d'une masse cancéreuse d'aspect encéphaloïde à moitié putréfiée. De nombreux fragments se détachent à la simple ouverture de l'organe. La tumeur débarrassée des débris est en fer à cheval, elle atteint toute l'épaisseur de la vessie, limitée en dehors tantôt par le péritoine, tantôt par le tissu cellulaire.

A la coupe, coloration rosée, au niveau des parties les moins altérées.

Dans le petit bassin, il y a des ganglions le long des vaisseaux hypogastriques et jusqu'à la bifurcation de l'artère iliaque primitive.

Rein droit. Peu volumineux, pyonéphrite suppurée diffuse ; pyélite membraneuse, destruction gangréneuse de plusieurs points des pyramides. Bassinet dilaté. Petite collection purulente en bas, dans la loge périnéphrétique. *Rein gauche.* Hypertrophie énorme du parenchyme. Pyonéphrose. Pas de dilatation du bassinet. La surface externe des reins montre de petites parties blanchâtres, pas de pus à la coupe. Uretère gauche s'ouvre en dehors de la tumeur. Uretère droit comprimé, très dilaté, ouvert en plein néoplasme, urétérite et péri-urétérite, replis en voie de formation.

Examen microscopique (ALBARRAN). — Épithélioma diffus, beaucoup de cellules bourgeonnantes, invasion de la couche musculaire. La tumeur est presque exclusivement composée de tissu épithélial ; par-ci par-là il y a cependant quelques bandes musculaires représentant le stroma.

Par places la tumeur revêt un aspect de cylindrome et renferme des boules hyalines. *Dans les ganglions, envahissement épithélial péri-folliculaire avec des fibres dans la portion centrale.*

OBS. **113**. **(Inédite.)** — *Épithélioma infiltré de la vessie.*

AUTOPSIE[1] : *Ganglions hypogastriques et iliaques.*

Le nommé M..., Victor, cuisinier, âgé de 33 ans, entre le 22 septembre 1891 dans le service de M. le professeur Guyon, salle Velpeau, n° 37.

Début par de la cystite avec de très petites hématuries.

Cette cystite du début, la minime hématurie qui l'accompagnait, l'amaigrissement du malade firent croire au début de la tuberculose. Une hématurie plus abondante et l'examen au palper bimanuel fixèrent plus tard le diagnostic. On sentait la propagation en arrière de la vessie. Les urines avaient une odeur fécaloïde très prononcée. Mais l'examen microscopique des parcelles éliminées de la tumeur au moment de la miction montra qu'il s'agissait d'un épithélioma vésical.

Le malade mourut le 23 octobre 1891.

(1) Musée de Necker, pièce n° 335.

AUTOPSIE. — Vaste ulcération cancroïdale, non saillante, envahissant toute la paroi vésicale.

Un noyau cancéreux péritoneal en haut et en arrière, péritonite adhésive à ce niveau.

Ganglions hypogastriques et iliaques.

Double pyélonéphrite suppurée.

L'examen microscopique montre un épithélioma carcinoïde dont le stroma était par places un peu myomateux (ALBARRAN).

OBS. 114. (Inédite.) — Tumeur infiltrée de la vessie.

AUTOPSIE [1] : *Ganglions à l'embouchure des uretères. Ganglions aortiques.*

Le nommé Gui.., 46 ans, entré le 30 janvier 1892, salle Velpeau.

AUTOPSIE. — La vessie est ouverte transversalement et rabattue en avant ; il y a une adhérence faible de la paroi vésicale taillée à la paroi abdominale, sauf en bas où il y a un noyau fibreux d'adhérences.

La face interne de la vessie est lisse en général au niveau de la section de la taille, il existe un cul-de-sac déprimé à la partie supérieure, au-dessous ulcération superficielle non néoplasique. Récidives multiples du néoplasme sur la face postérieure et le bas-fond.

Examen histologique : Épithélioma (MOTZ).

Ganglions pelviens et aortiques cancéreux mous, encéphaloïdes. Sur la pièce con-servée il reste encore quelques ganglions au niveau de l'embouchure des uretères, des deux côtés de la vessie.

Noyaux encéphaloïdes volumineux dans les poumons. Double urétéro-pyélite suppurée ancienne.

OBS. 115. (Inédite.) — Tumeur infiltrée de la vessie.

AUTOPSIE [2] : *Ganglions iliaques internes, externes, primitifs et ganglions lom-baires.*

Le nommé M..., âgé de 69 ans, sans profession, entré le 19 mai 1892, salle Velpeau, n° 2, service de M. Guyon.

AUTOPSIE, le 6 juin 1892. — Vessie assez volumineuse, colonnes peu marquées, pas de congestion de la muqueuse. Il existe au niveau du bas-fond et remontant un peu sur la paroi postérieure et latérale droite, une tumeur molle, en plaque ; la surface est déchiquetée et les fissures s'étendent profondément dans la paroi vésicale qui n'est pas perforée cependant. Les deux uretères s'ouvrent dans la vessie sur la surface néoplasique.

De chaque côté de la vessie existe sur la face latérale, à l'union avec la face postérieure, une masse formée de tissu cellulo-graisseux très dense, très difficile à dissocier, au milieu duquel on rencontre des ganglions hypertrophiés grisâtres ;

---

[1] Musée de Necker, pièce n° 330.
[2] Musée de Necker, pièce n° 353.

ces masses sont adhérentes à la paroi vésicale un peu en avant et au dehors de l'embouchure des uretères et s'étendent vers les parois pelviennes pour aller gagner les vaisseaux iliaques externes qu'elles englobent complètement ainsi que l'origine de leurs branches antérieures.

La masse ganglionnaire droite se développant en avant des vaisseaux hypogastriques vient se mettre en rapport avec les vaisseaux iliaques externes au-dessous desquels il existe aussi des ganglions volumineux au niveau de la bifurcation de l'artère iliaque primitive.

L'artère iliaque primitive et la vessie sont toutes deux entourées par des ganglions du volume d'une noisette au-devant desquels passe l'uretère droit du volume du petit doigt environ. La chaîne ganglionnaire remonte le long des vaisseaux, passe au-devant de la veine cave pour aller rejoindre la région lombaire proprement dite.

A gauche, gangue fibro-ganglionnaire qui est developpée autour de l'hypogastrique, mais qui est un peu moins volumineuse qu'à droite, a les mêmes caractères que celle du côté droit ; il existe également des ganglions au niveau des vaisseaux iliaques primitifs et l'uretère gauche, très volumineux, passe au-devant et en dedaus de ce paquet ganglionnaire iliaque qui atteint le volume d'un gros œuf de pigeon.

Dans la région lombaire, il existe de nombreux ganglions plus ou moins réunis les uns aux autres par des lames et des couches d'aspect fibreux. D'une façon générale, les ganglions de la paroi forment comme un plastron devant l'aorte et la veine cave, s'insinuant entre les deux troncs et les débordant de chaque côté pour aller se mettre en rapport avec des paquets ganglionnaires situés en arrière des vaisseaux, le long de la colonne vertébrale qu'il a fallu suivre de très près pour pouvoir les enlever à peu près tous en masse.

On remarque tout particulièrement sur cette pièce, d'ailleurs très complète au point de vue généralisation ganglionnaire lombaire et iliaque, un cordon du volume du doigt situé au dehors de la veine cave, s'insinuant derrière elle et relié par des prolongements qui s'insinuent entre l'uretère droit et la vessie, deux ou trois ganglions très vasculaires, très gros et dont l'un atteint 4 centim. de hauteur sur 4 centim. et demi de largeur et est à la coupe mollasse et d'aspect encéphaloïde.

Je n'ai pas pu suivre sur la pièce la chaîne ganglionnaire au-dessus du hile rénal.
Les uretères sont volumineux et sinueux, comme je l'ai dit précédemment.
Il existe, de plus, une dilatation aseptique atrophique du rein droit.
Examen histologique de la tumeur : Cancer (MOTZ).

OBS. **116. (Inédite.)** — *Cancer infiltré de la vessie.*

AUTOPSIE : *Tout le petit bassin est envahi par les ganglions cancéreux.*

Le nommé Hippolyte B..., maréchal-ferrant, âgé de 47 aus, entre le 28 juillet 1892 à l'hôpital Necker, salle Velpeau, n° 38.

Néoplasme vésical avec hématurie, cachexie ; par le toucher rectal combiné avec le palper abdominal, on sent une induration très nette.

10 août 1892. Taille hypogastrique. On trouve un cancer infiltré de la moitié postérieure de la vessie, on fait un léger curettage, puis on referme sans intervenir autrement.

Anurie, fièvre, délire. Mort le 18 août.

AUTOPSIE. — On trouve les deux reins remplis d'un liquide purulent.

Tout le bassin est envahi par des ganglions cancéreux.

OBS. **117.** (**Inédite.**) — *Tumeurs pédiculées puis infiltrées de la vessie.*

AUTOPSIE [1] : *Ganglions a la bifurcation de l'iliaque primitive et le long de l'artère ombilicale.*

La nommée L... Adeline. sans profession, âgée de 59 ans, entrée le 16 mai 1893, à l'hôpital Necker, salle Laugier, n° 8, service de M. le professeur Guyon.

Antécédents. — Aucune maladie grave dans l'enfance. Réglée à 15 ans d'une façon toujours normale et régulière. Jamais de fausses couches. Cinq grossesses. Ménopause à 54 ans. En somme, santé parfaite jusqu'à l'âge de 56 ans.

État actuel. — Il y a trois ans, en pleine santé et sans cause, la malade eut une hématurie assez abondante. Un médecin appelé fit un cathétérisme explorateur (c'est la seule fois que la malade ait été sondée). Depuis cette époque, l'hématurie s'est reproduite toujours sans cause, survenant tantôt le matin au lever, tantôt l'après-midi, tantôt le soir, à des intervalles variables de 15 jours à 3 semaines. A plusieurs reprises même, la malade est restée, dit-elle, deux mois sans avoir d'urines sanglantes.

Depuis 9 mois, les mictions sont devenues douloureuses surtout pendant et à la fin. En même temps, elles augmentaient de fréquence et actuellement la malade urine toutes les heures pendant le jour et toutes les demi-heures pendant la nuit.

Depuis trois mois la miction ne peut s'effectuer sans un effort considérable, comme si dès les premières contractions de la vessie, un obstacle venait s'appliquer contre l'orifice uréthral. Cependant certaines mictions s'effectuent sans le moindre effort.

Il y a 15 jours, nouvelle hématurie très abondante et qui dure encore. Cette hématurie décide la malade à venir à Necker.

Vessie. — Le cathétérisme avec une sonde molle, ramène des urines troubles sanguinolentes et franchement sanglantes aux dernières gouttes. Il démontre également que la malade ne vide pas complètement sa vessie. Il est impossible d'injecter plus de 120 grammes de liquide, sans provoquer de vives douleurs. Aussi l'exploration avec l'explorateur métallique ne donne-t-elle d'autres renseignements que l'impossibilité de manœuvrer dans la moitié droite de la vessie. Cette exploration provoque un saignement assez abondant.

L'utérus et les annexes étant reconnus sains, on perçoit nettement par la double palpation un néoplasme siégeant dans la moitié droite de la vessie et paraissant implanté au niveau de la zone uréthrale par une base large au moins

---

[1] Musée de Necker, pièce n° 415.

comme une pièce de cinq francs, ayant profondément infiltré les parois de la vessie. Celle-ci cependant glisse d'une façon normale sur la muqueuse vaginale saine.

La malade est anesthésiée pour examen endoscopique, mais la vessie saignant beaucoup, cet examen ne donne aucun renseignement. Toutefois l'anesthésie modifie les sensations citées plus haut, et permet de constater les particularités suivantes. Pendant les efforts de vomissements, il se forme une cystocèle dans laquelle vont se loger la tumeur vésicale. A ce moment le cathétérisme est impossible. Pour que l'introduction d'une sonde soit possible, il faut par une pression exercée sur la cystocèle réduire la tumeur qu'on sent fuir, comme un noyau de cerise de son enveloppe.

Le double palper confirme la mobilité de la tumeur et ne permet pas de retrouver la base d'infiltration simulée fort probablement par une contraction de la vessie sur la tumeur, la malade n'étant pas endormie. Il s'agit donc d'une tumeur pédiculée ayant à peu près le volume d'une petite mandarine.

Reins. — Le rein gauche est sain, le rein droit est abaissé depuis la dernière couche, il y a 17 ans, dit la malade ; trois jours après l'entrée de la malade à Necker, M. Guyon a constaté en outre qu'il était augmenté de volume. Il est probablement le siège de rétention passagère lorsque la tumeur vient s'appliquer contre l'orifice urétéral qu'elle obture.

Poumons et cœur sains. État général assez bon : la malade a un peu maigri. L'appétit est très diminué, la constipation presque ordinaire.

Depuis l'examen sous chloroforme, la malade n'a pu uriner une seule fois, elle est sondée toutes les deux heures le jour, et en moyenne trois fois par nuit.

Taille hypogastrique le 24 mai 1893. Ablation de trois tumeurs pédiculées dont une du volume d'un petit œuf siégeant au niveau de la partie latérale droite du col. Cette tumeur est enlevée à l'anse galvanique, glissée au-dessous d'une pince à tumeur ; en même temps que le néoplasme, on abrase une collerette vésicale large comme une pièce de deux francs. La plaie est suturée au catgut. Les deux autres néoplasmes plus petits sont enlevés de la même façon et chacune des petites plaies est fermée par quelques points de catgut fin. L'opération a été conduite sans incident. La vessie est suturée complètement sans drainage. Une petite mèche de gaze iodoformée draine l'angle inférieur de la plaie abdominale. Fil d'attente.

Suites opératoires. — Aucune réaction. Ablation de la mèche, on serre le fil d'attente. Les fils sont enlevés le huitième jour. Réunion par première intention. Du dixième au quinzième jour, petite fistulette urineuse à l'angle inférieur de la plaie.

Le 28 juin, la malade sort de l'hôpital pour aller au Vésinet. Elle urine encore du sang, mais en moins grande quantité. Quelques mictions sont claires, ne contenant pas de sang. Lorsqu'elles en contenaient, le sang venait tantôt à la fin, tantôt pendant la miction. La malade ne souffre plus que très peu.

La malade entre de nouveau à l'hôpital, le 23 janvier 1894.

En septembre 1893, sans causes, comme les hématuries redevinrent plus intenses, le sang était mêlé à toute l'urine, ou parfois se montrait seulement à la fin de la miction. En même temps, retour de la douleur vésicale surtout à la fin de la miction ; cependant cette douleur ne se montrait pas dans l'intervalle. Elle fut traitée par des lavages boriqués et des instillations au nitrate d'argent qui ne donnèrent aucun résultat.

A son entrée, son état est le suivant : Hématurie persistante colorant la totalité des urines. Mictions extrêmement fréquentes, tous les quarts d'heure jour et nuit, douloureuses à la fin de l'évacuation. Bon état général.

Examen par M. GUYON. — *Rein droit*, mobile et volumineux. *Rein gauche*, normal. — *Vessie*. A la palpation bimanuelle, la vessie vide remonte à trois travers de doigt au-dessus du pubis. A droite, quoique la sensation ne soit pas très nette, on sent une masse élastique paraissant indépendante de la paroi. A gauche, rien. Sensibilité vésicale. — *Traitement*. Lavages vésicaux au borate de soude. Aucun résultat.

Le 24 mars. La malade pisse toujours du sang. Depuis quelques jours, elle souffre davantage dans la région rénale gauche.

Le 5 avril, elle souffre beaucoup dans la région rénale droite. Le 13, l'état est sensiblement le même, hématurie, mictions fréquentes, douleurs.

Examen physique, par M. GUYON. Il donne les mêmes renseignements qu'au mois de janvier ; la vessie vide remonte à trois travers de doigt au-dessus du pubis à droite et au milieu, un peu moins à gauche. A droite, masse élastique, bas-fond souple, le rein droit est mobile au 2e degré, mais n'est pas augmenté de volume comme lors du dernier examen.

Le 18 avril, *opération*. — Taille vésicale. Symphyséotomie, seule voie possible, car le péritoine adhère à la symphyse. *Chloroforme*. Ballon de Petersen dans le rectum. Incision sous-ombilicale, légèrement en dehors de l'ancienne cicatrice, longueur environ 12 à 14 centimètres en bas se bifurquant pour suivre les bords de la vulve en haut remontant environ à 6 centimètres au-dessus du pubis. Incision de la ligne blanche et comme les deux muscles droits s'écartent peu, léger débridement transversal sur leur insertion pubienne. On arrive alors sur le tissu prévésical, qui est transformé en tissu scléreux ; en essayant de la diviser, on ouvre le péritoine, dont le cul-de-sac, adhérent à la cicatrice, descend jusqu'au niveau de l'os pubien. Suture de cette déchirure péritonéale à l'aide de catgut. On continue à dénuder la face antérieure de la vessie ; ce temps est pénible, car outre l'existence du péritoine descendant très bas, la face vésicale adhère encore à la face postérieure de l'arcade pubienne. Incision facile de la symphyse, qui n'est pas ossifiée ; écartement d'abord léger, puis permettant un éloignement d'environ 3 centimètres.

Ouverture de la vessie du col au péritoine. Exploration de la cavité, récidive diffuse qui fait écarter toute idée d'opération complète. Curettage de la vessie avec la curette. Ablation de cette façon d'une masse néoplasique enlevée par fragments et représentant environ le volume du poing. Pendant tout ce temps, hémorrhagie assez abondante. Sonde de Pezzer à demeure dans la plaie. Suture totale de la vessie au catgut par deux plans. Hémostase complète des vaisseaux contenus dans les tissus sous-pubiens et qui sont assez difficiles à lier. Rapprochement des deux pubis. Suture avec un fil d'argent. Mèche iodoformée au-

.dessous du pubis et sortant par la partie inférieure de la plaie. Suture cutanée aux crins de Florence. Pansement iodoformé. Simple ceinture de flanelle fortement serrée et bande de toile autour des jambes, pour empêcher leur écartement.

Le 22 avril. La sonde n'a pas fonctionné. Le 24, on refait le pansement deux fois par jour, il est complètement mouillé, la sonde ne fonctionne pas du tout, l'urine s'écoule par le drain maintenu dans la vessie.

Le 28. La malade a de la fièvre, elle est très faible. Le pansement est toujours traversé, il faut le refaire deux fois par jour. Le 9 mai, le pansement est toujours mouillé, le pansement est toujours refait deux fois par jour. La sonde fonctionne bien. La malade se sent mieux. Depuis hier, il n'y a plus de sang dans les urines.

Le 10 mai. Urines troubles, mais pas de sang. Le 10 juin, les urines sont tantôt teintées, tantôt incolores. Le 12. État général bien meilleur depuis deux ou trois jours. Il n'y a plus de fièvre. Le 15 juin, on a essayé de supprimer le drain, mais une légère élévation de température oblige à le remettre. Le 26, il est impossible de remettre le drain, le trajet est fermé.

Le 29 juin. La malade va très bien, plus de fièvre.

Le 5 juillet. Œdème malléolaire. Douleurs vésicales. Morphine. La malade traîne ainsi jusqu'au 18 août, jour où elle meurt.

AUTOPSIE. — Au-dessous du pubis, on trouve une longue fistule qui communique avec la vessie. La symphyse n'est pas réunie. Après section des téguments on trouve 4 fils d'argent fixés seulement sur le bord droit de la symphyse. La vessie est pleine de végétations néoplasiques.

Il existe quelques ganglions peu volumineux d'ailleurs, à droite au niveau de la bifurcation de l'artère iliaque primitive, le long de l'ombilicale et à la naissance de l'obturatrice.

A gauche, on en trouve aussi quelques-uns un peu plus gros au même niveau ; il existe d'autre part un petit amas ganglionnaire du volume d'une noix au point où l'uretère gauche croise les vaisseaux utéro-ovariens ; à ce niveau l'uretère est adhérent et ne peut être séparé des ganglions.

Les *deux uretères* sont d'ailleurs très dilatés, le droit est gros comme le pouce. Le *rein droit* est plein de pus ; on y trouve une dizaine de cavernes de la largeur d'une pièce d'un franc. Le *rein gauche* contient aussi beaucoup de pus, mais on n'y trouve que deux petites cavernes. Les autres organes, et en particulier l'utérus et les annexes sont indemnes.

Examen histologique de la tumeur : Épithélioma papillaire (MOTZ).

OBS. **118.** (**Inédite.**) — *Ulcération interstitielle et disséquante de la vessie. — Tumeur infiltrée.*

AUTOPSIE[1] : *Ganglions iliaques internes jusqu'à la bifurcation de l'iliaque primitive. Ganglions lombaires.*

Le nommé M... Auguste, palefrenier, âgé de 68 ans, entre le 2 août 1893, salle Velpeau, n° 26, service de M. le professeur Guyon.

[1] Musée de Necker, pièce n° 380.

Début de la maladie par des mictions sanglantes sans cause, 5 mois avant la mort. Fréquences non douloureuses.

Prostate grosse au toucher. On fait le diagnostic de néoplasme prostatique.

AUTOPSIE. — Urèthre libre. Prostate normale.

Vessie. — Gros néoplasme, en plaque, non ulcéré, occupant tout le bas-fond et la paroi postérieure, ayant perforé et détruit toute la paroi vésicale droite ; à la paroi postérieure, l'ulcération néoplasique est interstitielle et disséquante, infiltrée entre la paroi péritonéale épaissie et la paroi musculaire. Il existe des fongosités néoplasiques mollasses, adhérentes à la paroi de l'excavation pelvienne.

Examen histologique : Épithélioma lobulé (MOTZ).

De grosses masses ganglionnaires pelviennes latérales adhèrent à la vessie au niveau de la partie moyenne de la face latérale et aux vaisseaux iliaques internes, entourant les uretères. On trouve des ganglions isolés nettement hypertrophiés à la bifurcation de l'artère iliaque gauche.

Il existe de plus une adhérence étendue ancienne de l'S iliaque au sommet de la face postérieure de la vessie et de la péritonite pelvienne purulente. Les deux uretères sont dilatés sans inflammation. Les reins sont atteints de néphrite suppurée miliaire, corticale, récente ; les bassinets portent les marques de dilatation ancienne.

OBS. 119 [1]. (Inédite.) — Tumeur infiltrée de la vessie.

AUTOPSIE [2] : *Ganglions iliaques internes et iliaques externes.*

Chot... J., cocher, 49 ans, entre le 21 novembre 1893, salle Velpeau, n° 4, à l'hôpital Necker, service de M. le professeur Guyon.

Première blennorrhagie il y a 25 ans, deuxième blennorrhagie il y a 22 ans ; les symptômes de rétrécissement ont débuté vers cette époque.

En 1874, premier abcès périnéal incisé et drainé par Verneuil et dilatation de l'urèthre. En 1884, deuxième abcès suivi bientôt de deux autres qui s'ouvrent spontanément ; le malade urine difficilement et se sonde lui-même.

En 1889, nouvel abcès volumineux qui s'ouvre seul ; le malade entre de nouveau à la Pitié où il est dilaté pendant un mois.

Depuis lors l'état est stationnaire, le malade est obligé de se sonder, les urines sont troubles, de temps en temps se reforment au périnée de petits abcès, sorte de gros boutons qui percent seuls.

Depuis deux mois les difficultés des mictions ont augmenté ainsi que les symptômes de cystite. Besoins fréquents, efforts pénibles, pour rendre quelques gouttes d'urine sanguinolente ; douleurs dans le côté gauche.

A l'entrée, extrême fréquence, toutes les vingt minutes jour et nuit, et douleurs vives, urines purulentes non sanguinolentes. La vessie se vide. Rétrécissements multiples de l'urèthre, admettant une bougie n° 10. Induration et fistules

---

[1] Obs. publiée en partie in H. HALLÉ. *Ann. gén.-urin.,* 1896.

[2] Musée de Necker, pièce n° 384.

périnéales. Rien d'appréciable à la prostate, ni aux reins, poumons sains. Noyaux d'induration dans la vésicule séminale et l'épididyme du côté gauche.

Le pus de la fistule périnéale ne contient pas de bacilles de Koch.

Uréthrotomie interne le 1er décembre : légère réaction fébrile ; l'état général très médiocre ne s'améliore pas, et le malade succombe le 22 décembre.

AUTOPSIE. — La portion pénienne de l'urèthre paraît saine. La région bulbaire antérieure est rétrécie ; la muqueuse est blanche, dure, d'aspect cicatriciel. La région bulbaire postérieure et l'entrée de la membraneuse sont le siège d'une grande ulcération circulaire totale, à fond irrégulier, déchiqueté, sans caractères particuliers : on y voit l'orifice de la fistule périnéale.

Prostate saine, région prostatique un peu dilatée.

La *vessie* est petite, ses parois sont notablement épaissies. La paroi antérieure, la paroi latérale droite et le sommet vésical sont le siège d'une ulcération plate et creuse ; le fond déchiqueté, anfractueux, présente des lambeaux, des fragments détachés peu adhérents ; les bords sont indurés, un peu saillants ; l'ulcère repose sur une plaque d'induration intra-pariétale, son fond est blanc grisâtre. L'aspect de cette ulcération est assez spécial, pour que le diagnostic ne puisse être porté à simple vue : on peut hésiter entre néoplasme et ulcération tuberculeuse. La muqueuse vésicale dans le reste de son étendue est dure, blanche, comme épidermisée.

A droite de la vessie, dans l'excavation pelvienne existe une tumeur grosse comme le poing qui remonte en suivant le trajet de l'uretère jusqu'au détroit supérieur du bassin, accolée à la paroi pelvienne.

Cette masse lobulée, longue de 10 centimètres, haute de 9 centimètres est manifestement constituée par des ganglions lymphatiques augmentés de volume et fusionnés, unis par un tissu fibreux, dense. Ces ganglions distincts à la coupe, du volume 'une noisette à une noix, sont les uns blancs, mous, d'aspect encéphaloïde ; les autres ramollis, jaunes, verdâtres, comme caséeux au centre.

Cette masse ganglionnaire adhère à la partie inférieure de la paroi latérale droite de la vessie au niveau même de l'ulcération ; elle englobe et comprime l'uretère droit jusqu'au voisinage de la vessie, à tel point qu'il est impossible de le disséquer dans le tissu fibreux qui réunit les ganglions.

Les ganglions s'avancent sous l'artère iliaque externe jusqu'à l'anneau crural et gagnent en arrière les vaisseaux hypogastriques qu'ils englobent ainsi que leurs branches antérieures.

Au-dessus de cette tumeur l'uretère est dilaté, le bassinet également, le rein présente les lésions d'une pyélo-néphrite ancienne avec atrophie ; la substance rénale est réduite, dure, avec des zones d'un blanc jaunâtre. A gauche, dilatation urétérale simple : rein atrophié ; dans le bassinet, petit calcul allongé friable. Au sommet du poumon, granulations tuberculeuses, jaunes confluentes.

Examen histologique. — Urèthre : sclérose péri-uréthrale totale avec leucoplasie de la muqueuse, invasion épithéliale pavimenteuse active de tous les trajets fistuleux.

Vessie. — Au niveau du néoplasme, sur des coupes perpendiculaires à la surface, en divers points de l'ulcère néoplasique, on constate l'envahissement très profond de la paroi par la néoformation épithéliale. Dans ces parties profondes, le néoplasme n'a que l'aspect banal du cancer alvéolaire ou de l'épithélioma lobulé à cellules polymorphes, granuleuses, à gros noyaux, réunies en noyaux allongés, anastomosés, limités par le tissu conjonctif. Vers la surface au contraire, apparaissent les caractères épidermiques ; on voit les boyaux épithéliaux se renfler et former des globes épidermiques complets plus ou moins abondants et réunis en îlots. Ces globes·sont formés à la périphérie par des rangées de cellules polygonales serrées ; en dedans des cellules, plates, minces, s'imbriquent en écailles curvilignes ; en outre, une ou plusieurs grosses cellules distinctes. En quelques points, dans les amas épithéliaux intermédiaires aux globes, on constate des filaments d'union entre des cellules polygonales : nulle part on ne peut affirmer la présence de granulations d'éléidine. Les grosses cloisons conjonctives sont riches en faisceaux de fibres musculaires lisses.

Le reste de la muqueuse vésicale présente des lésions fort importantes. Blanche, dure, comme épidermisée, ainsi se caractérise la note d'autopsie de 1893, et l'étude histologique ultérieure est venue confirmer cette description. Quel que soit le point étudié, les lésions épithéliales sont manifestes ; leur aspect cependant n'est pas partout identique et il faut classer en deux groupes les coupes de cette vessie.

Dans le premier, la muqueuse présente les caractères ordinaires de la leucoplasie, sclérose totale de la paroi vésicale, très marquée, à la fois inter et intrafasciculaire avec dégénérescence avancée des faisceaux.

Ailleurs les lésions muqueuses sont plus profondes et tout à fait remarquables : même sclérose totale, mêmes lésions inflammatoires anciennes du derme papillaire et vascularisé, même revêtement superficiel épais, épidermisé en partie desquamé. Mais ici le derme et la couche sous-muqueuse elle-même sont le siège d'une infiltration épithéliale manifestement néoplasique.

Les ganglions qui forment autour de l'uretère droit la masse néoplasique intra-vésicale, sont en dégénérescence épithéliale avancée. Les lésions sont celles du cancer alvéolaire banal : trame conjonctive avec des faisceaux de fibres musculaires lisses limitant des alvéoles remplies de cellules polymorphes en dégénérescence granuleuse, sans globes épidermiques.

Obs. **120.** (**Inédite.**) — *Tumeur infiltrée de la vessie.*

Autopsie [1] : *Ganglions iliaques internes, externes, primitifs ; ganglions à la bifurcation de l'aorte et ganglions lombaires jusqu'au hile rénal.*

Le nommé Auguste M..., ciseleur, âgé de 60 ans, entré le 22 janvier 1894 à l'hôpital Necker, salle Velpeau, n° 28, service de M. le professeur Guyon.

Antécédents.—Chancres mous et blennorrhagie à 15 ans, chaudepisse cordée. Redressement de la verge. Uréthrotomie. Depuis 1893, fréquence des mictions la nuit. Au mois d'août, première hématurie. Depuis, l'hématurie s'est

[1] Musée de Necker, pièce n° 423.

reproduite de temps en temps et dans l'intervalle, l'urine était complètement claire. En même temps les mictions sont devenues douloureuses et de plus en plus fréquentes. Le malade est arrivé à uriner 10 à 12 fois le jour et 8 fois la nuit. Amaigrissement considérable en décembre et janvier.

Le 18 décembre 1893, le malade vient consulter à la salle de la Terrasse. On lui prescrit des instillations au nitrate d'argent qui n'ont amené depuis aucune amélioration.

Le 20 janvier, l'examen endoscopique révèle la présence d'un néoplasme vésical à droite.

L'urèthre laisse passer un n° 22, la prostate n'est pas volumineuse, pas sensible. Rien aux reins. Le toucher rectal démontre un épaississement de la vessie plus marqué au milieu et à gauche.

Après avoir quitté le service, le malade rentre de nouveau le 5 novembre 1894, sans amélioration.

Il existe des douleurs continues au niveau de l'hypogastre, douleurs qui augmentent à la fin de la miction. Les mictions se font tous les quarts d'heure. L'hématurie est presque continuelle.

Le malade meurt le 13 janvier 1895.

Autopsie. — *Urèthre* normal, légère ecchymose dans la portion membraneuse. *Prostate* un peu augmentée de volume.

Vessie. — Face interne recouverte de végétations néoplasiques peu bourgeonnantes, surtout développées dans la paroi latérale droite qu'elle infiltre profondément. Le néoplasme s'étend sur toute la paroi latérale droite, le sommet, presque toute la face antérieure et la moitié droite du trigone. *Uretère droit*, s'abouche dans la portion néoplasique. *Uretère gauche*, s'ouvre librement dans la vessie. Les uretères sont dilatés, non congestionnés et perméables. *Rein gauche*, normal. *Rein droit*, la capsule ne se décortique pas. Elle a des adhérences très fortes avec le tissu graisseux. Le bassinet est très dilaté. La substance corticale est très diminuée. La substance médullaire n'existe presque plus.

Il existe de nombreux ganglions très augmentés de volume.

A gauche, on en trouve à peine quelques-uns le long de l'iliaque primitive.

A droite, il existe une masse volumineuse adhérente à la vessie, au niveau du trigone et de la partie inférieure de la face latérale et qui se prolonge en haut, en arrière et en dehors pour atteindre les parois de l'excavation.

Il existe plusieurs ganglions du volume d'une noisette au-dessous de la veine iliaque externe. Les vaisseaux iliaques internes sont entourés également d'une masse ganglionnaire ainsi que les vaisseaux iliaques primitifs.

L'uretère droit passe devant ce paquet ganglionnaire et a le volume du petit doigt. *La chaîne ganglionnaire se prolonge en dehors de la veine cave et remonte jusqu'au hile du rein et même plus haut.*

Au-devant de l'aorte et de la veine cave, il existe également un paquet de ganglions lymphatiques hypertrophiés qui s'étend depuis les vaisseaux rénaux qui sont recouverts en partie jusqu'à 9 centim. plus bas.

Si on examine la pièce par la face postérieure, on trouve des ganglions à la bifurcation de l'aorte et derrière l'aorte et la veine cave; il faut les sculpter dans la face antérieure de la colonne vertébrale. En dehors de l'aorte, on trouve enfin une chaîne ganglionnaire qui remonte plus haut que le hile rénal.

Cœur, sain. *Aorte*, plaques athéromateuses. *Poumon gauche*, emphysème. *Poumon droit*, adhérences pleurales dans toute l'étendue. Congestion très intense et généralisée. *Foie*, un noyau suspect.

Examen histologique de la tumeur : Cancer (MOTZ).

OBS. **121**. (**Inédite.**) — *Tumeur pédiculée de la vessie.*

Ganglions iliaques. (Constatation clinique.)

Le nommé Alexandre D..., marinier, âgé de 57 ans, entré le 31 mai 1894, à l'hôpital Necker, salle Velpeau, n° 9, service de M. le professeur Guyon.

Antécédents, deux blennorrhagies.

Il y a 16 ans, il a souffert de coliques extrêmement violentes. Un médecin lui a dit que c'était des coliques de miserere. Il ne peut donner aucun renseignement sur ces coliques dont il ne se rappelle pas les caractères. Il peut dire seulement qu'elles étaient extrêmement violentes, par crises, pendant un mois.

Plus rien de semblable depuis.

Aucun trouble du côté de l'appareil urinaire, jusqu'il y a deux ans. A cette époque, brusquement, pendant le jour, sans cause aucune, il remarque que ses urines étaient teintées de sang. Hématurie à toutes les mictions pendant huit jours. Urines assez fortement colorées, uniformément. Il n'a pas remarqué s'il a eu des hématuries initiales ou terminales. Il les a toujours vues totales. Pas de caillots. Pas de douleur nulle part.

Depuis, les hématuries se sont produites tous les quinze jours, tous les mois, tantôt plus tantôt moins abondantes durant trois ou quatre jours, avec les mêmes caractères. Jamais de douleurs. Dans l'intervalle des crises hématuriques les urines étaient claires.

Il y a quinze jours, dernière crise, forte, a duré huit jours.

Pas de fréquences des mictions, sauf pendant les crises; toutes les heures le jour, deux ou trois fois la nuit (pendant les crises). Pas d'altération de la santé générale, pas d'amaigrissement, appétit conservé.

Examen : *Canal libre*, pas de spasme de la portion membraneuse. Vessie se vide. Urines légèrement troubles, pas de sang.

A l'exploration métallique : on sent une saillie de la paroi latérale gauche de la vessie, sur laquelle bute le bec de l'instrument. Pas de sang après cette exploration.

Toucher rectal : Prostate peu augmentée de volume ; elle présente un point très dur au niveau de la base du lobe droit, faisant une légère saillie près de la région médiane. On sent un *ganglion augmenté de volume au niveau de la partie interne et inférieure de la fosse iliaque droite.* On ne sent rien du côté des vésicules, ni du côté du bas-fond vésical.

Rien du côté des épididymes, ni des reins. Bon état général.

Le 8 juin. Examen de M. le professeur Guyon. Une sonde molle n° 16 donne issue à 250 grammes de liquide assez coloré, les dernières gouttes sont beaucoup plus teintées. Le toucher rectal dénote une prostate un peu dure, mais pas volumineuse, un peu augmentée de volume particulièrement à droite. Aucune sensation d'augmentation de volume ni d'épaississement de la paroi vésicale.

Méatotomie pour faciliter l'introduction de l'endoscope. Deux examens endoscopiques ont été tentés, mais le passage de l'instrument détermine un nouvel écoulement de sang et on ne peut rien voir.

Le 19 juin. Examen : Le malade dit que sauf la peur qu'il a éprouvée en voyant qu'il urinait du sang, il n'a jamais rien ressenti. Toucher rectal : lobe droit de la prostate un peu dur et un peu gros, complètement accolé à la branch e ischio-pubienne. Le toucher combiné ne donne aucune sensation du côté de la vessie.

Le 20 juin : *Examen des urines* : Urine trouble donnant par le repos un assez abondant dépôt purulent blanchâtre. Pas de caillots ni de fragment. Réaction légèrement acide.

Examen histologique : Leucocytes très abondants ; nombreuses hématies ; cellules épithéliales provenant de la couche superficielle de l'épithélium vésical ; ces cellules quoique parfois groupées en amas, ne sont pas en nombre suffisant pour permettre de porter un diagnostic histologique.

Examen bactériologique. Très grande abondance de micro-organismes, paraissant appartenir à une même espèce : bactérium coli, probablement.

Opération. Chloroformisation. Examen endoscopique : Le passage de l'endoscope détermine au méat un écoulement sanguin assez abondant. On peut néanmoins apercevoir la paroi interne de la vessie. A droite on aperçoit un néoplasme pédiculé paraissant à peu près gros comme une noisette.

Opération commencée à 11 h. 35, terminée à midi 25. La vessie est garnie de liquide. Ballon de Petersen (300 gr.). Incision abdominale médiane, allant du bord supérieur du pubis à 4 centim. au-dessus de l'ombilic. La face antérieure de la vessie est dégagée, puis incisée. Chacune de ses lèvres est maintenue écartée par deux fils de soie. On aperçoit dans la vessie très profonde une tumeur située à droite en arrière du col. La vessie est éclairée à l'électricité. La tumeur est saisie dans une pince courbe et le pédicule de peu de largeur est pris dans un fil de platine à travers lequel on fait passer un courant et coupé. On extrait une petite tumeur arrondie, mamelonnée, du volume d'une noisette. La vessie est de nouveau éclairée, sa paroi est saine à tous ses autres points. Une sonde de Pezzer est introduite d'arrière en avant à l'aide d'une bougie passée dans l'urèthre. Suture complète de la vessie au catgut. Suture des muscles et de l'aponévrose au catgut. Suture cutanée au crin de Florence.

Le 22 juin. Pansement enlevé, une collection sanguine est évacuée. On fixe un drain. État général excellent. Le 25 juin, pansement changé, collection purulente assez abondante. Les points profonds sont enlevés. Le 16 juillet, le malade part pour Vincennes. Il n'urine plus de sang. Il va très bien.

Revu le 15 janvier 1895, le malade est en bonne santé, état local excellent ; il n'a jamais revu de sang dans ses urines.

Examen histologique de la tumeur : Papillome (MOTZ).

OBS. **122**. (**Inédite.**) — *Tumeur infiltrée de la vessie.*

Ganglions iliaques et sus-claviculaires. (Constatation clinique.)

Le nommé P..., hôtelier, âgé de 59 ans, entre le 3 juillet à l'hôpital Necker, salle Velpeau, n° 13, service de M. le professeur Guyon.

Antécédents : Chancre induré en 1864. Blennorrhagie en 1880. Troubles dyspeptiques depuis 1890.

Maladie actuelle : Depuis juin 1894, symptômes de cystite, mictions fréquentes, toutes les vingt minutes, jour et nuit. Urines troubles et fétides, mais cependant pas de douleurs à la miction.

Pendant la semaine qui a précédé son entrée à l'hôpital, le malade a eu deux fois du sang dans ses urines. Quelques gouttes de sang pur arrivaient à la fin de la miction. A son entrée le canal est dur, saignant. La traversée prostatique est longue et rugueuse. L'explorateur à boule olivaire se replie dans la région prostatique et ne pénètre pas dans la vessie. L'explorateur métallique évolue facilement dans la moitié droite de la vessie et non à gauche.

Le simple palper superficiel fait sentir une masse volumineuse dans la fosse iliaque gauche. Du même côté il existe au-dessus de la clavicule un paquet ganglionnaire.

Traitement : Lavages de la vessie à l'eau boriquée et au nitrate d'argent et traitement général.

Le 14 juillet. Depuis qu'il est à l'hôpital les urines sont moins troubles et surtout moins fétides. La fréquence est un peu moins grande. Les mictions ne se font plus que toutes les heures.

Le 16 juillet. Le malade se sentant mieux, quitte l'hôpital sur sa demande.

OBS. **123**. (**Inédite.**) — *Épithélioma infiltré de la vessie.*

AUTOPSIE [1] : *Ganglions iliaques internes allant jusque derrière le rectum.*

La nommée Rose-Marie R..., âgée de 72 ans, entre le 19 décembre 1895, salle Laugier, n° 19, service de M. Guyon.

AUTOPSIE, le 21 janvier 1895. — *Vessie* volumineuse, presque complètement remplie par un énorme épithélioma villeux qui s'étend sur toute la face antérieure, les faces latérales droite et gauche, le sommet ; la paroi postérieure est saine, non ulcérée, ainsi que la région du trigone, les uretères s'ouvrent librement dans la vessie et sont perméables ; quelques végétations se trouvent au niveau du col dont elles font le tour : elles sont de beaucoup plus marquées sur la face anté-

---

[1] Musée de Necker, pièce n° 424.

rieure. La tumeur forme des saillies irrégulières, bourgeonnantes avec des parties profondément creusées qui s'étendent profondément dans la paroi de la vessie.

Le rectum non atteint est adhérent par ses franges aux annexes gauches et à la partie gauche du fond de la vessie. L'utérus est sain. Les annexes portent des traces de lésions anciennes ; à droite la trompe est kystique, du volume d'une noix, sans adhérences, à gauche la trompe est allongée, sinueuse presque, du volume de l'index, adhérente à la face postérieure de l'utérus et au rectum.

Il existe de nombreux ganglions fortement hypertrophiés dans le petit bassin. A droite ce sont surtout les ganglions iliaques internes ; ils forment dans leur ensemble un paquet qui adhère d'une part à la paroi pelvienne, et qui, d'autre part, vient se mettre au contact de la partie supérieure de la face latérale de la vessie.

A gauche le paquet ganglionnaire est bien plus volumineux ; il a le volume d'une pomme et est très irrégulier ; il adhère d'une part à la partie latérale de la vessie et, d'autre part, se prolonge sur la paroi correspondante de l'excavation, englobant les vaisseaux iliaques internes et leurs branches de bifurcation, s'avançant sur les vaisseaux, qui sont très difficiles à disséquer au milieu de tous les ganglions qui se reconnaissent bien à la coupe, atteignant, pour quelques-uns, le volume d'une grosse noisette et qui sont plus ou moins séparés les uns des autres par un tissu d'aspect fibreux très difficile à dissocier.

Examen histologique : Cancroïde (MOTZ).

OBS. 124. (Inédite.) — Tumeur sessile de la vessie.

AUTOPSIE [1] : *Masse ganglionnaire le long des vaisseaux iliaques externes et internes.*

Le nommé Joseph M..., cocher, âgé de 58, ans entré le 27 décembre 1895 à l'hôpital Necker, salle Velpeau, n° 17, service de M. le professeur Guyon.

Antécédents : Il y a 3 ans, renversé par un omnibus, il aurait eu des hématuries à la suite.

Maladie actuelle : Il y a un an, le malade a été pris d'hématurie. Elle était totale, n'augmentait pas par la fatigue. Elle survenait à la fin de la miction. Le malade rendait de gros caillots. Douleur à la fin de la miction, sensation de brûlure dans le canal, coïncidant avec l'arrivée du sang.

Depuis 6 mois, douleurs continuelles dans le ventre. Mictions très fréquentes, impérieuses le jour comme la nuit, pouvant se produire toutes les dix minutes. Amaigrissement. Appétit conservé.

Le 15 janvier 1896. Taille hypogastrique.

Le 24 janvier. L'urine passe toujours par la plaie. Le 23 mars. Issue de gaz par l'urèthre. Le 20 avril. Sphacèle du scrotum. Le 23. Le malade meurt.

AUTOPSIE. — *Poumons* congestionnés à gauche. *Cœur* gros. *Foie* normal. Péritoine très congestionné.

Organes urinaires : sphacèle du scrotum. Les fongosités néoplasiques ont en-

1 Musée de Necker, pièce n° 460.

vahi le trajet de la taille hypogastrique. Récidive totale en nappe, étendue à toute la paroi vésicale.

La vessie est adhérente sur chacune de ses parties latérales à une masse assez volumineuse formée de ganglions plus ou moins gros, fortement accolés les uns aux autres et très difficile à disséquer. Cette masse ganglionnaire beaucoup plus volumineuse à gauche atteint le volume d'un gros œuf de dinde et est formée d'une série de nodules dont les supérieurs adhérant à l'artère iliaque externe, semblent s'insinuer pour quelques-uns entre l'artère et la paroi pelvienne ; les ganglions les plus inférieurs, sont situés au niveau du muscle obturateur interne ; en arrière, la masse adhère au rectum et s'insinue même en arrière de lui s'accolant à la face antérieure du sacrum.

A droite, le paquet ganglionnaire est moins gros et n'atteint que le volume d'un œuf de poule ; il est formé de ganglions moins gros et ne va pas en arrière jusqu'au rectum. On trouve ici et même mieux de ce côté qu'à gauche des ganglions situés en dehors de l'artère iliaque primitive et les ganglions les plus éloignés sont accolés à la veine iliaque interne.

Le rectum est adhérent à la partie supérieure de la vessie et ne peut en être séparé par la dissection. La surface d'adhérence est large de 3 centimètres environ et siège juste sur la ligne médiane au niveau de la partie moyenne de l'anse sigmoïde. Au-dessous on peut passer le doigt dans le cul-de-sac péritonéal entre le rectum et la vessie.

Examen histologique Cancer (MOTZ).

OBS. **125.** (**Inédite.**) — *Tumeur infiltrée de la vessie.*

AUTOPSIE : *Ganglions iliaques internes jusqu'à la bifurcation de l'iliaque primitive, ganglions iliaques externes ; ganglions à la bifurcation de la veine cave.*

La nommée L..., veuve Bouc, âgée de 81 ans, entrée le 26 mars 1897 à l'hôpital Necker, salle Laugier, n° 19, service de M. le professeur Guyon.

Depuis 15 ans, la malade souffre de la vessie. Les mictions sont fréquentes et douloureuses. Depuis 10 ans environ, il y a des hématuries à intervalles éloignées et revenant sans cause. Pendant l'année 1896 il y a eu 6 ou 7 hématuries. En décembre, les douleurs ont beaucoup augmenté, les mictions se font 10 fois le jour environ et autant la nuit. A son entrée à l'hôpital, le besoin d'uriner se fait sentir tous les quarts d'heure, les urines sont troubles et fétides. Il n'y a pas eu d'hématurie depuis 4 mois. La vessie contient 160 grammes. Le toucher vaginal montre que ses parois sont épaisses.

On ne sent pas de ganglions dans les fosses iliaques.

La malade meurt cachectique le 7 avril.

AUTOPSIE [1]. — *Vessie :* gros néoplasme, non profondément ulcéré en voie de désagrégation avancée, infiltré profondément, ne dépasse pas cependant l'épaisseur de la paroi. Il occupe la partie latérale droite et postérieure à la vessie entourant complètement l'orifice de l'uretère. Sur le reste de la muqueuse, on

---

[1] Musée de Necker, pièce n° 481.

trouve des nodules rougeâtres avec de très nombreuses petites plaques grisâtres, irrégulières, d'aspect pseudo-membraneux.

Uretère gauche : sain. *Rein gauche* : normal. *Rein droit* : légère dilatation, pas de lésions appréciables. *Uretère droit* : légèrement dilaté. *Appareil génital* : sain.

Il existe quelques ganglions, rares d'ailleurs, et d'un volume qui n'excède pas celui d'une petite noisette le long des vaisseaux pelviens à droite. Deux ou trois, le long et en avant des vaisseaux hypogastriques et un à la bifurcation ; un autre sous les vaisseaux iliaques externes à 3 centim. au-dessous de leur origine. Un autre ganglion se trouve à la bifurcation de la veine cave inférieure.

Pas de ganglions du côté de l'aorte.

Examen histologique de la tumeur : Cancroïde (MOTZ).

OBS. 126 [1]. (Personnelle.) — Tumeur infiltrée de la vessie.

Ganglions iliaques. (Constatation clinique.)

Le nommé Léon D..., employé, âgé de 28 ans, entré le 20 avril 1890 à l'hôpital Necker, salle Velpeau, n° 25, service de M. le professeur Guyon.

Lorsque M. Rigal nous l'adressa, il se plaignait déjà depuis trois ans de phénomène de cystite intense et d'hématurie qui avait fait penser à M. Rigal que ce malade, très anémié et amaigri, pouvait être atteint de tuberculose urinaire. L'examen cystoscopique nous permit de diagnostiquer un néoplasme pédiculé, implanté en dehors de l'uretère gauche que M. le professeur Guyon extirpa par la taille hypogastrique le 28 avril 1890. Quoique la tumeur fût assez considérable (elle pesait 62 grammes), la guérison survint sans encombre et si rapidement que la plaie vésicale et sur laquelle on avait pratiqué la suture partielle, se forma le 14e jour. L'examen histologique nous montra un épithélioma papillaire pavimenteux, et nous gardâmes quelques doutes au sujet de la guérison définitive. Le malade quitta l'hôpital au début de juin 1890.

Un an après cette première opération, ayant, dans l'intervalle, bénéficié d'un état local et général parfait, le malade vint nous consulter pour une nouvelle hématurie, et l'examen cystoscopique nous permit de constater l'existence d'une petite tumeur siégeant sur le côté gauche de la vessie, entre le col et l'uretère correspondant. M. Guyon et moi nous engageâmes le malade à se faire opérer de nouveau, mais il ne se décida à une nouvelle intervention que deux ans et cinq mois après sa première opération, lorsque la fréquence et l'abondance des hématuries l'eurent effrayé. C'était en septembre 1892, alors que pendant les vacances, je suppléais mon maître.

Je fis un nouvel examen sur cystoscope et je pus constater le développement acquis par la tumeur. En avant, la masse néoplasique touchait presque le col ; en arrière, elle cachait l'orifice urétéral, impossible à découvrir ; en dedans, le néoplasme atteignait le bord du trigone et il paraissait s'étendre en dehors dans

---

[1] La première partie de cette observation a été publiée par M. ALBARRAN in BENSA, thèse Paris, 1897.

une étendue de 3 ou 4 centim. La tumeur présentait l'aspect des épithéliomas sessiles et, autant que le palper combiné pouvait me renseigner sur ce point, la paroi vésicale n'était pas profondément envahie.

Je soumis le cas à M. Guyon, et comme il s'agissait d'un homme de 31 ans ayant conservé, au point de vue de l'état général, le bénéfice complet de la première opération, il fut convenu que je pratiquerais une large ablation à l'aide de la symphyséotomie pour mettre le malade à l'abri des récidives. Il fallait pour cela extirper complètement le néoplasme et la portion de la paroi vésicale sur laquelle il s'implantait ; il fallait même prévoir la nécessité de greffer l'uretère gauche sur un point de la paroi vésicale ; or, étant donné le siège de la tumeur, il était évident que la taille sus-pubienne longitudinale ou transversale ne pouvait donner qu'une voie insuffisante pour pratiquer le plan conçu.

Le malade rentra à l'hôpital le 6 septembre 1892.

L'opération fut pratiquée le 9 septembre. Très facilement, on obtint entre les deux pubis un écartement de 42 millim., toute la face antérieure de la vessie se trouva largement découverte et je pus faire avec une très grande facilité la résection de la vessie.

J'incisai d'abord longitudinalement la vessie, commençant mon incision placée à un centim. à gauche de la ligne médiane, un peu au-dessus du bord du pubis, pour la terminer auprès du col. Les bords de la plaie écartés, je vis le néoplasme formant une masse de la grosseur d'une mandarine saillante dans la cavité vésicale ; la masse du néoplasme m'empêchait de bien voir son point d'implantation ; je sectionnai toute la portion saillante de la tumeur pour me donner du jour.

Cette abrasion de la plus grande partie de la masse néoplasique me permit de constater qu'il y avait deux tumeurs : l'une pédiculée, venait s'insérer à un centim. et demi du col de la vessie sur sa partie latérale gauche ; séparée de cette première tumeur par un pont fort étroit de tissus sains se voyait la large implantation du néoplasme principal. Celle-ci s'avançait en arrière, passant à deux centim. en dehors de l'uretère, dans une étendue de 3 centim. et venait en avant et en dedans, contourner la partie latérale de la vessie pour affleurer, à quelques millimètres près, l'incision longitudinale que j'avais faite au réservoir.

En m'aidant du bistouri et des ciseaux, je réséquai alors dans toute son épaisseur, la portion de la vessie sur laquelle s'implantaient les tumeurs, en ayant soin de passer à un centim. au delà des néoplasmes. J'enlevai ainsi un segment trapézoïdal de la vessie ayant 6 centim. de longueur et 4 centim. de largeur ; le grand côté du trapèze correspondait à l'incision primitive de la vessie, son petit côté effleurait le trigone et son bord antérieur se trouvait à un centim. en arrière du col. Je procédai alors à la suture complète de la vessie.

Les *suites opératoires* furent, au début, très simples, la température resta normale et lorsque le deuxième jour j'enlevai les deux mèches de gaze iodoformée, la plaie était dans un état parfait. Il persista une petite fistule qui se ferma définitivement le 28 octobre, un mois et demi après l'opération. A partir de ce moment, la plaie bourgeonna bien et se cicatrisa en laissant une petite cicatrice déprimée. Le malade quitta le service en novembre.

Le 15 juillet 1895, il rentre de nouveau dans le service parce qu'il urine du sang; un examen endoscopique, fait au mois de mai précédent, avait montré une nouvelle tumeur.

Le 17 juillet, M. Albarran fait une taille hypogastrique transversale.

Le 15 août, on constate que depuis l'opération, le malade a un bon état général, mais les urines sont toujours troubles avec dépôt. Le malade quitte le service le 3 septembre. La fistule est complètement fermée.

En novembre 1895, légères hématuries intermittentes. Examiné, il refuse une nouvelle intervention.

En mai 1896, hématuries plus fréquentes et plus abondantes. Il revient de nouveau dans le service, le 30 septembre 1896.

Taille hypogastrique, le 10 octobre par M. Albarran.

Le 9 novembre, le malade quitte le service, la cicatrice est parfaite.

On apprend la mort du malade en mars 1897 ; *quelque temps avant on avait pu constater la présence de ganglions dans les deux fosses iliaques.*

OBS. **127. (Inédite.)** — *Tumeur infiltrée de la vessie.*

Ganglions iliaques. (Constatation clinique.)

Le nommé Pierre L..., âgé de 59 ans, entré le 15 avril 1897 à l'hôpital Necker, salle Velpeau, n° 26, service de M. le professeur Guyon.

Depuis 10 ans, hématuries terminales durant 6 ou 7 heures et se reproduisant une fois par mois à l'occasion d'une marche, d'une fatigue.

Depuis 15 jours, les hématuries ont augmenté et sont devenues totales.

On trouve dans la fosse iliaque droite un ganglion augmenté de volume.

L'examen fait à la salle de la Terrasse a montré que le canal est libre ; que la vessie ne se vide pas : résidu 80 grammes, et qu'au palper bimanuel elle paraît augmentée de volume à gauche, que la prostate est souple et molle et que les urines sont sanglantes.

Examen, par M. le professeur GUYON. — *Prostate* non augmentée de volume. *Vessie* notablement augmentée de volume à gauche, sa paroi latérale de ce côté paraît épaisse et ses contours pas tout à fait réguliers. L'augmentation de volume est de deux travers de doigt; pas de bosselures appréciables mais un ensemble un peu résistant.

OBS. **128. (Inédite.)** — *Tumeur vésicale infiltrée.*

Ganglions iliaques. (Constatation clinique.)
AUTOPSIE : *Ganglions iliaques et le long des uretères jusqu'au-devant de l'aorte.*

Le nommé Pierre-Henri S..., âgé de 72 ans, surveillant à la Bourse du travail entre le 11 novembre 1897, à l'hôpital Necker, salle Velpeau, nº 13, service de M. le professeur Guyon.

Jamais de blennorrhagie. Fièvre typhoïde à 20 ans.

Depuis 2 ou 3 ans avait un peu de difficulté à uriner, et éprouvait une légère douleur au commencement de la miction.

En juin 1897, sans cause apparente, hématurie totale survenue subitement sans douleur. A partir de ce jour il a continué à avoir des hématuries totales : ces hématuries disparaissaient pendant 1 ou 2 jours puis réapparaissaient sans cause apparente et duraient 1 ou 2 jours.

Il alla consulter successivement dans divers hôpitaux et, depuis ce temps, il s'est fait sonder et laver la vessie tous les 4 ou 5 jours en ville. Il y a 4 à 5 mois l'œdème des malléoles, qui depuis 3 mois environ avait gagné les jambes et les cuisses, persistait toujours.

Actuellement : les mictions sont impérieuses, les urines sales. Très grande fréquence le jour ; la nuit, les urines s'écoulent dans le lit sans qu'il s'en doute. La voiture exagère encore cette fréquence. Pas de douleur en urinant. Les urines sont constamment hématuriques et sales. A plusieurs reprises au dire du malade, elles ont contenu des caillots.

Les jambes, les cuisses et les bourses présentent un œdème considérable. Par le toucher rectal prostate très saillante en arrière, très dure.

Par le palper abdominal on sent vaguement dans les fosses iliaques une tuméfaction qui fuse vers la profondeur : du reste la palpation de l'abdomen est très difficile à cause de l'embonpoint du malade.

Mort le 14 novembre à 8 heures du matin.

Autopsie. — *Uretère* normal. *Prostate* petite. — *Vessie.* La paroi antérieure est d'une épaisseur de 2 centim. Elle est dure et d'un aspect lardacé. La paroi postérieure ne présente qu'un épaississement peu prononcé. La cavité vésicale est bien réduite. La muqueuse est d'une couleur gris verdâtre d'aspect sphacélique.

Dans le petit bassin et le long de l'uretère, il existe un grand nombre de ganglions hypertrophiés formant un chapelet continu jusqu'au-devant de la colonne lombaire, le long des vaisseaux.

Uretère gauche dilaté, mais les parois sont normales. *Reins* gros, blancs. Dans les deux reins les calices sont légèrement dilatés. Néphrite médicale parenchymateuse.

Rate. Contient un grand kyste (Kyste hydatique probable). *Foie.* Plusieurs noyaux qui paraissent être néoplasiques. Poumons normaux.

Derrière la vessie dans le péritoine on trouve une petite poche, grosse comme une mandarine, à parois lisses, remplie d'une substance caséeuse (kyste hydatique probable).

Obs. 129. (Inédite.) — Tumeur vésicale infiltrée.

Ganglions iliaques. (Constatation clinique.)
Autopsie : *Ganglions pelviens.*

Le nommé F..., âgé de 70 ans, monteur en bronze, entre le 30 mars 1898, salle Velpeau, lit n° 30, service de M. le professeur Guyon.

Jamais de blennorrhagie.

Il y a 6 ans, le malade commence à uriner toutes les heures le jour. Il est soigné à l'hôpital de la Charité. Lavages de la vessie.

Il y a 3 mois, il commence à avoir des incontinences nocturnes d'abord, diurnes ensuite. Les mictions sont fréquentes, difficiles surtout la nuit.

Le 10 février 1898. Le malade vient consulter à la salle de la Terrasse. On constate que les mictions sont fréquentes ; jour, tous les quarts d'heure ; nuit, toutes les deux heures ; elles sont impérieuses, mais non douloureuses. Le malade pisse sur ses bottes. La constipation est opiniâtre. La malade présente depuis 8 jours des hématuries totales, se reproduisant par intervalles. Les urines redeviennent claires pendant les intervalles.

Examen, le 10 février 1898. — *Canal* libre. *Vessie*. Pas de résidu. Capacité : 200 grammes, saigne facilement. *Prostate* moyenne. *Vésicule séminale* droite un peu grosse. Traitement. Lavages au nitrate d'argent à 1 p. 1000 et instillations à 1 p. 100.

Le malade vient régulièrement trois fois par semaine se faire soigner à la Terrasse.

Urinant plus souvent et souffrant davantage, il rentre à l'hôpital, salle Velpeau, lit n° 30, le 30 mars 1898.

Examen fait par M. ALBARRAN, le 1er avril 1898. — La *prostate* est un peu grosse. On sent, attenant à la *vessie*, une tumeur plus développée sur la paroi gauche que sur la paroi droite. Cette tumeur remonte jusqu'à 3 travers de doigt au-dessous de l'ombilic. Cette tumeur est renvoyée par le doigt introduit dans le rectum à la main qui palpe l'abdomen. La veille au soir, par le cathétérisme on avait retiré un liquide sanguinolent et quelques fragments épithéliomateux.

On trouve un empâtement profond de la fosse iliaque gauche.

Mort le 12 août.

AUTOPSIE. — *Urèthre* pénien : présente quelques plaques qui produisent l'impression de plaques de leucoplasie. *Vessie*. Grande, à parois épaisses. Tout le bas-fond vésical est occupé par un énorme néoplasme qui fait une forte saillie dans la cavité vésicale. *Uretères*. Sont légèrement dilatés, mais leurs parois ne sont pas malades. *Rein gauche*. Normal. *Rein droit*. Présente le bassinet très dilaté. A l'extrémité supérieure de ce rein il existe un noyau néoplasique gros comme une noix.

Les ganglions pelviens sont envahis par le néoplasme.

Poumons : Congestion des deux bases.

L'examen histologique du néoplasme et du noyau néoplasique du rein a démontré qu'il s'agit d'un épithélioma lobulé.

OBS. 130. (Inédite.) — Cystite chronique ancienne.

AUTOPSIE : *Ganglions hypogastriques.*

Le nommé Ferdinand V..., orfèvre, âgé de 68 ans, entre à l'hôpital Necker, salle Velpeau, n° 26, le 29 mars 1892, service de M. le professeur Guyon.

Antécédents héréditaires : Père mort à 83 ans, mère morte à 73 ans.

Antécédents personnel : Blennorrhagie à 22 ans, elle dura une huitaine de jours.

Le malade a toujours joui d'une bonne santé, jusqu'à il y a 14 ans. A ce moment, à la suite d'une fluxion de poitrine, un médecin lui fit appliquer sur la région prévésicale, un vésicatoire. C'est à la suite de cela que se sont manifestés les troubles vésicaux. Ils ont débuté par la fréquence des mictions. Le malade était obligé de s'arrêter pour uriner toutes les deux ou trois minutes. Les besoins étaient impérieux et douloureux. Le malade n'évacuait qu'une très petite quantité d'urine, ce qui le soulageait immédiatement. Les urines étaient légèrement troubles.

Le malade consulta un médecin qui lui conseilla de se sonder. Il se servit pour cela d'une sonde molle, qu'il s'introduisait deux fois par jour. Il évacuait chaque fois une grande quantité d'urine. En dehors des sondages, les mictions étaient toujours aussi fréquentes et ne donnaient toujours issue qu'à une très petite quantité d'urine. L'état demeura stationnaire, et, il y a huit ans, le malade entra dans ce service. Il y resta une vingtaine de jours pendant lesquels on lui fit des lavages au nitrate d'argent. Ce traitement produisit une grande amélioration, la fréquence fut de beaucoup diminuée, mais le malade, pour des raisons intimes, dut interrompre pour reprendre ses occupations. Il revint à la Terrasse tous les deux ou trois jours y subir un lavage au nitrate d'argent. Mais au bout de quelques mois, il cessa de venir et l'état redevint ce qu'il était avant le traitement.

La fréquence reparut, ainsi que les douleurs de la miction. Ces symptômes allèrent en augmentant progressivement et depuis deux ans environ, le malade est obligé de se sonder toutes les quatre heures, le jour et la nuit.

Cet état ne se modifia aucunement jusqu'à il y a quatre mois. A ce moment, un soir en rentrant de son travail, le malade s'aperçut en se sondant qu'il évacuait du sang et de nombreux caillots. En retirant la sonde, il ressentit dans le canal une sensation de piqûre très vive et aperçut, sur un des yeux, un petit calcul du volume d'une graine de chanvre, très irrégulier, blanc grisâtre, lorsqu'il eut été lavé. L'hématurie dura pendant quatre jours.

Depuis cette époque, le malade a, de temps à autre, extrait avec sa sonde, de petits calculs semblables, jamais il n'a eu de nouvelle hématurie.

Les courses en voiture, les marches un peu prolongées, l'allure un peu vive, provoquent des douleurs vésicales fort vives. En dehors de ces crises douloureuses provoquées, le malade ne souffre pas.

La fréquence augmentant toujours, le malade entre dans le service le 29 mars.

Les besoins de la miction sont très douloureux et l'obligent à se sonder tous les quarts d'heure en moyenne. L'urine évacuée est trouble. Elle laisse dans le bocal un épais dépôt purulent.

Le 3 avril, on essaie de sonder le malade, l'instrument ne franchit pas la région prostatique. On sent là un contact rugueux, qui provoque des douleurs très intenses. Ce sondage détermine un écoulement sanguin assez abondant.

On essaie de mettre une sonde à demeure, le malade ne la garde pas. Les douleurs augmentent et deviennent intolérables.

Le 5. *Examen* de M. le professeur GUYON. Un explorateur n° 20 est arrêté à la région prostatique. La traversée de cette région est fort longue. On éprouve la sensation d'un passage à travers des parois rugueuses rappelant les anneaux d'un rétrécissement. Le canal est dur dans toute son étendue. La vessie étant vidée à l'aide d'une sonde introduite sur un mandrin, le toucher rectal révèle une prostate étalée, molle, particulièrement volumineuse à droite, très volumineuse aussi à gauche, sans bosselure. Cet examen détermine, de la part du malade, de violents efforts.

Rien aux reins.

Le 6 avril. L'état a empiré. Douleurs atroces. Une cystostomie est décidée.

Le 7. Chloroformisation. La vessie est garnie avec 300 gr. de liquide. Incision abdominale médiane de 8 centim. de longueur. La paroi antérieure de la vessie est incisée et deux catguts sont posés dans chacune des lèvres de l'incision. On trouve dans la vessie un calcul phosphatique de la grosseur d'une noisette. Dans l'intérieur de la cavité vésicale, énorme saillie prostatique qui barre la partie postérieure du col et forme du côté droit une tumeur supplémentaire, presque pédiculée. On suture les lèvres de l'incision vésicale à l'aponévrose et aux muscles par 6 points de catgut, l'incision est fermée au-dessus et au-dessous. On place un tube dans la vessie. Une sonde est introduite avec difficulté.

Le 8. Température : matin, 37°,3, le soir, 39°,4. Le malade n'a pas dormi. il se plaint de douleurs dans la vessie et dans la verge. L'état général a baissé, la voix est faible, le teint cireux. Le tube et la sonde sont retirés. La prostration augmente dans la journée, le malade commence à râler ; application de ventouses.

Le 9. État général aggravé. Prostration absolue. Le 10, même état. Mort à 3 heures du soir.

AUTOPSIE. — La paroi abdominale, la face antérieure de la vessie et le pubis sont enlevés en bloc et laissés dans leurs rapports pour permettre l'étude de la plaie de cystostomie. L'urèthre et la vessie sont ouverts par leur face postérieure. L'*urèthre* est sain dans toute sa portion antérieure. La *prostate* forme une masse énorme de 10 centim. de diamètre transversal ; elle garde du côté du rectum sa forme régulière, normale. A la coupe, on constate que cette prostate est hypertrophiée dans tous ses lobes : lobes latéraux formant saillie dans le canal de l'urèthre, transformé en fente verticale, lobe moyen saillant en forme de luette de la grosseur du pouce, dans la cavité vésicale. Le tissu de cette prostate hypertrophiée présente un aspect lobulé irrégulier et est de consistance inégale. A la périphérie, une zone blanche, dure, régulière, fait comme une capsule à la glande ; à la coupe des lobes latéraux, on voit des lobules arrondis en ovales, saillir sur la surface de section, les uns blancs, durs, d'aspect fibreux, comme dans la vraie hypertrophie prostatique dure ; les autres plus mous, rosés, donnant plutôt l'impression de tissu néoplasique. Dans la zone périprostatique vasculaire existent, en dehors de la capsule prostatique, des espaces remplis du liquide, d'aspect hémo-purulent (phlébite périprostatique probable).

La *vessie* est petite, à parois minces. Sa face est absolument lisse, sans trace de colonnes ni de cellules. La muqueuse est dure, teinte vert foncé, ardoisée. Le sommet du lobe moyen de la prostate saillant dans la vessie est légèrement exulcéré (cystite chronique ancienne).

Dans l'excavation pelvienne, près des vaisseaux hypogastriques, on trouve du côté droit plusieurs ganglions lymphatiques, volumineux, mous, rouges, d'aspect néoplasique.

Les *uretères* et les reins présentent des lésions analogues ; dilatation notable des uretères, sans épaississement marqué des parois.

Les reins sont entourés d'une atmosphère fibro-adipeuse épaisse et adhérente à leur capsule. Le *rein gauche* a environ son volume normal ; dilatation considérable du bassinet et des calices qui sont remplis d'urine purulente ; substance rénale très atrophiée : de grandes zones de la surface rénale sont déprimées, d'un brun rouge foncé et adhèrent particulièrement à la capsule. A la surface du rein, plusieurs petits kystes saillants remplis d'un liquide puriforme. Nulle part cependant on ne voit d'abcès parenchymateux corticaux cutanés, ni de traînées rayonnantes de néphrite suppurée. Les lésions du *rein droit* sont identiques ; mais le rein est très réduit de volume.

Le *cœur* est sain. L'aorte présente des lésions d'athérome très prononcées, étendues à toute l'aorte thoracique. — *Poumons.* Simples lésions de congestion des bases et des bords supérieurs.

OBS. **131.** (**Personnelle.**) — *Cystite tuberculeuse.*

AUTOPSIE [1] : *Ganglions le long de l'uretère gauche jusqu'à sa terminaison. Ganglions lombaires.*

Le nommé Maxime Deg..., âgé de 17 ans, entré le 1er janvier 1896 à l'hôpital Necker, salle Velpeau, n° 32, service de M. le professeur Guyon.

Depuis 1894, symptômes de cystite; le malade est soigné par un médecin de ville, puis vient à la consultation, salle de la Terrasse, où il est traité pendant deux mois : instillation de sublimé à 1/500.

Il continue néanmoins à pisser malgré lui, très souvent, et peu à la fois. Pas d'incontinence, mais 20 à 25 mictions chaque nuit ; urines très troubles.

Le 25 décembre, on constate, à la consultation de la Terrasse, des symptômes très nets de tuberculose pulmonaire, et on institue le traitement général. A ce moment, le rein gauche est gros et douloureux, comme le constate un examen de M. Guyon ; au toucher rectal, la prostate est hypertrophiée et noueuse, surtout à droite ; les testicules des deux côtés sont volumineux et douloureux, mais surtout à gauche ; de ce même côté, il existe une épididymite.

En 1895, crise passagère d'oligurie, presque d'anurie. Le malade, d'ailleurs n'a jamais rendu de pierres.

[1] Musée de Necker, pièce n° 446.

Le 1er janvier 1896, le malade entre dans le service avec une crise de rétention datant de trois jours. Température, 39°,6. Dès le 8, il est oligurique; les accidents se continuent pendant deux jours, puis le 12 et le 13, l'anurie est totale malgré les injections sous-cutanées de caféine et de sérum artificiel. Le malade a du muguet.

Le 15 au soir, la température est de 39°,4.

L'examen des reins pratiqué par M. GUYON, donne les résultats suivants :

Côté gauche, la pression en arrière dans le sillon costo-vertébral, est douloureuse et ne l'est pas en avant. Le bord interne du rein est senti à deux travers de doigt de la ligne médiane. Le bord externe est le long de la ligne du flanc. Il semble que l'on passe au-dessus de l'extrémité supérieure. L'extrémité inférieure est à un travers de doigt au-dessus de l'ombilic. Le rein dont la surface paraît lisse ne se réduit pas par la pression. Il existe de la douleur le long de l'uretère gauche. Côté droit : le bord interne du rein est à 4 travers de doigt de la ligne médiane. Le bord externe à deux travers de doigt de la ligne du flanc. La pression au niveau du rein sur le trajet de l'uretère n'est pas douloureuse.

Par le toucher rectal, la vessie est partout douloureuse à la pression.

Le 14 janvier, devant la persistance de l'anurie, la néphrotomie gauche est pratiquée par M. le Dr Chevalier, le rein est taillé sur le bord convexe. Un gros drain est placé dans le bassinet. Le malade se remonte un peu dans la journée. Il urine abondamment par la plaie. Les jours suivants, l'état général s'améliore et trois ou quatre jours après l'opération, l'urine reparaît dans la vessie, mais des accidents de congestion et de granulie pulmonaire s'installent et le malade meurt le 30 janvier à 3 heures et demie du soir, après une survie opératoire de 16 jours et demi.

AUTOPSIE. — *Urèthre.* — A 10 centim. du méat, la muqueuse est complètement détruite par une ulcération. Cette destruction de la muqueuse se poursuit en haut et envahit la portion membraneuse et la portion prostatique. Au niveau de cette région, on aperçoit l'orifice d'une fistule qui s'enfonçait au-dessous de la face inférieure de l'urèthre. Ce sont, en somme, des lésions tuberculeuses uréthrales postérieures anciennes.

Vessie. — Petite, à parois très minces, sans aucune élasticité. La muqueuse, d'une couleur grisâtre, n'est pas mobile. Elle est recouverte de granulations tuberculeuses. — *Urèthre droit* non perméable, transformé en un cordon fibreux. *Rein droit :* petit, entouré d'une épaisse atmosphère graisseuse. A la coupe on voit sourdre du pus caséeux, de nombreuses cavernes parsemées dans tout le rein. C'est à peine si on aperçoit encore un lambeau de substance médullaire non détruite. Le bassinet est oblitéré. — *Uretère gauche :* dur, épaissi, entouré d'un tissu fibreux, qui ne se détache pas de lui. A la coupe, parois épaisses, muqueuse recouverte de granulations tuberculeuses. L'uretère est perméable. — *Rein gauche :* énorme, longueur, 17 centim., largeur, 8. La capsule ne se décortique pas. La substance rénale est recouverte de très nombreux abcès miliaires. Par places, il existe de larges plaques de suppuration correspondant à une infiltration tuberculeuse de la surface corticale. A la coupe, les deux substances corticale et médullaire sont très hypertrophiées (hypertrophie compensatrice). Partout, il existe des lésions tuberculeuses aiguës, granuliques et inflammatoires simples, combinées. Le bassinet est dilaté et enflammé.

La plaie de l'opération a parfaitement guéri, il n'y a pas d'infiltration de l'atmosphère rénale. Il ne reste qu'une fistule qui laisse bien passer le liquide qui se trouve dans le rein.

Sur la pièce conservée au musée de Necker, on trouve encore de *nombreux ganglions du volume d'une amande au plus, le long de l'uretère gauche, s'étendant jusqu'à sa partie inférieure, il y en a quelques-uns devant l'aorte et un autre devant la veine cave, un peu au-dessous du hile rénal.* Il ne reste qu'une partie de ces vaisseaux, les vaisseaux iliaques n'ont pas été gardés.

Testicules : Épididymite tuberculeuse gauche. *Foie* énorme. *Rate* augmentée de volume. *Poumons* : Tuberculose généralisée des deux côtés avec petites cavernes. *Cerveau* normal.

Obs. **132.** (**Personnelle.**) — *Cystite chez un prostatique infecté.*

Autopsie : *Ganglions iliaques internes et externes. Ganglions à la bifurcation de l'iliaque primitive et de la veine cave.*

Le nommé Victor M..., 61 ans, emballeur, entré le 2 février 1897, à l'hôpital Necker, salle Velpeau, nᵒ 1, service de M. le professeur Guyon.

En 1871, blennorrhagie sans complications.

En décembre 1896, mictions difficiles, jet d'urine affaibli, fréquence 6 ou 7 fois le jour, autant la nuit. Pendant les mictions, douleurs à l'anus et au méat. Jamais d'hématurie ; les cahots de voiture et les excès de marche amènent des douleurs dans le bas-ventre et dans la région lombaire. Premier cathétérisme à cette époque; depuis, le malade se sonde toutes les fois que la miction est difficile.

Le 4 février, hématurie terminale de quelques gouttes. L'exploration du canal montre qu'il existe plusieurs anneaux rétrécis et qu'un calcul s'est engagé dans la région prostatique. La prostate est légèrement augmentée de volume. Vésicules et reins normaux. Bougie à demeure.

Le 10. Uréthrotomie de Maisonneuve. Sonde à demeure nᵒ 21. Lavages vésicaux boriqués et instillation de nitrate d'argent à 2 p. 100.

Le 5 mars, la vessie est encore sensible à 60 grammes.

Le 13. Lithotritie sous le chloroforme à la 3ᵉ période par M. Guyon. La vessie contient un calcul de 3 à 4 centim. de longueur, le calcul est mou, phosphatique ; broiement de 15 minutes ; durée totale de l'opération, 22 minutes.

On continue les lavages vésicaux et l'usage de la sonde à demeure car le malade a toujours un peu d'élévation de température le soir.

Le 25 avril il survient de l'hématurie, le rein droit est très sensible ; le malade va en s'affaiblissant de jour en jour et meurt le 4 mai.

Autopsie.— *L'urèthre* ayant été fendu par sa face supérieure, on ne distingue pas nettement la trace de l'uréthrotomie. *Vessie* à parois épaisses ; la muqueuse est extrêmement congestionnée. Pas de signes de tuberculose ; pas de calcul. *Prostate* normale. *Rein gauche :* volume normal ; à la coupe, il sort une grande quantité de liquide hémato-purulent. La muqueuse est très enflammée. La substance corticale n'est pas réduite, il n'y a pas d'abcès miliaires. La capsule se décortique mal.

Quelques ganglions hypertrophiés à la bifurcation des iliaques des deux côtés, à la bifurcation de la veine cave et le long des vaisseaux hypogastriques ainsi que sous le bord de l'iliaque externe gauche.

Poumon droit : complètement détruit par la tuberculose. *Plèvre* gauche : contient un litre de pus. *Cœur* normal.

Obs. **133.** (**Personnelle.**) — *Cystite tuberculeuse ancienne.*

Autopsie[1] : *Ganglions iliaques internes jusqu'à la bifurcation des iliaques primitives. Ganglions iliaques externes et primitifs, ganglions lombaires et au hile des reins.*

Homme, 36 ans, entre à l'hôpital de la Charité, salle St-Louis, n⁰ 23, service de M. le Dr Moutard-Martin, le 8 février 1897.

Autopsie, 4 mai 1897. — *Urèthre.* — Traces de brides anciennes. Dans la région bulbaire s'ouvre la fistule d'une ancienne uréthrotomie externe. Dans la région prostatique s'ouvrent deux cavités régulières qui vont assez profondément dans chacun des lobes. — *Vessie.* Volumineuse, à parois épaisses, remplie de pus. Muqueuse rougeâtre avec des plaques ecchymotiques très nettes, disséminées çà et là. Pas de granulations nettes. *Prostate :* peu volumineuse, pas d'abcès.

Uretère gauche : Sanieux, du volume du petit doigt à peine. *Rein gauche :* petit, bassinet et calices dilatés, remplis de pus, substance corticale atrophiée et parsemée de points suppurés. *Uretère droit :* du même volume, sanieux. *Rein droit :* complètement transformé en une poche purulente, la substance rénale est presque complètement détruite et dans les points où elle a persisté, elle est infiltrée de granulations purulentes. Grosse périnéphrite adipo-scléreuse.

Il existe de chaque côté de la base de la prostate une masse du volume d'une grosse noix, dure surtout à gauche, formée de graisse et de tissu fibreux, entourant complètement la terminaison de l'uretère et les vésicules.

Des ganglions volumineux font suite à ces masses le long des vaisseaux iliaques internes. On en trouve également de chaque côté à la bifurcation des iliaques, sous les vaisseaux externes et au-dessous des iliaques primitifs. Il existe de plus une chaîne de petits ganglions au-dessus de l'iliaque primitive droite et qui se continue jusqu'à la face antérieure de la veine cave.

D'autres ganglions se rencontrent au niveau du hile du rein.

---

[1] Musée de Necker, pièce n⁰ 484.

OBS. **134.** (**Personnelle**.) — *Cystite tuberculeuse.*

AUTOPSIE[1] : *Ganglions iliaques internes, à la bifurcation de la veine cave et ganglions lombaires jusqu'au niveau des reins.*

Le nommé Dal..., âgé de 30 ans, entré le 23 mars à l'hôpital Necker, salle Velpeau-Richet, n° 2, service de M. le professeur Guyon.

Pas d'observation clinique. Le malade a été considéré comme atteint de tuberculose pulmonaire avec peu de symptômes urinaires. Meurt le 4 avril à 7 heures du matin.

AUTOPSIE. — *Urèthre antérieur :* normal. *Prostate :* Presque complètement détruite par la tuberculose. Elle forme une grande caverne à parois anfractueuses tapissées de substances caséeuses. L'urèthre, presque absolument détruit, réduit à une mince bande de la paroi inférieure, traverse la caverne comme une corde tendue du col au sommet de la prostate. La caverne prostatique se continue avec une caverne de la vésicule séminale gauche qui est détruite dans son tiers supérieur. Canal déférent gauche, tuberculeux, dur et bosselé dans ses 4 derniers centimètres. Le reste du canal déférent gauche, le canal déférent droit, les 2 épididymes et les deux testicules sont sains.

Vessie petite, capacité réduite, paroi notablement épaissie. Muqueuse dans son ensemble de coloration rouge-brun, un peu épaissie, irrégulière. Trois ulcérations tuberculeuses nettement limitées : l'une, la plus petite, profonde, cratériforme, siégeant exactement à l'embouchure de l'uretère gauche. Les deux autres beaucoup plus étendues, plates, à bords festonnés, à fond irrégulier, pénètrent jusque dans la couche musculaire et siègent sur la paroi postérieure. Le col vésical est absolument détruit ainsi que l'embouchure de l'uretère droit.

Uretère gauche : Modérément dilaté dans son étendue, sans flexuosité marquée, paroi légèrement épaissie, pas de périurétérite. Les 4 centimètres inférieurs de l'uretère, près de la vessie, sont atteints de tuberculose avancée; grande ulcération totale se continuant avec l'ulcération vésicale de l'embouchure. Au-dessus, quelques granulations très jeunes disséminées sur la muqueuse urétérale. Légère congestion vasculaire de la muqueuse dans toute l'étendue de l'uretère. *Rein gauche :* légèrement augmenté de volume, sur face vaguement bosselée. Groupes disséminés de granulations blanchâtres sous-capsulaires. A la coupe, cavernes tuberculeuses multiples, cortico-pyramidales, du volume d'une noisette à une noix, disséminées dans tout le rein, la plupart fermées, sans communication larges avec le bassinet. Toutes sont remplies d'une masse jaunâtre, caséeuse, ressemblant à une eschare. Les groupes de granulations superficielles correspondent aux cavernes les plus volumineuses. Muqueuse du bassinet épaissie, vascularisée, parsemée de petites ulcérations tuberculeuses jeunes, du volume d'une lentille.

Rein droit : hypertrophie compensatrice; quelques minimes granulations blanchâtres douteuses dans la substance corticale. Bassinet et uretères sains.

Poumons : Cavernes anciennes des sommets. Infiltration tuberculeuse massive et récente étendue.

[1] Musée de Necker, pièce n° 480.

Ganglions hypertrophiés le long et en avant des vaisseaux iliaques internes des deux côtés, mais plus volumineuse à gauche.

Il en existe deux ou trois à la bifurcation de la veine cave et un chapelet de ganglions plus ou moins réunis les uns aux autres fait suite à ces derniers et à ceux qui viennent des vaisseaux hypogastriques droits pour passer derrière l'iliaque primitive droite et remonter au-devant de la veine cave à droite de l'aorte jusqu'au niveau des reins.

OBS. **135**. — **(Personnelle.)** *Cystite ancienne.*

AUTOPSIE [1] : *Ganglions iliaques internes, externes et primitifs. Ganglions lombaires remontant jusqu'au rein gauche.*

Le nommé Mau..., âgé de 76 ans, entré le 7 mars 1897 à l'hôpital Necker, salle Velpeau, n° 12, service de M. le professeur Guyon.

Antécédents. — Blennorrhagie en 1868.

En 1892. Fréquence des mictions toutes les demi-heures la nuit, moins souvent pendant le jour. En 1893. Il est obligé de se sonder. Urines troubles.

Le malade entre le 30 novembre 1893, salle Velpeau, n° 29, et à ce moment l'urèthre présente quelques anneaux qui laissent passer un n° 10. La traversée prostatique est longue, la vessie irritable ne peut contenir que 30 grammes de liquide. Au toucher rectal on constate que la vessie est hypertrophiée, surtout à gauche. Le malade est dilaté jusqu'au Béniqué n° 45, et la vessie lavée avec du nitrate d'argent à 1 p. 1000. Il quitte le service sachant se sonder et il continue à se sonder.

Le 7 mars 1897, le malade rentre de nouveau dans le service parce qu'il s'est brisé une sonde dans l'urèthre. Le canal ne laisse passer qu'un n° 12 qu'on laisse à demeure.

Le 12 mars on veut retirer la sonde à demeure, mais des accidents infectieux surviennent. La température monte à 39°, la langue est sèche, le pouls irrégulier. Les reins ne sont pas ni douloureux ni gros. Les accidents se poursuivent malgré des injections sous-cutanées de sérum et de caféine, l'emploi de la sonde à demeure et des lavages réguliers. Du hoquet survient et le malade meurt le 31 mars.

AUTOPSIE. — *Urèthre* antérieur sain. Au niveau de la région membraneuse, abcès péri-uréthral surtout développé au niveau de la paroi supérieure du volume d'une noisette. Le pus est vert phlegmoneux. *Prostate :* volume normal. La pression fait sourdre du pus par les orifices glandulaires. Il y a un petit abcès dans le lobe droit.

Vessie : cystite intense. Rougeur ecchymotique en plaques granuleuses plus ou moins étendues sur la muqueuse. Parois légèrement épaissies. Suppuration de la *vésicule séminale* gauche.

Uretères : normaux. *Reins :* pas de dilatation, surface irrégulière. Néphrite interstitielle ancienne.

---

[1] Musée de Necker, pièce n° 493.

Ganglions lymphatiques hypertrophiés dans le petit bassin et jusque dans la région lombaire. A droite quelques petits ganglions qui sont situés le long des vaisseaux hypogastriques, à la bifurcation de l'artère iliaque primitive, sur la face interne de la vessie et en arrière de l'aorte jusque sur la face antérieure de la veine cave. Ces derniers se continuent avec un gros tronc de ganglions qui remontent le long de l'aorte jusqu'au hile du rein gauche. A ce chapelet de ganglions gros en bas, moins volumineux vers la partie supérieure, viennent se joindre les ganglions qui passant au-devant de la veine cave, s'insinuent entre elle et l'aorte pour filer derrière l'artère entre elle et la colonne vertébrale.

Ces derniers ganglions de la chaîne entourent complètement les origines des artères et veines rénales gauches.

Obs. 136. (Personnelle.) — Cystite chronique ancienne.

Autopsie [1] : *Ganglions iliaques externes et iliaques internes. Ganglions à la bifurcation de l'iliaque primitive et de la veine cave. Ganglions lombaires.*

Le nommé H..., âgé de 78 ans, entré le 13 mars 1897 à l'hôpital Necker, salle Velpeau, n° 6, service de M. le Professeur Guyon.

Blennorrhagie à 30 ans.

En 1890, le malade est sondé pour une rétention complète, les urines sont claires. En 1894, urines légèrement troubles, fréquence des mictions, 3 ou 4 fois le jour, autant la nuit. En 1896, urines troubles ; fréquence des mictions tous les quarts d'heure, jour et nuit, puis incontinence par regorgement.

Urèthre libre, traversée prostatique facile et peu longue. *Vessie* en distension, contient 450 grammes de liquide. *Urines* troubles : les dernières gouttes absolument purulentes. *Prostate* étalée, volumineuse transversalement mais pas dans le sens vertical, bosselée. Artères athéromateuses.

Le malade entre à l'hôpital le 13 mars 1897 pour une résection des canaux déférents ; l'opération a lieu le 17 mars ; le malade est opéré des 2 côtés ; à la suite de l'opération il semble que la prostate a diminué un peu de largeur et d'épaisseur. (Examen du 23 mars.)

Il meurt le 27 mars.

Autopsie. — *Urèthre :* sain. *Prostate :* hypertrophie totale, légère, molle, lobulée. *Vessie :* grande, parois minces et flasques, réticulées, colonnes et cellules sur la paroi postérieure, légère rougeur de la muqueuse, cystite récente.

Uretères, sains, non dilatés. *Reins :* légèrement diminués de volume, surface inégale, corticale, atrophiée ; dans le rein gauche, un point d'infiltration purulente pyramidale récente. *Cordons :* à droite, résection très basse avec hématome notable ; à gauche, petit nodule cicatriciel ; léger hématome. Distance : 1 centim. environ entre les deux bouts. *Testicules* flasques.

A gauche, il existe des ganglions hypertrophiés grisâtres, bien séparés les uns des autres sous le bord inférieur de l'artère iliaque externe et au niveau de la bifurcation de l'iliaque de ce côté.

---

[1] Musée de Necker, pièce n° 477.

*A droite, on trouve deux ganglions du volume d'une grosse noisette au bord supé-
rieur de l'iliaque externe, presque au niveau de la bifurcation de l'iliaque primitive.*

*Plusieurs ganglions plus ou moins volumineux se rencontrent le long des vais-
seaux iliaques internes jusqu'au voisinage de la vessie.*

*Il existe un ganglion du volume d'un gros pois à la bifurcation de la veine cave
et quelques-uns dans le sinus antérieur formé par la veine cave et l'aorte un peu
au-dessous du hile rénal.*

OBS. **137.** (**Personnelle.**) — *Cystite chronique ancienne.*

AUTOPSIE : *Ganglions iliaques externes et internes jusqu'à la bifurcation
de l'iliaque primitive. Ganglions à la bifurcation de l'aorte et de la veine cave.
Ganglions lombaires.*

Le nommé Jum..., concierge, âgé de 62 ans, entre le 1ᵉʳ juin 1897, salle
Velpeau, nᵒ 28, service de M. le professeur Guyon.

Blennorrhagie en 1857. Actuellement : tabes confirmé.

Depuis deux ans, fréquence des mictions jusqu'à huit fois la nuit et toutes les
heures le jour.

A l'examen : *urèthre* libre. *Vessie* sensible au contact, ne se vide pas, résidu
de 450 grammes. Rétention complète et incontinence par regorgement. Pas
de sensibilité à la tension. *Prostate* moyenne, lisse.

Il quitte le service le 8 avril et revient le 1ᵉʳ juin pour des accidents qui persistent malgré les lavages d'eau boriquée et de nitrate d'argent. Il meurt le 22 juin.

AUTOPSIE. — *Urèthre :* normal. *Prostate :* petite. *Vessie,* grande, flasque à parois
très minces. *Uretères :* normaux. *Reins :* séniles. *Poumons :* congestionnés à la
base droite. *Cœur :* normal.

*Il existe des ganglions hypertrophiés à la bifurcation de l'iliaque primitive des
deux côtés mais plus à droite ; on en trouve également de ce côté le long de l'hypogastrique. Il faut noter également la présence de deux ganglions hypertrophiés sur
le bord inférieur de l'iliaque externe des deux côtés, d'un ganglion à la bifurcation
de la veine cave, d'un autre du volume d'une noisette dans l'angle antérieur formé
par la veine cave et l'aorte à deux centimètres au-dessous de l'origine de la veine
rénale droite.*

*Quelques ganglions du volume d'un gros pois forment une chaîne remontant à
gauche de l'aorte depuis l'iliaque primitive jusqu'au hile du rein gauche.*

OBS. **138.** (**Personnelle.**) — *Cystite ancienne.*

AUTOPSIE [1] : *Ganglions iliaques internes, iliaques externes et à la bifurcation
de l'iliaque primitive.*

Le nommé Br..., âgé de 77 ans, entré le 12 juillet 1897, à l'hôpital Necker,
salle Richet, nᵒ 2, service de M. le professeur Guyon.

Il entre pour des accidents de prostatisme.

---

[1] Musée de Necker. Pièce nᵒ 491.

En 1895. Premier accès de rétention à la suite duquel il garde une sonde à demeure pendant trois semaines.

Le 2 juillet 1897. Nouvel accès de rétention pour lequel le malade vient se faire soigner à l'hôpital.

Le 12. Il entre à l'hôpital parce qu'il a des accès fébriles. Sonde à demeure, lavage de la vessie, accidents d'infection et mort le 25 août.

AUTOPSIE. — *Vessie* assez grande à parois minces, parois hérissées de petites saillies, avec taches ecchymotiques, traces de cystite ancienne. *Uretères* normaux. *Rein* à substance corticale atrophiée, surtout à gauche. Anévrysme de la crosse de l'aorte du volume du poing.

Il existe quelques ganglions noirâtres, plus ou moins volumineux, le long de vaisseaux hypogastriques droits, sur le bord inférieur des vaisseaux iliaques externes droits et gauches à la bifurcation de l'iliaque gauche, sur le bord supérieur de l'iliaque primitive gauche et sur le bord gauche de l'aorte à sa partie inférieure.

OBS. **139.** (**Personnelle**). — *Hypertrophie de la prostate. Cystite ancienne.*

AUTOPSIE [1] : *Ganglions mésentériques.*

Le 19 mars 1895, W..., artiste, âgé de 65 ans, vient consulter à la salle de la Terrasse, service de M. le professeur Guyon.

Depuis un mois il urine souvent, toutes les cinq minutes.

Puis arrivent des accès de rétention et il se sonde lui-même deux ou trois fois le jour, une fois la nuit. Quelquefois en se sondant il urine un peu de sang en même temps qu'il éprouve un peu de douleur. Urines troubles. Prostate grosse.

Le malade continue à se sonder ; il entre dans le service le 5 juillet et meurt le même jour.

AUTOPSIE. — *Urèthre* ne présente rien d'anormal à l'œil nu. *Prostate* grosse, hypertrophie moyenne des lobes latéraux. *Vessie :* grande, à colonnes et à cellules, à parois très épaisses. Du côté du péritoine il existe deux petits trous ronds par lesquels on fait sourdre du liquide purulent. On trouve dans les mêmes endroits les adhérences des anses de l'intestin grêlé. Le péritoine est injecté et contient du liquide trouble.

Les ganglions mésentériques sont gros.

Les *uretères* sont dilatés et leurs parois assez épaisses. Les bassinets sont dilatés et contiennent un liquide trouble. *Reins* très légèrement atrophiés. La substance médullaire est très réduite. *Pleurésie* séro-purulente à gauche. Cœur normal.

OBS. **140.** — (**Héresco** et **Cottet.**) [2] (Résumée.) *Hypertrophie de la prostate.*
Cystite ancienne.

AUTOPSIE : *Ganglions pelviens.*

Homme de 68 ans, entré le 26 octobre 1898, à l'hôpital Necker, salle Velpeau, service de M. le professeur Guyon.

---

[1] Musée de Necker. Pièce n° 526.
[2] HÉRESCO et COTTET. *Bull. Soc. anat.*, décembre 1898.

C'est surtout depuis trois ans que ses mictions sont devenues *fréquentes* surtout la nuit, toutes les demi-heures, le jour toutes les heures ; *impérieuses, douloureuses ;* urines troubles avec dépôt.

Il y a trois ans, petite hématurie qui se renouvela 2 ou 3 fois dans l'espace d'une année, avec les mêmes caractères.

A l'examen. Vessie distendue, résidu vésical abondant. Contractilité vésicale diminuée. L'explorateur métallique fait sentir un calcul peu sonore. *Urines* uniformément troubles avec un léger dépôt.

Le 5 novembre. L'injection d'une seule seringue (160 gr.) d'eau boriquée dans la vessie permet de sentir la vessie remontée presque jusqu'à l'ombilic.

Le 10. Le malade a eu un frisson. T. 40°. Dyspnée intense, dans toute la hauteur des deux poumons, râles sibilants et ronflants. Au niveau de la base du poumon gauche des râles sous-crépitants et un souffle très net. La dyspnée devient de plus en plus intense, le malade se cyanose, le pouls faiblit et il meurt le 12 novembre.

AUTOPSIE. — Une *vessie* à colonnes. Un lobe moyen de la prostate gros comme une petite mandarine fait saillie dans la vessie comme un petit fibrome pédiculé. Un gros calcul dans la cavité vésicale et sur lui un autre comme une noix qui était placé dans une cellule. Grosse *prostate. Les parois de la vessie très hypertrophiées.* Inflammation tout autour où on trouve des *ganglions enflammés.*

Uretère gauche dilaté. *Rein gauche* gros, présente des kystes, la substance rénale très réduite. Périnéphrite. *Rein droit* un peu gros.

OBS. **202.** (**Inédite.**) — *Carcinome prostatique.*

Ganglions iliaques. (Constatation clinique.)

Le nommé B..., âgé de 65 ans, entre le 31 janvier 1895, salle Velpeau, lit n° 31.

Jamais de blennorrhagie.

Depuis dix mois, il est obligé de se lever la nuit pour uriner quatre à cinq fois.

Il y a cinq mois, il eut une rétention d'urine à la suite d'excès de boissons. Depuis il a été sondé trois fois.

Il urine seul mais très difficilement, et il a une douleur très forte à la fin de la miction. La fréquence de la miction a augmenté notablement, il urine toutes les cinq minutes, surtout la nuit. Il n'a pas maigri, mais l'appétit a diminué beaucoup. Pas de douleurs dans les jambes ni dans les fesses.

Il y a un an, il a uriné plusieurs fois du sang. Maintenant il rend de temps en temps un caillot.

Urines troubles. Cathétérisme douloureux. *Canal* saigne facilement, libre, sans saillies. *Vessie* absolument intolérante. Capacité, 10 gr. *Prostate* énorme, dure, surtout du côté gauche. A la profondeur d'une phalange : lobe droit demi-dur, bosselé ; lobe gauche un peu moins gros. Impossible de dépasser la prostate avec le doigt.

Par le palper abdominal on sent les ganglions dans les deux fosses iliaques.
Traitement : Instillations au nitrate d'argent à 2 p. 100.
Le 7 février. Mort subite, pas d'autopsie.

OBS. 203. (Inédite.) — *Cancer de la prostate.*

Ganglions iliaques. (Constatation clinique.)

Le nommé Pierre Ch..., âgé de 68 ans, dessinateur, entre le 2 mars 1897, salle Velpeau, lit n° 27.

Première blennorrhagie à 26 ans, en 1855, ayant duré un mois, sans complications, soignée par injections au nitrate d'argent, qu'il s'est faites lui-même. Deux autres blennorrhagies depuis.

Il y a six mois, en octobre 1896, hématurie totale pendant trois ou quatre ours; il a pissé à ce moment du sang presque pur. Depuis cette époque, fréquentes hématuries totales, moins fréquentes quand il fait une grande course ou un exercice prolongé. Depuis la même époque, urines troubles; il a constaté aussi chez lui de l'amaigrissement. Il est alors entré dans le service de M. Routier où il est resté un mois et où on lui a fait des lavages de la vessie. Depuis, il urine féquemment.

Le 2 mars, date de son entrée, mictions toutes les heures, un peu plus fréquentes la nuit ; douloureuses au début.

Examen à la salle de la Terrasse : *Prostate* normale.

Le 2 mars. M. Chevalier trouve le canal libre; quelques caillots viennent au début de l'écoulement de l'urine. La vessie ne se vide pas. La prostate est grosse, surtout à gauche. Dans le triangle interdéférentiel, masse semblant plus marquée à gauche.

Rien aux testicules, à l'épididyme et aux reins.

Le 4 mars. Examen par M. Guyon. Premier jet d'urine un peu sanglant, quelques petits caillots. *Prostate.* Lobe droit volumineux, inégal, assez dur, dépasse en avant la branche ischio-pubienne, mais s'étend peu en arrière. *Vessie* moins souple à gauche, un peu épaisse, sans irrégularité de la paroi. On sent l'extrémité inférieure du *rein* droit.

Dans la fosse iliaque droite : ganglions le long de l'artère.

20 mars. Diminution assez considérable de la masse.

Le 21. Il quitte le service.

OBS. 204. (Personnelle.) — *Néoplasme de la prostate.*

AUTOPSIE [1] : *Ganglions iliaques internes et iliaques externes.*
Ganglions à la bifurcation de l'aorte et de la veine cave. Ganglions lombaires.

Le nommé D..., âgé de 61 ans, entré le 4 mai 1897 à l'hôpital Necker, salle Velpeau, n° 23, service de M. le professeur Guyon.

[1] Musée Necker, pièces n°s 482 et 483.

En 1896, il entre à l'hôpital Saint-Jacques pour des douleurs lombaires coïncidant avec un amaigrissement notable. Il y reste jusqu'au 4 mai, jour où il entre dans le service de M. Guyon.

Depuis un mois il urine un peu difficilement et le 3 mai rétention complète. Il ne peut plus uriner sans sonde.

Vessie en rétention complète. *Prostate :* à la profondeur d'une phalange on sent la prostate qui est étalée et dont on peut dépasser facilement la limite supérieure ; à gauche et à droite surtout, elle présente quelques bosselures interstitielles très dures, il semblerait que la prostate est farcie de pierres.

On ne sent pas de ganglions inguinaux ou iliaques.

Il y a un mauvais état digestif. Le malade est très amaigri. Les artères sont dures.

Le 15 mai, il a une poussée fébrile et le 18, il meurt ayant cependant des urines assez claires.

AUTOPSIE. — *Urèthre* antérieur sain : il existe cependant une petite tache noirâtre de la muqueuse sur la paroi inférieure au niveau de la région bulbaire. *Prostate :* vue par l'urèthre, elle semble absolument saine ; il n'y a aucune saillie des lobes latéraux ou médian. Son volume est à peine augmenté et cette légère hypertrophie semble uniquement porter sur les lobes postéro-latéraux du côté du rectum ; il n'y a aucun changement de la forme de la glande, la face postérieure est régulière et symétrique. A la coupe, il n'y a pas de lobulation, le tissu prostatique est homogène, de consistance normale, blanc lactescent, un peu suintant, piqueté de très petits points noirâtres en plusieurs endroits.

Vessie : spacieuse, la face interne est lisse sur la plus grande partie de son étendue, sans colonnes ni cellules, les parois sont minces. Quelques taches noirâtres disséminées sur la face postérieure. Embouchures des uretères normales. Le trigone et les portions postérieures et latérales du col présentent des petites bosselures arrondies, lisses, tendues, semblant soulever la muqueuse sans l'envahir ; à la partie latérale droite du col une bosselure plus saillante présente un sommet aplati, qui paraît exulcéré superficiellement, chagriné, noirâtre. Le tissu cellulaire rétro-vésical, périprostatique ainsi que les *ganglions pelviens* sont le siège de lésions anciennes et intéressantes.

La base de la prostate et les vésicules sont englobées dans un tissu fibreux et dur, blanchâtre, avec de petits nodules mous, d'aspect néoplasique.

Il existe de nombreux ganglions lymphatiques pelviens et lombaires.

A gauche, un paquet de ganglions volumineux dont l'un a 6 centim. de haut sur 5 de large se trouve en dehors et en arrière de la vessie. *Le paquet ganglionnaire* qui, dans son ensemble, *dépasse le volume d'une orange,* se trouve être développé surtout *en avant et en dedans des vaisseaux hypogastriques ; il s'avance sous les vaisseaux iliaques externes et passe au-devant de la terminaison des vaisseaux iliaques primitifs* en suivant l'uretère pour aller se mettre en rapport avec un gros *chapelet ganglionnaire situé au-dessus des vaisseaux et qui après les avoir longés suit le bord de l'aorte pour aller jusqu'au niveau du hile rénal gauche,* les ganglions diminuant de volume au fur et à mesure qu'on s'élève vers la région lombaire.

A droite, il existe également le long des vaisseaux hypogastriques et sous les vaisseaux iliaques externes des ganglions dont le plus gros mesure 4 centim. de long. sur 3 de haut. On en trouve d'autres, dont le plus gros a le volume d'une noix dans l'angle supéro-externe formé par la veine cave et l'artère iliaque primitive droite ; *cette chaîne ganglionnaire dont les ganglions diminuent de volume au fur et à mesure que l'on s'élève, passe entre la veine cave et l'aorte à 4 centim. au-dessus de sa bifurcation pour aller rejoindre en arrière deux gros ganglions situés dans l'angle des deux troncs vasculaires et de là aller se mettre en rapport par l'intermédiaire d'une chaîne de petits ganglions avec le chapelet qui longe le bord gauche de l'aorte.*

Je dirai pour terminer qu'il existe un *ganglion volumineux à l'angle de bifurcation de l'aorte et un autre au-devant de l'artère 2 centim. et demi plus haut.*

D'autres ganglions étant situés le long des vaisseaux mésentériques inférieurs et 2 autres dans le médiastin postérieur le long de la colonne vertébrale. Ces ganglions sont mous, rougeâtres ou noirâtres ; ils ont à la coupe un aspect encéphaloïde, hémorrhagique et feraient penser en de certains points à de la mélanose.

Les *uretères* ne sont nullement comprimés par ces masses ganglionnaires néoplasiques en avant desquelles ils passent; il n'y a pas de dilatation urétérale. Les *reins* sont de volume normal. Il n'y a pas de dilatation des bassinets. Dans le *rein* gauche, une pyramide est suppurée ; il existe un nodule superficiel gros comme une tête d'épingle peut-être néoplasique. Dans le *rein* droit, noyau douteux appendu à une des veines du rein.

Poumons : lymphangite de la plèvre viscérale, peut-être néoplasique. Les deux poumons sont emphysémateux, congestionnés à leur base. *Intestins* et rectum sains. *Foie* sain. *Rate* grosse.

Examen histologique (N. HALLÉ). — La prostate est envahie dans ses deux lobes par de nombreux noyaux de cancer alvéolaire type. Dans les parties de glandes non envahies on trouve une prolifération notable des cellules épithéliales au fond des culs-de-sac glandulaires. *Dans les ganglions, même aspect de carcinome.*

Obs. **205.** (**Personnelle.**) — *Épithélioma de la prostate.*

AUTOPSIE : *Ganglions iliaques internes, externes et primitifs. Ganglions lombaires et mésentériques inférieurs.*

Le nommé Joseph F..., placier, âgé de 48 ans, entre le 21 mai 1897 à l'hôpital de la Charité, salle Velpeau, n° 16, service de M. le professeur Tillaux.
Pas d'*antécédents héréditaires.*

Antécédents personnels. — Blennorrhagie à l'âge de 18 ans, sans complications. Tousse l'hiver depuis cinq à six ans, n'a jamais craché de sang.

Maladie actuelle : Le malade entre à l'hôpital pour des douleurs siégeant dans la région rénale des deux côtés et au niveau de la fesse droite.

Il y a quatre mois, il ressent au niveau de l'anus des sensations de brûlures, il avait en même temps de fausses envies d'aller à la selle. Ces douleurs arrivaient surtout la nuit et quand le malade était assis. On fit des révulsions au niveau de la fesse droite. Les symptômes douloureux augmentent et à plusieurs reprises, sans cause, surviennent des difficultés de la miction, le malade n'a jamais été sondé avant d'entrer à l'hôpital.

Depuis la même époque l'amaigrissement a été assez notable. A son entrée le malade est très affaibli et menace d'avoir une syncope dès qu'il reste dans la position debout.

Il y a des vomissements bilieux, la langue est sale, non sèche. Le ventre est ballonné, mais il y a eu des selles quotidiennes et le malade a rendu des gaz par l'anus le matin même.

Urèthre : sain. *Vessie :* en rétention depuis quarante-huit heures. Contient environ 250 gr. d'urine foncée mais non trouble. Elle n'est sensible ni à la pression ni au contact. *Prostate* souple, petite, non douloureuse. Au-dessus d'elle on sent une masse volumineuse, très dure, bosselée, irrégulière, de consistance partout égale, dont on ne peut atteindre la limite supérieure, qui se prolonge sur les côtés pour aller gagner les parois de l'excavation pelvienne. A ce niveau elle semble adhérer fortement aux os du bassin. Il est impossible de faire un toucher combiné à la palpation hypogastrique à cause de la tension des muscles abdominaux. *Reins :* sains. Température 37º,5.

Deux jours après son entrée à l'hôpital, les douleurs en arrière de la cuisse droite sur le trajet du sciatique augmentent notablement.

Le 24, le ventre est toujours ballonné, le malade vomit. La prostate au toucher est très dépressible et comme abcédée au niveau de sa base qui est très douloureuse. Il ne semble pas y avoir de communication du foyer avec la vessie ou l'urèthre.

Le malade meurt le 25 mai 1897, avec des vomissements et des symptômes de péritonite, sans qu'on puisse songer à tenter la moindre intervention.

Autopsie. — *Uréthrotomie.* — *Vessie :* spacieuse, contenant des urines claires. *Prostate :* En arrière de la vessie se trouve une masse du volume d'une pomme qui adhère intimement au rectum dont on ne peut la décoller ; mais il existe une perforation dans l'angle formé par la vessie et l'intestin, de la largeur d'un centime environ, par laquelle sort une matière sanieuse et puriforme. En ouvrant à ce niveau, on constate que l'intestin envahi, ulcéré, communique avec cette cavité dont l'extrémité inférieure se continue jusqu'à la base de la prostate. La prostate, volumineuse, irrégulière, se continue de chaque côté, mais surtout *à droite, avec une masse irrégulière, bosselée, très ferme de consistance, qui va jusqu'au contact de la paroi pelvienne au niveau des vaisseaux hypogastriques qu'elle englobe.*

A droite, cette masse formée nettement de ganglions hypertrophiés, grisâtres, réunis entre eux par un tissu fibreux assez serré, se prolonge par des ganglions plus isolés sous les vaisseaux iliaques primitifs jusqu'à la veine cave.

A gauche, il existe deux ganglions du volume d'une noisette au bord inférieur des vaisseaux iliaques primitifs.

Des deux côtés on trouve deux ou trois ganglions qui présentent les mêmes caractères, logés au bord inférieur de la veine iliaque externe.

Enfin, à la région lombaire, il existe le long de l'aorte à gauche et entre l'aorte et la veine cave et jusque sous l'artère rénale droite des ganglions hypertrophiés qui présentent les mêmes caractères que les précédents ; d'autres existent dans le hile du rectum, en arrière de la tumeur rectale, le long des vaisseaux mésentériques inférieurs.

OBS. **206**[1]. (**Personnelle.**) *Néoplasme de la prostate. Carcinose prostato-pelvienne diffuse.*

Le nommé Louis Gui..., âgé de 76 ans, balayeur, entré le 14 juin 1897 à l'hôpital Necker, salle Trousseau, n° 27, service de M. le Dr Rendu.

Antécédents héréditaires. — Père mort à 56 ans, de cancer du pylore.

Antécédents personnels. — Aucune maladie antérieure. Pas de blennorrhagie ni de syphilis.

Il y a environ quatre ans le malade eut pendant une quinzaine de jours de la difficulté pour uriner, il prit quelques tisanes et finalement ne se ressentit plus de rien. En somme, jusqu'au mois de décembre 1896, le malade a été toujours bien portant, travaillant tous les jours sans troubles d'aucune sorte.

Maladie actuelle. — Le 21 décembre 1896, après un refroidissement, le malade s'aperçut que ses deux jambes étaient enflées, il ressentait en même temps dans la jambe droite des douleurs assez vives exagérées par la marche, calmées au contraire par le repos. Malgré ces douleurs et cette enflure des membres inférieurs le malade continua à travailler pendant 3 mois, s'aidant d'une canne pour marcher.

Au mois de mai 1897, l'état restant stationnaire, le malade prend sa retraite malgré une diminution progressive de l'œdème de la jambe droite qui revient presque à son état normal.

Dans la nuit du samedi 12 au dimanche 13 juin 1897, la jambe gauche enfle à son tour sans aucune douleur concomitante, puisque le malade ne s'en aperçut que le matin à son réveil. Un médecin appelé alors lui conseilla d'entrer à l'hôpital.

Examen du malade, 14 juin 1897. — Homme d'apparence robuste, ne présentant pas de traces sensibles d'amaigrissement, ni la teinte jaune paille des cancéreux ; seulement la peau est un peu sèche et le dos des mains présente des taches purpuriques symétriques.

Inspection : Jambe droite normale. Membre gauche œdématié en totalité, lui donnant l'apparence d'un cône. Quelques taches ecchymotiques sur la région rotulienne du même côté. La peau est lisse, unie, non écailleuse. On remar-

---

[1] Recueillie dans le service de M. le Dr Rendu à l'hôpital Necker ; la partie clinique de cette observation et la première partie de l'autopsie m'ont été communiquées par mon excellent collègue et ami le Dr Jean Hallé.

que dans la région de l'aine une circulation veineuse collatérale très riche, s'étendant du genou à la racine de la cuisse. Sur la paroi abdominale il n'existe pas de circulation supplémentaire.

Palpation. — L'œdème a une consistance assez ferme. Malgré tout, le doigt imprime facilement un godet qui disparaît rapidement. *On sent dans la région de l'aine au-dessous de l'arcade crurale une masse ganglionnaire bosselée et indurée. Dans la région iliaque au-dessus de l'arcade crurale on sent aussi des masses de ganglions fusionnées ayant les mêmes caractères que les précédents.* Cette palpation est indolore. On ne sent rien dans le reste de l'abdomen.

La sensibilité est normale sur les deux membres inférieurs et la palpation la plus attentive ne permet pas de sentir de cordons indurés sur le trajet des veines saphènes.

L'exploration du bassin, de la colonne vertébrale, du sacrum, ne montre aucune tumeur.

Toucher rectal. — Le toucher rectal permet de constater une prostate indurée de la grosseur d'une mandarine environ, à surface marronnée, l'hypertrophie semblant surtout porter sur le lobe latéral gauche.

Le malade est absolument apyrétique, n'a aucun trouble du côté des appareils digestif, urinaire, pulmonaire, ni du côté du système nerveux. Les urines sont claires, d'abondance normale, ni troubles, ni albumineuses; pas de polyurie, ni de fréquence des mictions.

Diagnostic. — En présence des signes précédents, de l'âge du malade, on porte le diagnostic de *carcinose prostato-pelvienne.*

Traitement. — Potion cordiale. Extrait mou de quinquina, 4 grammes. Café, 125 grammes.

L'état du malade reste à peu près le même les jours suivants, mais l'œdème diminue progressivement et le malade peut se lever une grande partie de la journée. Son état général reste à peu près bon ; cependant, de temps en temps des douleurs apparaissent assez vives dans les membres inférieurs. C'est ainsi que le 19 juin, le malade se plaint de la jambe droite qui est cependant presque complètement désenflée. La douleur irradie vers le talon.

Les jours suivants ces phénomènes du cancer passent. La palpation sur le trajet des nerfs de la jambe droite n'a jamais été douloureuse.

Pendant tout le mois de juillet l'état de ce malade est stationnaire. L'œdème des jambes se montre seulement le soir après la marche et persiste à peine le matin. Le malade continue à ne pas présenter de troubles de la miction ; *au niveau de l'aine et de la fosse iliaque, on continue à sentir des masses ganglionnaires.*

Vers la fin de juillet, le malade se plaint cependant un jour d'avoir du mal à uriner, mais l'exploration de la vessie par la percussion montrant que la vessie n'est pas volumineuse, on attend pour le sonder, cherchant à retarder le plus longtemps possible le cathétérisme. Dans la soirée il se remet à uriner un peu et le lendemain les mictions deviennent de nouveau normales.

Au commencement d'août, le malade maigrit un peu, il prend un peu le teint cachectique des cancéreux. Le purpura du dos des mains qu'il avait eu les premiers temps, apparaît de nouveau ; les urines examinées sont légèrement albumineuses, mais rien ne fait prévoir les accidents qui entraînent la mort au milieu du mois d'août.

Le 14 août dans la journée, le malade est pris subitement d'étouffement, de dyspnée intense, il devient pâle et une syncope est imminente. Une piqûre d'éther le ranime. Le soir, le pouls était dur, irrégulier, mais le malade se rappelait à peine la crise qui avait failli l'emporter dans la journée,

Le lendemain 15 août, il se sent tout à fait remis, mais le pouls étant irrégulier on lui prescrit 8 gouttes de digitale dans une potion. Le 16 août le pouls était régulier. Le soir du même jour, subitement, le malade a une nouvelle syncope et meurt en quelques secondes.

L'AUTOPSIE [1] a été pratiquée 24 heures après la mort, avec l'aide de notre ami Pasteau.

L'examen des viscères de la cavité thoracique n'a rien montré de bien particulier. Le *cœur* est un peu gros ; un peu d'athérome de la valvule sigmoïde aortique. L'aorte est un peu augmentée de volume et athéromateuse. Les *poumons* sont remarquablement sains. Nous n'avons pas retrouvé de noyaux cancéreux dans l'épaisseur ni à la surface des poumons.

Les ganglions du médiastin ne sont pas envahis par la tumeur.

Le *foie* paraît sain. La *rate* n'offre rien de particulier à signaler. L'encéphale n'a rien montré d'anormal, ni ramollissement ni hémorrhagie.

Appareil urinaire. — *Urèthre normal*, pas de traces de rétrécissement. *Vessie :* grande, dilatée, renfermant une urine claire. Parois peu épaisses, blanchâtres. Pas de traces d'ulcération, ni troubles vasculaires de la muqueuse.

Prostate : grosse, dure, irrégulière, bosselée. Tous les noyaux sont de même consistance. La prostate est hypertrophiée dans son ensemble, aussi bien en arrière de l'urèthre qu'avant. Pas de saillie prostatique à l'intérieur de la vessie. La masse prostatique plus volumineuse du côté gauche, également plus bosselée de ce côté, se prolonge avec *une masse néoplasique qui entoure les vaisseaux obturateurs, ombilicaux, iliaques internes ; masse très serrée, formée de nombreux ganglions lymphatiques accolés les uns aux autres et réunis par une gangue scléro-adipeuse très difficile à dissocier. Cette masse néoplasique remplit toute la partie gauche du petit bassin et adhère intimement à l'os. Quand on l'enlève on emporte avec elle un morceau d'os qui est formé par la face interne de la région acétabulaire.*

La masse néoplasique du petit bassin s'étend profondément, entourant les vaisseaux obturateurs, se prolongeant autour d'eux jusqu'au dehors de la cavité pelvienne. Elle se prolonge le long des vaisseaux iliaques internes au niveau desquels elle est facile à suivre et remonte jusqu'aux vaisseaux iliaques externes juste au-dessous desquels elle s'arrête. Elle se prolonge le long de ces vaisseaux en dehors de l'arcade crurale.

On voit très nettement appendu au bord inférieur de l'artère iliaque externe deux gros ganglions du volume d'un œuf de pigeon qui sont faciles à dissocier du reste de la tumeur. Toute la masse pelvienne gauche a le volume d'un œuf de dinde et

---

[1] Musée de Necker, pièce n° 492.

elle est bordée tout à fait à sa partie externe et postérieure par les muscles et le nerf sciatique.

A droite il existe le long des vaisseaux hypogastriques de nombreux ganglions dont le plus volumineux a la grosseur d'une noisette. Le long des vaisseaux iliaques externes existe une traînée ganglionnaire dans l'angle formé en dedans par l'artère et la veine et sous la veine, reposant sur la paroi du petit bassin, se trouve une masse ganglionnaire distincte du volume d'une noix.

Le long des vaisseaux iliaques primitifs, on voit très nettement à gauche, une continuation de la masse du petit bassin qui s'avance en dehors et en arrière. A droite, existe une traînée lymphatique volumineuse le long du bord externe de la veine, par derrière la veine et qui va obliquement s'aboucher dans une masse ganglionnaire située sur le bord gauche de l'aorte juste au-dessous de l'artère rénale gauche.

Entre l'aorte et la veine cave, nombreux ganglions dont quelques-uns sont gros comme une noisette et qui font saillie jusque sur la face antérieure des vaisseaux. Dans l'angle inférieur formé par la veine cave et la veine rénale gauche, il existe un groupe ganglionnaire du volume d'une noix. Au niveau du hile rénal se trouve des 2 côtés une masse ganglionnaire mais plus volumineuse à gauche.

A droite, quelques ganglions situés derrière la veine cave et accolés à l'aorte.

A gauche, grosse masse accolée à l'aorte, s'étendant à la face antérieure et surtout à la face postérieure de l'artère rénale et remontant le long du pilier gauche du diaphragme, pour pénétrer dans le médiastin.

Les *reins* sont tous deux dilatés. Les bassinets et les calices distendus contiennent une urine claire. La substance corticale est encore épaisse et semble peu atteinte. *L'uretère droit* est dilaté, parois minces, rempli d'urine claire. A sa partie inférieure il longe en avant et en dedans la masse ganglionnaire décrite précédemment pour venir s'aboucher dans la vessie. *L'uretère gauche* dilaté, à parois minces, est comme le précédent, du volume d'un fort crayon, et passe également en avant et en dedans le long de la masse néoplasique gauche du petit bassin sans paraître d'ailleurs y être fortement comprimé.

Obs. 207[1]. **(Personnelle.)** — *Épithélioma du rectum propagé à la prostate.*

Autopsie : *Ganglions iliaques internes, externes et primitifs. Ganglions lombaires et mésentériques inférieurs.*

Le nommé Léopold Bon..., représentant de commerce, âgé de 68 ans, entre le 24 août 1897, à l'hôpital de la Charité, salle Louis, n° 11, service de M. Moutard-Martin, remplacé par M. Soupault.

Au moment de l'entrée, le malade est dans un état cachectique avancé et répond avec peine aux questions qu'on lui pose. État général : amaigrissement considérable. Les conjonctives sont complètement jaunes. Teinte ictérique de

---

[1] L'observation clinique nous a été obligeamment communiquée par M. le docteur Soupault.

tout le corps. Le malade présente un œdème des membres inférieurs mais peu prononcé, ne laissant pas de godet. Deux hernies inguinales, volumineuses. Petit kyste sébacé dans la région du dos.

Interrogatoire. — Le peu que l'on peut savoir du malade, c'est qu'il a la diarrhée depuis 6 mois ; qu'il a été soigné au dehors pour une cirrhose ; qu'il a maigri considérablement depuis ce temps ; enfin qu'il est jaune depuis trois mois surtout, les conjonctives étant seules prises.

Le malade depuis quelques mois souffre horriblement.

Aucune maladie antérieure à signaler dans les antécédents.

Renseignements donnés par la surveillante : Le malade urine goutte à goutte et avec peine, une urine couleur acajou. Elle nous dit après l'autopsie que les selles étaient noirâtres et semblables à de la suie.

Examen du malade. — Appareil respiratoire: Rien d'anormal. *Appareil circulatoire :* Cœur normal. Pas d'athérome artériel prononcé. *Appareil digestif :* Langue sèche. Estomac paraît normal. La limite supérieure du foie est normale ; on ne peut déterminer sa limite inférieure à cause du tympanisme du ventre. Le malade n'a jamais eu de vomissements.

Examen du ventre : très distendu. Tympanisme très marqué, légère submatité sur les côtés. Les anses intestinales se devinent sous la paroi abdominale.

Le malade, très cachectique, ne se plaignant pas de douleur localisée dans le petit bassin ou dans la région anale et la surveillante ayant dit que les selles jaunâtres étaient striées de sang rouge, on ne fait pas le toucher rectal. En fait, diagnostic de carcinome siégeant probablement vers la tête du pancréas, comprimant les canaux biliaires et ayant peut-être déterminé un cancer secondaire du foie ; la distension des parois abdominales ne permettant pas d'examen rigoureux.

Le malade meurt le 26, au milieu d'horribles souffrances.

AUTOPSIE. — *Poumons :* rien d'anormal. *Cœur:* aorte suffisante, pas d'athérome. Valvules mitrales légèrement épaissies. *Cœur droit :* normal, très surchargé de graisse. *Estomac :* pas dilaté, pas de cancer, rempli d'un liquide couleur suie. Ecchymoses sur la muqueuse qui ont probablement donné lieu à de légères hémorrhagies qui expliqueraient le liquide trouvé dans cet organe. *Pancréas :* normal. *Foie :* farci de noyaux cancéreux, blancs, durs. Au niveau du hile, *gros ganglions qui compriment les vaisseaux biliaires. Intestin grêle :* normal. *Gros intestin:* considérablement distendu, faisant penser à une obstruction siégeant plus bas.

Petit bassin : La *vessie* est distendue. La *prostate* est augmentée de volume, dure, rosée à la coupe, envahie par le néoplasme. Le *rectum* présente un néoplasme annulaire considérable. A l'ouverture, 3 ou 4 litres de liquide jaunâtre dans le péritoine. D'où diagnostic de : cancer du rectum propagé à la prostate et noyaux secondaires dans le foie.

J'ai cherché ensuite l'état des ganglions. *A droite il existe de nombreux ganglions le long des vaisseaux hypogastriques, au-dessous des vaisseaux iliaques externes et au-dessus à leur partie postérieure. Ces ganglions se continuent avec d'autres ganglions qui suivent le bord supérieur de l'artère iliaque primitive et passent au-devant de la veine cave.*

. A gauche, nombreux ganglions le long des vaisseaux hypogastriques, à la bifur-cation de l'iliaque primitive, se continuant avec des ganglions situés sur le bord supérieur des vaisseaux iliaques primitifs et allant former une chaîne à gauche de l'aorte. Les ganglions de cette chaîne vont se mettre en rapport en haut avec des ganglions qui arrivent vers l'aorte le long des vaisseaux mésentériques inférieurs et forment une masse qui remonte jusqu'à la région rénale.

OBS. 208. (Inédite.) — Épithélioma de la prostate.

AUTOPSIE [1] : *Masse ganglionnaire iliaque, se prolongeant le long de l'aorte jusqu'au diaphragme.*

Le nommé M..., entre le 18 mars 1897, salle Richet, lit n° 1.

AUTOPSIE, le 1er novembre 1897. — Épithélioma de la prostate.

Urèthre sain, dans sa partie antérieure.

Prostate : du côté du canal, paraît presque saine sauf une très légère hyper-trophie du lobe moyen, unilobée, arrondie, régulière, muqueuse saine partout. A la coupe : hypertrophie totale légère, bien limitée, forme molle avec corps ovoïdes saillants à la coupe. La prostate peut être aisément disséquée sur sa face postérieure et ses parties latérales et séparée du rectum et des vésicules.

Vessie. Grande, à parois un peu épaissies avec début de colonnes et de cel-lules peu marquées. Plaques noires, ecchymotiques, multiples, disséminées sur toute la surface de la muqueuse : signes de cystite chronique ancienne.

Ganglions : A gauche, amas ganglionnaire volumineux formé par des ganglions réunis en une seule masse étendue de la corne prostatique gauche jusqu'au dia-phragme suivant le trajet des vaisseaux iliaques et de l'aorte. A droite, plusieurs ganglions un peu volumineux disséminés le long des vaisseaux iliaques. Rien au-dessus du détroit supérieur.

Uretère gauche. Comprimé par la masse ganglionnaire et légèrement dilaté. *Rein gauche.* Scléreux. *Uretère* et *rein droits.* Sains.

OBS. 209. (Personnelle.) — Néoplasme de la prostate.

Ganglions iliaques gauches. (Constatation clinique.)

Le nommé G..., âgé de 65 ans, ébéniste, entre le 25 mars 1898, salle Vel-peau, lit n° 8.

Il y a 45 ans, première blennorrhagie ayant duré 3 semaines. Écoulement peu abondant, peu douloureux, pas d'uréthrorrhagie, bien guérie.

En 1880-81. Rhumatisme articulaire ayant duré 3 mois ; lumbago.

Il y a un an. Amaigrissement considérable de 180 livres, le malade passe à 140 en 6 mois, puis à 134 en 3 mois. A la même époque : lumbago.

---

[1] Musée de Necker, pièce n° 496.

Le malade urinait bien jusqu'à il y a 6 mois. A cette époque les mictions deviennent difficiles, le malade est obligé de pousser, et fréquentes ; il urine 6 fois le jour, autant la nuit. Peu de douleurs, une légère cuisson seulement au méat. Après ingestion de boissons les mictions sont plus faciles. Le jet n'est pas modifié, mais le malade ne peut vider sa vessie.

Il y a 3 mois, crises de sciatique à gauche. Apparition d'une violente constipation.

Le 13 mars 1898. Hématurie totale, unique, survenue sans cause appréciable, de la valeur d'un demi-verre.

Le 14 mars 1898. Examen à la Terrasse. *Canal* libre, laissant passer la boule olivaire n° 20. *Vessie*. Laisse un résidu de 270 grammes. Capacité de la vessie, 480 grammes. *Prostate*, grosse, dure, très irrégulière, se prolongeant sous forme d'une corne du côté gauche. *Reins*. Rien à noter.

Le malade fait remarquer qu'il a de la sciatique depuis 3 mois.

Palpation profonde. *Ganglions mobiles dans la fosse iliaque gauche.*

Le malade présente un hydrocèle depuis 10 ans environ. Il dit aussi avoir été réformé pour varicocèle.

Le 19 mars. Examen par M. Albarran. On sent la prostate volumineuse, dure, très irrégulière, qui se prolonge du côté gauche par une corne englobant la vésicule séminale et dont on ne peut atteindre la limite supérieure. On sent bien la vésicule séminale droite qui n'est pas empâtée.

Obs. **210. (Personnelle.)** — *Néoplasme de la prostate.*

Autopsie [1] : *Ganglions pelviens iliaques et lombaires.*

Le nommé B..., âgé de 60 ans, tailleur de pierres, entre le 12 mai 1898, salle Velpeau, lit n° 22.

Jamais de blennorrhagie.

En janvier 1898, le malade commence à ressentir dans la région lombaire des douleurs qui vont en augmentant jusqu'à devenir très aiguës.

En même temps, il constate une augmentation dans la fréquence des mictions (toutes les heures, le jour aussi bien que la nuit). Le malade a des envies impérieuses d'uriner, il lui faut faire de grands efforts. Les mictions sont un peu douloureuses, accompagnées d'une légère cuisson au niveau du col vésical et au bout du gland. Le jet n'a plus de force, l'urine s'écoule goutte à goutte.

Depuis un peu plus d'un mois, les douleurs lombaires diminuent, mais le malade ne peut plus marcher ; il souffre beaucoup dans les hanches, principalement du côté gauche.

En avril. Les troubles de la miction s'accentuent. Le malade urine très difficilement. Il entre à Sainte-Antoine où on le sonde.

Depuis ce temps, il se sonde lui-même, mais pas tous les jours, car parfois il urine seul, après beaucoup d'efforts.

[1] Musée de Necker, pièce n° 527.

A l'examen. *Vessie*. Capacité 220. Pas de résidu, *prostate* très volumineuse, irrégulière, bosselée, avec de nombreux noyaux durs. Congestion à la base du poumon gauche.

On ne peut trouver de ganglions.

Le malade se plaint continuellement de violentes douleurs dans les articulations et principalement dans celles des membres inférieurs pour lesquelles on fait une injection de 1 centigr. de morphine chaque soir.

16 juin 1898. Le malade en allant à la selle, glisse, et se fait une fracture du quart inférieur du fémur gauche. Le malade meurt le 7 juillet.

AUTOPSIE. — *Urèthre*. L'urèthre antérieur est normal, l'urèthre postérieur est couvert de petites végétations néoplasiques. *Prostate*. Rien d'anormal du côté de l'urèthre. A la coupe on ne distingue qu'une masse néoplasique qui *se propage aux ganglions pelviens*. A gauche, il existe une propagation jusqu'à l'os iliaque qui est devenu mou et friable. La tète du fémur est aussi détruite. *Vessie*. Il existe une masse néoplasique au niveau du col. Quelques petits néoplasmes sur les parois latérales sont près du col vésical.

Uretères dilatés mais sans aucune lésion inflammatoire. Les *bassinets* des deux reins sont largement dilatés. Le *rein droit* est un peu hypertrophié.

Les ganglions qui entourent les vaisseaux iliaques et l'aorte sont envahis jusqu'au diaphragme.

Foie très gros. Il est envahi par un énorme encéphaloïde qui occupe au moins un tiers de son volume. *Rate* grosse. *Poumons* congestionnés. *Cœur* normal.

OBS. **212.** — **Viard** [1]. (Résumée.) *Prostatite tuberculeuse.*

AUTOPSIE : *Ganglions pelviens.*

Victor L..., âgé de 35 ans, terrassier, est entré le 15 juillet 1846, à l'hôpital du Midi, service de M. Vidal de Cassis, à la salle 10, lit n° 15.

Cet homme, sans blennorrhagie antérieure, sans autre cause connue, a vu naître peu à peu une tumeur, à la région périnéale, à droite du raphé, à un pouce environ de l'anus.

Lorsqu'il entra à l'hôpital, le 13 juillet 1846, M. Vidal ouvrit cette tumeur, il en sortit beaucoup de matière purulente, et quelques jours après de l'urine ; il se forma une fistule périnéale et le malade mourut avec des accidents pulmonaires le 9 mars 1847.

AUTOPSIE. — Adhérences nombreuses des deux feuillets de la plèvre, surtout du côté droit ; les deux poumons, le droit surtout, sont remplis de tubercules.

On ne trouve plus à la place de la *prostate*, qu'une poche assez considérable, de forme irrégulière, se prolongeant jusqu'au bas-fond de la vessie ; sa surface interne est couverte de granulations, qui, à l'incision, offrent tous les caractères

---

[1] *Bull. Soc. anat.*, 1847, p. 327, et in BÉRAUD. *Malad. de la prostate.* Th. agr., obs. III, p. 37.

des tubercules ; sa couleur est noirâtre ; on trouve encore dans cette poche quelques parcelles de détritus gangréneux.

Si on introduit une sonde par le canal de l'*urèthre*, on voit que la communication de ce canal avec la poche prostatique a lieu à sa partie supérieure ou pubienne ; l'étendue de la perforation est considérable.

Les parois de la *vessie* sont considérablement hypertrophiées, surtout autour du col, dans la région qui répond à la prostate ; l'épaisseur de la paroi dans cette partie de l'organe est au moins de 3 ou 4 millim. Les tissus sont durs, comme fibreux, et crient sous le scalpel ; on remarque quelques petits tubercules enkystés, disséminés au milieu d'eux.

La surface interne de cet organe est granulée, surtout près du col où il existe deux ou trois mamelons assez gros, surmontés d'ulcérations dont les plus grandes offrent le diamètre d'une pièce de deux francs ; ces ulcérations sont légèrement taillées à pic ; leur fond est grisâtre et comme fongueux ; leur circonférence est échancrée à différents endroits ; les bords forment des espèces de bourrelets d'un rouge vif ; on ne trouve au-dessous que du tissu simplement hypertrophié ; presque toutes ces ulcérations ont leur siège à la base de la vessie et dans le trigone, deux ou trois seulement au sommet.

Les *vésicules séminales* sont oblitérées, ainsi que la partie adjacente des canaux déférents et converties en tissu analogue à celui de la vessie.

Tous les ganglions voisins sont tuberculeux.

Les *reins* n'offrent pas de lésions appréciables.

Obs. **213**. — **Bazy** [1] (Résumée.) *Traumatisme de la prostate chez un urinaire infecté.*

Ganglions inguinaux. Adénite iliaque suppurée. (Constatation clinique.)

M. M... est un vieillard de 67 ans, auprès duquel je fus appelé en octobre 1890 pour des symptômes vésicaux très pénibles. M. M..., ainsi que je pus le diagnostiquer avant toute exploration et m'en assurer ensuite, était porteur d'un calcul vésical volumineux, phosphatique, avec cystite intense. Je l'en débarrassai par la lithotritie.

Le 19 novembre dernier, il vint me voir se plaignant d'avoir une légère douleur dans l'aine et un peu du côté du testicule qui du reste était sain ; sa femme avait observé que son urine était moins belle que précédemment, le cathétérisme était plus douloureux et de temps en temps plus difficile, et amenait un peu de sang. Je jugeai une exploration opportune et je la fis le 21 : je constatai après beaucoup de recherches l'existence d'un petit calcul, ou plutôt d'une petite concrétion que je broyai et évacuai le 23. L'urine redevint meilleure après le grand lavage que je fis à ce moment, mais la douleur augmenta du côté du pli de l'aine, l'état général devint moins bon, le malade dut s'aliter, et le 25, *en palpant la fosse iliaque avec soin, je pus, malgré l'épaisseur*

---

[1] Bazy. *Mercredi médical* 22 mars 1893, n° 12, p. 138.

de la paroi abdominale, constater dans cette fosse iliaque l'existence d'une tuméfaction dure, rénitente, douloureuse, bosselée, formée de petites tumeurs arrondies au nombre de 3 ou 4, de volume inégal et variant, autant qu'on en pouvait juger, entre celui d'une petite noix, et celui d'une grosse noisette. L'adénopathie iliaque n'était pas douteuse ; je me hâtai de pratiquer le toucher rectal ; mais je ne constatai rien d'anormal par la palpation bimanuelle ni sur ou dans la prostate, ni sur les parties latérales, ni au niveau des vésicules séminales ; la pression de ces organes n'était même pas douloureuse.

En rapprochant de cette adénite les cathétérismes difficiles, sanguinolents, douloureux dans la traversée de la prostate, le trouble des urines, me souvenant que les cancers de la prostate donnent lieu à une adénopathie siégeant exactement au même point, constatant, d'autre part, l'absence absolue de toute autre lésion, soit du côté de l'abdomen ou de l'intestin, soit même du côté du membre inférieur, je n'hésitai pas à rattacher cette adénite à une lésion infectieuse, à un traumatisme de la prostate avec infection par la voie lymphatique.

Le 2 décembre, ayant constaté assez nettement la fluctuation la veille, je fis une incision de 7 à 8 centimètres, parallèle à l'arcade crurale et, après avoir traversé une notable couche de graisse, je tombai sur un foyer purulent très volumineux, d'où sortit une grande quantité de pus légèrement brun verdâtre, non odorant. Le doigt introduit dans le foyer s'enfonça profondément dans le petit bassin. Je plaçai deux gros drains et fis un lavage abondant à l'eau boriquée et phéniquée.

Le malade, après avoir mis un certain temps à se relever, après avoir eu même un frisson assez violent avec état général grave dont le point de départ véritable m'a échappé en raison de la complexité des lésions, peut être aujourd'hui (5 février) considéré comme guéri.

Ici la lésion a été primitivement iliaque. C'est la suppuration ganglionnaire et périganglionnaire qui a fusé dans le petit bassin où elle trouvait des conditions de développement plus favorables que du côté de la fosse iliaque, conditions plus favorables résultant de la déclivité du petit bassin, et de la laxité plus grande du tissu conjonctif ; si on ajoute à ces conditions ce fait que ce sont peut-être les ganglions les plus rapprochés du petit bassin qui sont pris et suppurent les premiers, on pourra s'expliquer pourquoi la suppuration est déjà établie du côté du petit bassin avant qu'on ne puisse la percevoir du côté de l'aine, et pourquoi elle a le temps de fuser de ce côté-là avant qu'on ne puisse songer à l'ouvrir par l'aine.

Dans ces conditions, y aurait-il avantage à ouvrir la collection et à donner issue au pus par la partie déclive ? C'est-à-dire en faisant une incision pararectale et paraprostatique ? Nous ne le pensons pas, quelque bonne volonté que l'on puisse apporter à comparer ces abcès aux abcès des ligaments larges consécutifs à une infection utérine, abcès qui gagnent souvent à être ouverts par le vagin.

C'est donc l'ouverture inguinale qui conviendra le mieux, et on devra la faire aussitôt que la présence du pus sera devenue évidente. Peut-être cependant, en raison de cette disposition qu'a le pus à collecter et à fuser du côté du petit bassin avant de se diriger du côté du pli de l'aine, conviendrait-il, pour éviter cette diffusion, de faire cette incision un peu précoce. Il serait bon alors de faire une incision exactement comme pour la ligature de l'iliaque externe, c'est-à-dire en se rapprochant le plus possible de l'arcade fémorale, sinon pour l'incision cutanée, du moins pour les muscles ; on décolle ensuite le péritoine avec soin, on chemine le long des vaisseaux, on dilacère les premiers ganglions rencontrés, et on va à la recherche du pus en se tenant toujours au voisinage du détroit supérieur, et plutôt en dedans qu'en dehors; le foyer ouvert on le draine avec soin.

INDEX BIBLIOGRAPHIQUE

Anatomie.

Albarran. — *Les tumeurs de la vessie*, 1892, p. 33.

Beaunis et **Bouchard**. — *Nouveaux éléments d'anatomie descriptive et d'embryologie*, p. 822.

Bichat. — *Anatomie générale appliquée à la médecine et à la chirurgie*, 1803, IV, p. 453.

Bourgery et **Jacob**. — *Atlas complet d'anatomie de l'homme*, 1839, V.

Boyer. — *Traité complet d'anatomie*, 1809, IV, p. 492.

Broc. — *Traité complet d'anatomie descriptive et raisonnée*, III, p. 618.

Chiari. — Ueber das Vorkommen lymphatischen Gewebe in der Schleimhaut de hanrleitenden Apparates des Menschen. *Wien. med. Jahrb.*, 1881, p. 9.

Cloquet. — *Manuel d'anatomie descriptive du corps humain*, 1825, p. 500.

— *Traité d'anatomie descriptive*, 1816, II, p. 1050.

Cruikshank. — *Anatomie des vaisseaux absorbans du corps humain*. Trad. PETIT-RADEL, 1787, p. 304.

Cruveilhier. — *Manuel d'anatomie descriptive*, 1843, III, p. 606.

Cruveilhier et **Sée**. — *Idem*, 1874, 1876, II, p. 349 et 466.

Debierre. — *Traité élémentaire d'anatomie*, 1890, II, p. 639.

Eulenburg. — *Encyclopedie der Gesammten Heilkunde*. Vienne et Leipzig, 1880, p. 10.

Fort. — *Nouveaux éléments d'anatomie descriptive*, III, p. 364.

Gavard. — *Traité de splanchnologie*, 1809, p. 468.

Gerota. — Ueber die Lymphgefässe und die Lymphdrüssen der Nabelgegend und der Harnblase. *Anatomischer Anzeiger*, 1896, XII, nos 4 et 5, p. 91.

— Ueber die Anatomie und Physiologie der Harnblase. *Arch. f. Anat. und Phys.*, 1897, p. 408.

Guilhaud. — *Considérations sur l'anatomie, la physiologie et la pathologie de la vessie*. Thèse Paris, 1873.

Hache. — Art. Vessie (Pathologie). *In Dict. encyclop. sc. méd.*, 1889, p. 310.

Haller. — *Dissertationes anatomicarum scientiarum*. Gottingue, 1750, I, p. 813.

Henle. — *Handbuch der Systematischen Anatomie der Menschen*, 1876, III, p. 437.

Hoffmann. — *Étude sur l'anatomie de l'homme*. Erlangen, 1877, p. 624.

G. et **El. Hoggan**. — On the comparative anatomy of the lymphatics of the mammalian urinary bladder. *Journ. of anat. and physiol.*, 1881, XV, p. 354.

Huschke. — *Traité de splanchnologie et des organes des sens* (Trad. JOURDAN), 1845, p. 318.

Hyrtl. — *Cours d'anatomie humaine*, 1865.

Krause. — *Allgemeine und mikroskopische Anatomie*. Hanovre, 1876, p. 249.

E. A. Lauth. — *Nouveau manuel de l'anatomiste*, 1835, p. 529.

Luschka. — *Anatomie des organes abdominaux.* Leipzig, p. 238.

Mascagni. — *Vasorum lymphaticorum corporis humani historia et iconographia,* 1787, p. 44.

Maygrier. — *Manuel de l'anatomiste,* 1818, p. 555.

Mercier. — *Anatomie et physiologie de la vessie au point de vue chirurgical,* 1872, p. 64.

Moynac. — *Manuel d'anatomie descriptive,* 1881, II, p. 206.

Portal. — *Cours d'anatomie médicale,* 1803, III, p. 490 et V, p. 402.

Przewoski. — *Arch. f. Path. anat.-Physiol.,* 1889, CXVI, p. 3.

Quain's. — *Elements of anatomy,* 1867, II, p. 951.

A. Rauber. — *Lehrbuch der Anatomie des Menschen.* Leipzig, 1892, Bd I, 4 aufl., p. 671.

Richet. — *Anatomie médico-chirurgicale,* p. 928.

Sabatier. — *Traité d'anatomie,* 1755, III, p. 33.

Sappey. — *Anatomie descriptive,* 1874, IV, p. 538 et 667.

— *Anatomie, physiologie, pathologie des vaisseaux lymphatiques considérés chez l'homme et chez les vertébrés.* Paris, 1874, p. 134.

Schustler. — *Die Krankheiten der Harnblase.* In BILLROTH et LUECKE. *Deutsche Chirurgie.* Stuttgart, 1890, p. 7.

M. Stöhr. — *Manuel technique d'histologie.* Trad. franç. TOUPET et CRITZMANN, 1890, p. 265.

Teichmann. — *Der Saugadersystem.* Leipzig, 1861, p. 99.

Testut. — *Anatomie humaine,* III, p. 893.

Tillaux. — *Anatomie topographique,* 1876, p. 761.

Tourneux et Hermann. — Art. Vessie (Histologie). In *Dict. encyclop. des Sc. méd.,* 1889, p. 213.

Vidal de Cassis. — *Traité de pathologie interne et de médecine opératoire,* 1855, IV, p. 692 et V, p. 362.

Watson. — A description of the lymphatics of the Urethra and Neck of the Bladder. *Philosophical Transactions,* 1769, XII, p. 667.

Weichselbaum. — Ueber noduläre oder folliculäre Entzündung der Schleimhaut der Harnwege (Cystitis, Urethritis, et Pyelitis granulosa s. follicularis s. nodularis). *Wien. med. Zeitung,* 1881, n° 35, p. 516.

Wertheimer. — Art. Vessie (Anatomie). In *Dict. encyclop. des Sc. méd.,* 1889, p. 208.

Weise. — *Practical human Anatomie.* New-York, 1886.

Zeller. — *Dissertatio anatomica de vasorum lymphaticorum administratione,* Tubingœ, 1687.

Pathologie.

X... — *Pract. treatise on the complaints that affect. the secretion of urine.* Londres, 1823, p. 196-198.

Adenot. — D'une complication très rare des tumeurs de la vessie. Propagation d'une tumeur vésicale à toute la longueur du canal de l'urèthre et aux corps caverneux. *Ann. mal. org. gén.-urin.*, 1895, p. 621, et *Lyon méd.*, 1895, 3 nov. 1895, p. 310.

Ahlfeld. — Zur Casuistik der congenitalen Neoplasmen. *Arch. f. Gyn.*, 1880, XVI, p. 135.

Albarran. — Sur la réunion complète par première intention après la taille hypogastrique. *Ann. mal. org. gén.-urin.*, 1891, p. 834.

— *Les tumeurs de la vessie.* Paris, 1892.

— Résultats de l'intervention chirurgicale dans les tumeurs de la vessie. *Ann. mal. org. gén.-urin.*, 1897, p. 785.

Antal. — Extra-peritoneale partielle Resektion der Harnblase wegen Carcinom, *Centrabl. f. Chir.*, 1885, n° 36, p. 618.

Armand. — *De l'incision transversale et de la verticale dans la taille hypogastrique.* Thèse Paris, 1893, p. 87.

Armittage. — In THOMPSON. *The diseases of the prostate gland.* London, 1861, p. 273.

Audry. — Adénome inopérable de la vessie. Cystostomie sus-pubienne. *Mercredi méd.*, 1893, 1er nov., p. 525.

— Note sur l'autopsie d'un malade cystostomisé huit mois auparavant pour un néoplasme inopérable. *Mercredi méd.*, 1894, 4 juillet, p. 321.

— Fibro-sarcome calcifié de la vessie. Extirpation. Guérison. Étude histologique. *Gaz. hebd.*, 1895, 14 déc., p. 595.

Barbié du Bocage. — Observation d'une affection cancéreuse de la vessie, de l'urèthre, du vagin, du tissu cellulaire du petit bassin et des os qui forment le pubis. *Bull. Soc. anat.*, 1828, p. 172.

Barling. — Two cases of suprapubic cystotomy for vesical tumour. *Brit. med. Journ.*, 1888, II, p. 14.

Barth. — Ueber Prostatasarkom. *Arch. f. klin. Chir.*, 1891, XLII, p. 758.

Battle. — Carcinoma of the urethra and bladder, removal of the grouth whith closure of the resulting surpubic wound and establishment of permanent suprapubic drainage. *Lancet*, 1895, 15 juin, p. 1512.

Bazy. — De l'intervention chirurgicale dans les tumeurs de la vessie chez l'homme *Ann. mal. org. gén.-urin.*, 1883, sept.-oct.

— Des abcès de la fosse iliaque (adénite iliaque) consécutifs à des lésions prostatiques. *Mercredi méd.*, 1893, 22 mars, p. 133.

Beach. — A case of cancer of the prostate gland. *Boston med. Journ.*, 1888, 21 juin, p. 621 et 627.

Belfield. — Cancer of the prostate. *Journ. of med. Assoc.*, 1888, janvier, X, p. 110.

Bennett. — *On cancerous and cancroïd grouths.* Edinburg, 1849, p. 64.

Bensa. — *Extirpation totale de la vessie pour cancer.* Thèse Paris, 1896.

Bergeon. — Cancer de la vessie. Tumeur développée sur la partie latérale droite comprimant fortement le nerf sciatique contre la grande échancrure du même nom et soulevant les dernières paires lombaires. Grande dilatation des uretères. Diagnostic difficile. Mort subite. *Bull. Soc. anat.*, 1830, p. 127.

Berkeley Hill. — Clinical remarks of two cases of tumour of the bladder. *Brit. med. Journ.*, 1881, I, 14 mai, p. 757.

Billroth. — *Élément de pathologie chirurgicale générale.* Édit. franç., trad. CULMANN et SENGEL, 1868, p. 789.

Bramwell. — Acute cancer of the bladder and other organs. *Med. Times and Gaz.*, 1877, II, p. 669.

Brodie. — *Diseases of urinary organs.* London, 1832, trad. franç. PATRON, 1845, p. 149.

Bubb. — Case of carcinoma of prostate and bladder. *Brit. med. Journ.*, 1881, p. 849.

Buffet. — Cancer prostato-pelvien. Difficulté de diagnostic au début. Diagnostic au cours d'une uréthrotomie externe. *Congrès franç. chir.*, 1891, V, p. 592.

Butlin. — Hard carcinoma of the bladder (primary). *Trans. path. Soc.*, 1877, XXVIII, p. 165.

Cahen. — Zur Kasuistik der Blasentumoren. *Virchow's Archiv*, CXIII, p. 468, cit. in *Centralbl. f. Harn und sex. org.*, 1894, p. 464.

Carlier. — A propos de deux observations de cancer de la prostate. *Bull. méd. du Nord*, 1893, p. 196.

— Adénite sus-claviculaire cancéreuse dans le cancer de la prostate. *Congrès franç. urologie*, 1896, p. 90, et *Ann. mal. org. gén.-urin.*, 1896, p. 1050.

Carver. — Primary malignant disease of prostate. *Lancet*, 1886, I, p. 788.

Casaubon. — Cancer encéphaloïde primitif de la vessie. *Bull. Soc. anat.*, 1867, mars, p. 144.

Cazalis. — Tumeur de la vessie. Gangrène pulmonaire. *Bull. Soc. anat.*, 1872, p. 33.

Chambard. — Carcinome primitif de la vessie ; dilatation des uretères. Lésions rénales, néphrite interstitielle, rein atrophique, rein chirurgical. Examen microscopique. *Bull. Soc. anat.*, 1876, nov., p. 640.

Chiari. — Ueber die anatomischen Verhältnisse eines primären Harnblasensarcoms. *Verein deutschen Aerzte in Prag.*, 29 oct. 1886.

Clado. — *Traité des tumeurs de la vessie.* Paris, 1895.

Fritz Colley. — Ueber breitbasige Zottenpolypen der menschlichen Harnblase und deren Uebergang in maligne Neubildung. *Deuts. Zeitschrift f. Chir.*, 1894, XXXIX, 5 et 6, p. 535.

H. Cootes. — Cancerous infiltration of the penis, with secondary deposition, other parts. *Med. chir. trans.*, 1864, p. 1.

Cornil. — Rapport sur un cas remarquable d'enchondrome présenté par de Landeta. *Bull. Soc. anat.*, 1862, p. 511.

Croft. — Cancer of the prostate. *Trans. of the path. Soc.*, 1868, XIX, p. 285.

Crous y Casellas. — *Revista del ciencias médicas.* Barcelone, 1878, p. 445.

Curling. — Scirrhous and colloïd disease, causing complete obstruction of the rectum, for which the Colon was Opened in the Left Loin. *Trans. of the path. Soc.*, 1859, p. 157.

Desnos. — *Traité élémentaire des voies urinaires*, 1890, p. 346 et 668.
— *Cong. franç. chir.*, 1886, 22 oct.

Dibbern. — *Ein Fall von einem primären Blansensarkom*. Thèse GREIFSWALD, 1897, 18 mars.

Dittrich. — Ueber zwei Fälle von primären Sarcom der Harnblase. *Prag. med. Woch.*, 1889-90, p. 557.

Dubuc. — Crises très graves de suffocation survenues chez un malade atteint de carcinome de la prostate ; mort brusque pendant l'une de ces crises. *France méd.*, 26 juillet 1895, p. 465.

Duchamp. — Cancer de la vessie. *Lyon méd.*, 1876, XXI, p. 655.

Dufour. — Cancer primitif de la vessie avec propagation secondaire aux ganglions. *Bull. Soc. anat.*, 1894, 15 juin, p. 458.

Duplant. — Cancer de la vessie et des corps caverneux. *Lyon méd.*, 1897, 28 fév., p. 308.

Engelbach. — Les tumeurs malignes de la prostate. Thèse Paris, 1888.

Fenwick. — Urinary tuberculosis. *Brit. med. Journ.*, 1891, I, p. 908.

Féré. — *Du cancer de la vessie*. Paris, 1881.

Finck. — *Du traitement du cancer de la vessie chez l'homme*. Thèse Lyon, 1895.

Follin et **Duplay**. — *Traité élémentaire de pathologie externe*. Paris, 1888, p. 40.

Frisch. — Ueber operative Entfernung von Blasentumoren. *Wien. med. Woch.*, 1894, 17 fév.

Gallet-Duplessis. — *De la symphyséotomie chez l'homme*. Thèse Paris, 1893.

Gibb. — Cancer of the liver, lungs, pleuræ, uterus and bladder ; conjoined with albuminaria of one Kidney, and saccharine urine of the other. *Trans. path. Soc.*, 1860, XI, p. 88.

Gibbon. — Medullary cancer filling completely the urinary bladder. *Trans. of the path. Soc.*, 1854, V, p. 196.

Gosselin. — *Clinique chirurgicale de l'hôpital de la Charité*, 1873, II, p. 269.

Guépin. — Du cancer de la prostate. *Presse méd.*, 15 janv. 1896, p. 30.

Guiard. — Du diagnostic des néoplasmes vésicaux. *Arch. gén. de méd.*, 1891, p. 269.

Guyon. — De l'intervention chirurgicale dans les tumeurs de la vessie. *Ann. mal. org. gén.-urin.*, 1884, p. 93, 144 et 153.
— *Leçons cliniques sur les maladies des voies urinaires*. Paris, 1885, p. 57 et 668, 1897, III.
— Sur le diagnostic et le traitement des tumeurs de la vessie. *Congrès franç. chir.* 1896, p. 569, et *Ann. mal. org. gén.-urin.*, 1886, p. 653, 664.
— *Maladie de la vessie et de la prostate*, p. 455, 459.
— Carcinose prostato-pelvienne diffuse. *Bulletin médical*, 1887, p. 1339 et 1375.
— Tumeur de la vessie. Quelques remarques sur le diagnostic et sur les manœuvres opératoires. *Ann. mal. org. géni. urin.*, 1894, p. 1.
— Quelques remarques cliniques et anatomo-pathologiques sur les néoplasmes infiltrés de la vessie. Leçon recueillie par NOGUÈS et O. PASTEAU, mars 1897, p. 225.

Hache. — Art. Vessie (Pathologie). In *Dictionn. encyclop. Sc. méd.*, p. 310.

Hadden. — A case of scirrhus of the bladder. *Lancet*, 1883, II, 20 oct., p. 684.

N. Hallé. — Leucoplasies et cancroïdes dans l'appareil urinaire. *Ann. mal. org. gén.-urin.*, 1896, p. 481 et 577.

Harrisson. — Case where a scirrhous carcinoma of the prostate was removed. *Lancet*, 1884, 20 sept., p. 483.

Héresco et Cottet. — Calcul vésical avec un prolongement dans une cellule vésicale. Énorme hypertrophie du lobe moyen de la prostate. *Bull. Soc. anat.*, nov. 1898, p. 655.

Hofmolk. — Papillom der Harnblase. Entfernung desselben durch den Medianschnitt. Tod zu Ende der dritten Woche nach der Operation in Folge Vorblutung an einem runden Geschvür des Duodenum durch Arrosion der arteria pancreatico duodenalis. *Med. Jahrb.*, Vienne, 1885, p. 259.

Hogdkins. — Enormous enlargement of the prostate, et in *Arch. gén. méd.*, 1844, 4º série, VI, p. 361.

Holmes. — *Trans. of pathol.*, 1853, XIV, p. 182.

Isambert. — Tumeur de la prostate. Rétention d'urine. Néphrite purulente. Mort. *Bull. Soc. anat.*, 1853, mars, p. 97.

Jaccoud. — *Clinique médicale de la Pitié*, 1885-86. Paris, 1887.

Jolly. — Essai sur le cancer de la prostate. *Arch. gén. méd.*, 1869, I, p. 577-705 et II, p. 61, 184.

Julien. — *Contribution à l'étude clinique du cancer de la prostate.* Thèse Paris, 1895.

— Ueber Harnblasengeschwülste und deren Behandlung. *Sammlung klin. Vorträge*, 1886, p. 2359.

E. Küster. — Neue Operation an Prostata und Blase. — Bericht über die Verhandlungen der deutschen Gesellschaft für Chirurgie, XX Kongress, avril 1891, in *Centrabl. f. Chir.*, 1891, nº 26, p. 133. — *Berlin. klin. Woch.*, 1891, p. 476.

Labadie. — *Du cancer de la prostate.* Thèse Lyon, 1895.

Lacaze-Dori. — *Recherches sur le cancer de la vessie.* Thèse Paris, 1852.

Launois. — Tumeur villeuse de la vessie. Diphtérie. Mort. Autopsie. In de SAINT-GERMAIN. *Rev. mens. mal. enfance*, 1883, p. 43.

Lebert. — *Traité des tumeurs*, II, p. 366.

Legueu. — Résection du sommet de la vessie pour un néoplasme infiltré. *Bull. Soc. anat.*, 1894, 6 avril, p. 287.

Lenepveu. — Cancer encéphaloïde et gélatiniforme de la vessie et de l'S iliaque du côlon. *Bull. Soc. anat.*, 1889, p. 164.

Letarouilly. — *Contribution à l'étude clinique du cancer de la prostate.* Thèse Paris, 1884.

Marcacci. — Di una cistotomia suprapubica per la estrazione di un neoplasma villoso della cavita vesicale. *Lo Sperimentale*, 1880, II, p. 350.

Marchand. — In LIEBENOW. [*Ueber ausgedehnte Epidermis Bekleidung der Schleimhaut der Harnwege, mit Bildung eines metastatischen Cholesteatoms am Zwerchfell.* Th. Marburg, 1881.

Marmasse. — Épithélioma vésical et utérin. Compression des uretères et hydronéphrose double. Épanchement intra-capsulaire et péritonéal d'origine traumatique. *Bull. Soc. anat.*, janv. 1894, p. 45.

Maylard. — A method of securing und suturing the bladder in suprapubic cystotomy. *Glasgow med. Journ.*, 1887, XXVIII, p. 419.

Moore. — On account of a case of pulsating tumour, in whith the urine contained cancer cells. *Med. chir. Trans*, 1852, févr., XXXV, p. 459.

Müller. — *Ueber primäres Blasencarcinome*. Thèse Kiel, 1878.

Nash. — Villous tumours of the bladder and suppurative nephritis. *Brit. med. Journ.*, 1864, mars, p. 352.

Noguès. — Néoplasme vésical infiltré. Hématuries peu abondantes jne survenant que tardivement. *Ann. mal. org. gén.-urin.*, 1897, avril.

Pauly. — Cancer prostato-pelvien avec adénopathie sus-claviculaire gauche. *Lyon méd.*, 1895, fév., p. 262.

Perregaux. — Épithélioma de la paroi postérieure de la vessie. Néphrite ascendante consécutive. Taille hypogastrique ; rupture de la paroi néoplasique au moment de la distension vésicale psr l'injection boriquée. Mort par péritonite suraiguë. *Arch. gén. méd.*, 1893, janv., p. 74.

Philippart. — Cancer primitif de la vessie. *Bull. Acad. roy. méd. Belgique* 3e série, XII, 1878, p. 251.

Picard. — *Traité des maladies des voies urinaires*, 1885, p. 159.

Poirier. — Discussion sur la présentation de P. Thiéry. *Bull. Soc. anat.*, 1888, p. 372.

Pousson. — *De l'intervention chirurgicale dans le traitement et le diagnostic des tumeurs de la vessie dans les deux sexes*. Thèse Paris, 1884.

— Nouvelles considérations sur l'extirpation des tumeurs de la vessie. *Ann. mal. org. gén.-urin.*, 1885, p. 528.

Ranking. — Case of encephaloid cancer of the bladder. Whith remarks on the semeiotic value and treatment of hematuria. *Brit. med. Journ.*, 1863, II, p. 209.

Rayer. — Cancer de la vessie, des uretères, des bassinets, du foie, vice de conformation très remarquable du côlon. In *Traité des maladies du rein*, 1891, III, p. 699.

Reboul. — *Bull. Soc. anat.*, 1886, p. 620.

Reliquet. — *Œuvres complètes*, 1895, IV, p. 483.

Rendu. — Cancer de la vessie. *Bull. Soc. anat.*, 1869, p. 543.

Reverdin. — Dilatation kystique du rein et de l'uretère, contenant un liquide muqueux riche en globules sanguins. Papillome de la vessie. *Bull. Soc. anat.*, 1869, p. 149.

Rigaud. — *Du cancer de la prostate.* Thèse Bordeaux, 1890.

Rollin. — Carcinome prostato-pelvien. *Bull. Soc. anat.*, 1887, mars, p. 168.

De Saint-Germain. — Tumeurs malignes de l'enfance. *Rev. mens. mal. de l'enfance*, 1883, p. 43.

Sänger. — Sarcom der Scheide, der Blase, der Ligamenta lata, der Beckenlymphdrüsen bei einem dreijährigen Kinde. *Arch. f. Gyn.*, 1880, XVI, p. 158.

Sasse. — Ostitis carcinomatosa bei Carcinom der Prostata. *Arch. f. Klin. Chir.*, 1894, XLVIII, p. 593.

Schlegtendal. — Sarcoma vesicæ urinariæ. *Centralbl. f. Gyn.*, 1885, p. 385.

Schwartz. — Cancer généralisé à une partie des organes abdominaux et pelviens ; méningite secondaire. *Bull. Soc. anat.*, 1874, nov., p. 778.

Senftleben. — Ueber fibroïde and Sarcome. *Arch. f. Klin. Chir.*, 1861, I, p. 129.

Siredey. — Fongus de la vessie. *Bull. Soc. anot.*, 1850, p. 350.

Southam. — Tumour of the bladder treated by the perineal drainage. *Lancet*, 1888, II, p. 854.

Thiéry. — Cancer de la face latérale droite de la vessie comprimant l'uretère droit. Absence congénitale du rein et de l'uretère gauches. Phénomènes urémiques. *Bull. Soc. anat.*, 1888, p. 308.

Thompson. — Carcinomatous deposit in the Prostate Gland with in the spinal Column..... *Pathol. Trans.*, 185, mars, V, p. 205.

— Epithelioma of bladder. *Ibid.*, 1866, XVIII, p. 162.

— *Diseases of the prostate gland*, 1858, p. 272.

Tompson. — Note sur le diagnostic et le traitement des tumeurs de la vessie. *Ann. mal. org. gén.-urin.*, 1887, fév., p. 67.

— *Traité pratique des maladies des voies urinaires.* (Trad. MARTIN, LABARRAQUE, CAMPENON, 1894, p. 488.)

— *Leçons cliniques sur les maladies de la vessie.* (Trad. HUE et GIGNOUX.)

Thomson. — Myxoma of the bladder. *Brit. med. Journ.*, 1881, I, p. 392.

Tillaux. — *Traité de chirurgie clinique*, 1897, II, p. 288.

Troquart. — Cancer prostato-pelvien. *Journ. méd. Bordeaux*, 1891, 30 août, p. 45.

Tuffier et **Dujarier.** — De l'extirpation totale de la vessie pour néoplasme. *Rev. chir.*, avril 1898, p. 277.

Ultzmann. — *Die Krankheiten der Harnblase.* In BILLROTH et LUECKE. *Deutsche Chirurgie*, 1890.

Viard. — Caverne tuberculeuse de la prostate. Tubercules et ulcérations de la vessie. *Bull. Soc. anat.*, 1847, p. 326.

Voillemier et **Le Dentu.** — *Traité des maladies des voies urinaires*, 1881, II, p. 410 et 439.

Weber. — *Chirurgie der Tumoren der Harnblase.* Thèse Munich, 1894.

Weir. — Cases in genito-urinary surgery. *Med. Record*, 1894, p. 161.

Wendel. — Ueber die Extirpation und Resektion der Harnblase bei Krebs. *Beiträge zur klin. Chir.*, 1898, p. 243.

Williams. — Five cases of sarcoma of the bladder. *Brit. med. Journ.*, 1882, II, p. 780.

Wind. — *Die malignen Tumoren der Prostata in Kindesalter.* Thèse Munich, 1888.

Winckel. — *Die Krankheiten der weiblichen Harnblase.* In PITHA et BILLROTH, *Deutsche Chirurgie*, 1879-1885, lief. 62.

Wyss. — Die heterologen (bösartigen) Neubildungen der Vorsteherdrüse. *Arch. de Virchow*, 1866, XXXV, p. 378.

Zausch. — *Zür Statistik des Carcinoma vesicæ.* Thèse Munich, 1887.

TABLES DES MATIÈRES

TROISIÈME PARTIE

IMPRIMERIE LEMALE ET Cie, HAVRE

9 782014 050493